NF文庫
ノンフィクション

軍艦と砲塔

砲煙の陰に秘められた高度な機能と流麗なスタイル

新見志郎

潮書房光人新社

軍艦と砲塔——目次

軍艦と砲塔

砲煙の陰に秘められた高度な機能と流麗なスタイル

序　章　砲塔の構造

本書では戦艦の最も重要な装備ともいえる砲塔について、その発達を述べてみようと思う。なかなか資料も揃わないので細かな部分の判然としないものも多いのだが、細部まで立ち入っていればとんでもない大書になってしまうとも考えられるから、基本的な構造と運用を中心に見ていくことにする。

いわゆる砲塔の定義だが、現在一般的なのは、第二次世界大戦当時の戦艦の砲塔を基準にしたもので、船体内部に主要構造を持ち、砲とその付属構造が一体となって旋回するものだろう。多くは重厚な防御装甲を持つが、不充分なものもしばしば見られ、装甲の有無は必ずしも砲塔の定義には含まれない。まあ、まったく無防御のものは、比較的小口径の全自動砲に見られるくらいだろうが。

ここでは砲塔のそもそもの発生から、おおよそ第二次大戦の終結時までに完成していた艦が装備していたものまでを対象にしている。説明にあたり、以下に簡単な用語を定義しておく。もちろん、これらの分別は決定的なものではなく、各種文献内でも用語はしばしば交錯しているので、他の文書との比較は慎重にお願いするところでもある。

砲塔　turret

全体構造を指す。別体となっている方位盤のような照準装置や、船体固定部分にある弾薬庫は含まないが、揚弾装置は含まれる場合があるし、砲塔内に相当数の砲弾薬を持つものは珍しくない。一般の用法では、しばしば左記の砲室、それも外部に露出している部分だけを指している場合があり、ここでの記述をそのまま持ち込むと、食い違いが発生するかもしれない。

英語のターレットturretの語源は、ヨーロッパ中世の城などにしばしば見られる円柱型の塔で、頂部にフラットがあって、弓矢を射たり石を投げ落とすための人員が配置できるようになっているものが多い。チェス駒のルークの形を想像していただければよいだろうか。

次ページの写真は、砲塔がなぜ「塔」と呼ばれるのかが直感的にわかりやすいと考えられるところから選んだもので、第一次大戦当時のイギリス海軍に所属する沿岸砲撃用モニター『マーシャル・ネイ』Marshal Neyである。装備するのは口径三八・一センチ（一五インチ）の四二口径砲二門で、砲塔形式は同時代の戦艦に用いられたものと基本的に同型の連装砲塔だった。

艦底から上甲板まで一五メートル以上もある戦艦と異なり、吃水が浅いためにその寸法が一〇メートルに満たないモニターでは、砲塔の全体構造を艦内に収容しきれず、写真に見られるようにかなりの部分が上甲板から突出してしまう。その内部のすべてが砲塔の構造上必須の位置にあるわけではないのだが、戦艦に装備した時に納まりが良いように配置されたままになっている。開戦に伴う建艦計画の変更によって、余った砲塔を利用するために建造されたから、こうした特異なスタイルになってしまったのだ。

イギリスのモニター、マーシャル・ネイの第一次大戦当時の写真

その中で最も高い位置にあり、砲と一体となって旋回するのが砲室である。

砲塔の上に乗っているように見える探照灯やそのフラットは、後方のマストに取り付けられていて、砲塔上にあるのは砲室後端部上の探照灯一基だけだ。この艦では建造を簡易化するため、バーベットは円筒ではなく、多角形断面である。

砲室　gun house

旋回する露出部分を指す。必ずしも閉囲されているとは限らない。直接に砲を運用するための機器を備えている部屋だが、形状、機能範囲などは様々で、一定の基準はない。砲室の床面は、必ずしも外見上の固定部との境にあるわけではなく、多くは固定部に侵入している。特に最大仰角を大きく設定されているものでは、長い砲身の砲尾部分が沈み込んでくるスペースを必要とするため、部分的には甲板一層分以上も低い位置までを占めている。砲室内部が二層になっている場合、それぞれに別な名称を与えられることもあるが、両者は基本的に不可分であり、便宜上、用途上の呼び分けでしかないこともある。

砲身　barrel

砲の最も主要な部分で、発射装薬の爆圧を受け止め、エネルギーを封じ込めて砲口から飛び出す砲弾の速度に変換する役割を持つ。原始的には砲そのものともいえるが、近代的なものでは砲システムの重要な一部と考えられる。砲塔の役割は、究極にはこの砲身の目標への指向を支えることと、その重要部分を保護するところである。

発砲に伴い、反動を吸収する必要があるため、そのたびに砲身は後退する。陸上では後退して砲の位置が変わっていくに任せる運用法もあったが、もちろん艦上ではそんなことはできないから、砲身を元の位置に戻す機能を備えなければならない。

砲架　gun mount　砲身の重量を直接支えている構造。発砲反動を吸収する装置を含むものと、含まないものがある。

砲座　gun base　砲架を支えている土台。俯仰を司る機能を持つ。砲塔の場合、一般に旋回する機能は持たされず、これは砲塔そのものが旋回する形になる。ごく一部に、砲塔の中で砲座が旋回するものもあるけれども、例外と考えていただきたい。

砲架が発砲反動を吸収する機能を持たない場合は、砲座と砲架は一体化していると考えられる。この場合、砲座そのものの後退をなんらかの方法で制御している。

旋回する砲座の中で砲架が俯仰し、その中で砲身が前進と後退を繰り返すわけだが、砲架が発砲反動を吸収する構造を持たない場合、この部分の入れ子構造は逆転する。つまり近代砲では、駐退∧俯仰∧旋回、という構造が、前近代では、俯仰∧駐退∧旋回、という順だったのである。後者の場合、仰角をかけられた砲身は砲軸に沿ってではなく、砲座に設けられた軌条に沿って、斜めに平行移動する形になる。また砲架と砲座は文献によってかなり曖昧に用いられているので、やはり注意が必要である。

ちなみに砲軸とは、基本的に円筒形をしている砲身の、仮想的な中心軸のことである。

バーベット barbette

砲塔の下部構造を防御する固定された装甲を指す。一般に円筒形もしくは楕円筒形をしたものをいい、船体一体のものや方形のものはシタデルと呼ばれる。これをまったく持たない砲塔も存在する。揚弾筒だけを防御しているものは、一般にバーベットとは呼ばない。

先の写真で砲室の下、船体から甲板二層分もの高さを持つ円筒形の部分がこれにあたる。内部には砲室を頂部に持つ旋回部分の重量を支える構造を包含している。バーベット装甲は、この支持構造(リング・サポート ring support)とは強度的に直接関係しないようになっていて、命中弾などによる変形があっても、精度の高いリング・サポートに変形が及ばないよう意識されている。しかしながら、構造上有利なので軽量化を目的にしばしば連結されてしまい、被害が旋回機構に及んで作動不良を起こすのも珍しくなかった。内部にはほかに、揚弾筒、交通路、旋回装置、各種補助機械を収容しているが、それぞれが旋回部にあるか、固定部にあるかは一定していない。

ローラー・パス roller pass

リング・サポート頂部にあり、砲塔旋回部を支えるローラーが載る円形に敷かれたレール。この表面は極めて平滑に、かつ水平に造られている。ここに歪みがでると、砲塔の旋回に重大な支障が生じる。それゆえ、リング・サポートは周囲を囲むバーベットからできるだけ独立した構造とし、剛性を高くしなければならない。

この上を走るローラーは転がり抵抗を軽減するため、いくらか外周側が大きくなるようにテーパーしているが、それゆえ常に外側へ脱出しようとする力が働いている。この力に対抗するために、初期の砲塔は放射状のシャフトによってローラーの位置を定めていた。ローラーではなく、ボール・ベアリングを用いるものもある。

砲眼孔《ほうがんこう》

防御された砲室から、砲身を突き出すための開口。防御上の弱点になるため、この部分を別途防御する構造も可能であるが、大口径砲弾の命中ではどれほど強固に造っても変形を免れず、そうなれば作動不良を起こすため、あまり一般的ではない。開口から飛び込んでくる弾片に対する防御を施す程度が普通である。

指揮・照準装置

砲塔と一体になっているものだけで、マスト上の方位盤のように別体になっているものは、どれほど関連が深くても砲塔の一部とは考えない。

また、しばしば砲塔の天蓋上などに関係の少ない装備品を設置する場合があるものの、主たる砲の射撃に関係しないものは、砲塔の一部とは考えない。これには子砲《ねほう》なども含まれ、境界が曖昧にならざるを得ない備品が存在するので、やはり注意が必要である。

水圧機

初期の砲塔はまったくの人力駆動だったが、あまりにも非力なため、比較的早くに機械動力が導入された。初期の主要な動力源は水圧で、その水圧を作り出す原動力はやはり蒸気機関である。原理としては水道の水の圧力に仕事をさせると考えればよく、使用済みの水は回収して再利用される。水は真水で、海水を使わないのは腐食の問題があるからだし、油圧にしないのは被害を受けても発火する心配がないことによる。必要に応じて、防錆、氷結防止、放熱の処置がなされる。

問題は圧力を発生させる機器の駆動で、蒸気で動く機械を砲塔内へ持ち込むと、非常な熱源になるため作業環境が悪化してしまうから、たいていは機関部近くに水圧発生器があり、圧力のかかった水を砲塔内へ引き込む。砲塔は三〇〇度以上も回るものだから、この配管の可動部には工夫が必要で、多く床下にウォーキング・パイプが用いられた。

ウォーキング・パイプ

現在では丈夫なフレキシブル・ホースなどに取って代わられ、ほとんど見ることはない。旋回する機器であっても、中心軸を利用すれば圧力を送ることはできるが、砲塔のように大きなものでは他にも中心軸を通したいものがあるから、席の奪い合いになってしまう。そこで中心を外れた位置に支点を設け、ここにジョイントを置いて九〇度曲げたパイプを自由に旋回できるようにする。砲塔旋回部側にも同様の対になったジョイントを置き、双方から長い腕を伸ばして、その先端同士をやはり自在に回転するジョイントでつなぐ。こうすれば、一方が回転すると長いパイプがちょうど股を開くように運動して、水圧を伝達できるのだ。この動きが、あたかも人が歩いているように見えるので、この名がある。

この仕組みは、狭い場所で用いるにはかなり危険なもので、砲塔が旋回すると二本のパイプがちょうどハサミのように動くため、整備中に砲塔が動いて作業員を挟んでしまう事故が起こっている。

この本に収容されている砲塔の解説図は、いずれも原資料を大幅に簡略化したものであり、細部の描写はほとんど省略されている。砲塔は立体的な構造物であり、狭い室内に多数の機器を配置しているので、側面から透視した

ウォーキング・パイプの側面図と平面図

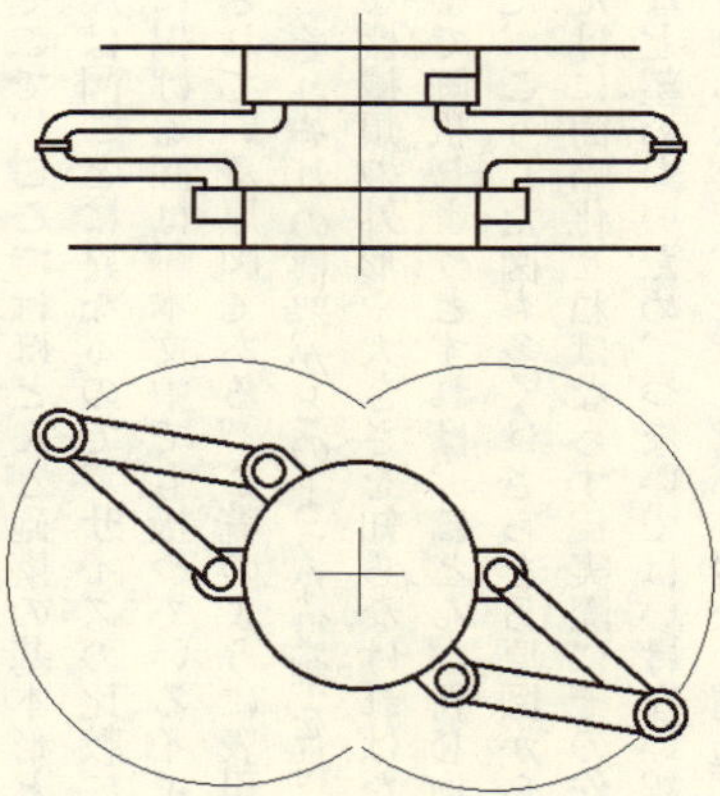

図では種々の機械類や構造が重複してしまい、とうてい判読できないものになってしまうのだ。そこで、ここではほとんど砲塔の基本形と、揚弾、装塡機構に絞って描写している。また縮尺は図ごとに異なるので、サイズの比較には意味がない。

次に掲げる図は、本文中でも扱っているイギリスの標準型戦艦が装備した砲塔の、資料に掲載されている原図である。ご覧のように表現はほとんど各機器の形状を示す外郭線だけであり、それぞれの機器がどのような役割を持っているのかを読み取るには、一〇〇年前の様々な機械類の外形や大きさを知らなければならず、それがなぜ、そこになければならないのかまで解釈しようとすれば、ほとんど判じ物の世界になってしまう。

また、こうした図も多くはさらなる原図から引き写されたもので、出版物に載せて判別できるだけに簡略化せねばならず、実際にその作業を行なうイラストレーターが砲塔に詳しいことなど望めないため、つないではいけない線がつながっていたり、陰に隠れている物体が見逃されるなどし、しばしばあり得ない構造図になってしまっている。ここでは極端に簡略化することで、こうした弊害を避けようとしているところだ。

図を大きくできないこともあり、各部の名称に関しては図内に一切記載していない。俯仰機、旋回装置、揚弾筒、装塡機については、矢印を使った簡単なアイコンで示している。円弧が往復している短い両矢印は俯仰機、回っている矢印は旋回装置、短い黒い矢印は砲弾の経路、白い矢印は装薬の経路である。ここで扱っている砲は、最小のものでも八インチ＝二〇三ミリ砲だから、砲弾を直接に人の腕で持ち上げる部分はないけれども、装薬については

イギリス海軍制式のマークＢⅦ砲塔

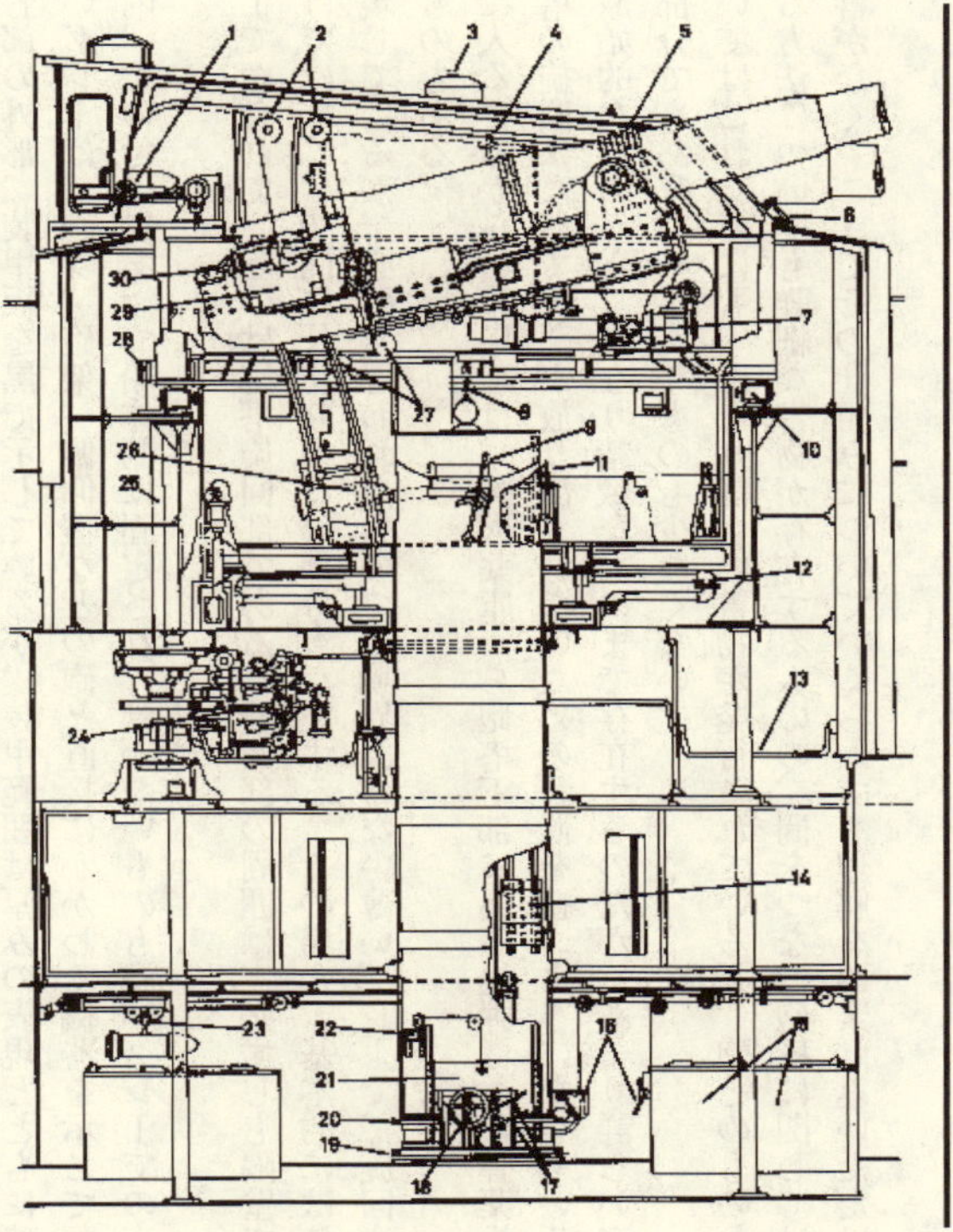

人力運搬もあり、これは図にできにくいので経路だけを示している。

図では、各部の外形、装甲鈑を黒で示しているが、装甲範囲は厚みの表現とともに確実ではない。濃いグレーは、砲身、砲架、俯仰機などの砲と直接にかかわる機器を示している。また、砲塔内、その付近にあって船体側に固定され、動かないものも濃いグレーでの表現になっている。

薄いグレーで塗られているのは砲塔旋回部である。旋回部の周囲は、必ずしも隔壁で囲まれているわけではなく、空間に仕切りのない部分も存在する。この場合、基本的にはこの空間を白で表現しているが、必要と思われたものでは境界線のない薄いグレーで、旋回する空間を示したものもある。

二〇世紀に入るころからの砲塔では、弾火薬庫から砲塔下部にある揚弾機への弾薬投入口までに、砲塔の旋回によって弾薬が放り出されないための装置を持つようになっている。この装置にも原始的なものから、かなり精緻なものまで存在するのだが、あまり詳しい資料が得られない部分でもあり、不確実なものも少なくない。

戦艦についてはこれまでにも、かなり詳しい書物が発行されているし、砲そのものと、これを運用する方法についても詳細な書物が存在するものの、間をつなぐ砲塔に関してはこれといった邦書がなく、ここでその仕組みについていくらかでも理解をお楽しみいただければ幸いである。

第一章　原初の砲塔

砲塔のそもそもの始まりは、一九世紀半ばのクリミア戦争のころ、イギリスの海軍将校コールズ Cowper Coles が発案し、海軍に提案していたものとされる。砲室の形状は回転台形、すなわち円錐から頂部を切り落とした形で、彼はこれを十数個も、ハシケのような形状の装甲された船体の上に並べ、それぞれに防御を与えようとしていた。これらは前後端のものが中心線上にあるだけで、それ以外は両舷に並列に並んでいる。この考えは提案だけに終わり、現実化はしなかったが、砲塔そのものにはテストとして実際に製造されたものもある。テストベッドとして、余剰となっていたイギリスの浮砲台『トラスティ』Trusty が一八六一年に改造され、試作砲塔を装備した。これの露出部は前述の回転台形をなしており、当時の最新式だったアームストロング四〇ポンド後装砲を装備していた。実験だけで現役艦には搭載されず、砲塔そのものに防御がなされていたかも定かでない。回転台形は防御面では利益の大きい形状なのだが、外見ほどには製造が単純ではなく、鋳物ならともかく、鉄板を丸めて作ろうとすれば多くの困難があるのだ。

もうひとつは一八五九年にフランスが、オーストリア・ハンガリーの支配下にあった現在のイタリア北部を攻撃しようとしたとき、河川用砲艦として計画したもので、固定砲塔が装備されていた。姿かたちは、この後に紹介するモニターの砲塔とよく似ているが旋回はできず、中の砲が複数の砲門間を移動するようになっている。旋回床もないから、砲塔というより砲廓の一種である。

モニターの設計者であるエリクソンは、すでにクリミア戦争当時に、この種の装甲艦を提案しているけれども、彼がこの河川用砲艦に関わっていたのか、その構造を知っていたのかなどは明らかではない。

このように砲塔の誕生初期には、外見的によく似たものが、米、英、仏で、それぞれに開発されていた。次章からはその発達の系譜をたどっていくのだが、その道筋は国ごとに異なるので、ある程度の幅の時代ごとに、国別に見ていくことにする。進化樹の枝、袋小路に入ってしまった砲塔や突然変異種のようなものもいくつか見られるが、その出現時期に合わせて紹介しようと思う。

まず、砲塔以前に、その発想の原型となったような、艦上の装甲された小区画を見ていただこう。図は、ある装甲軍艦の艦首装甲砲廓の平面図だが、二門の砲を装備するには限界的に小さな砲廓の周囲全部に装甲を巡らせている。ほとんどの方角にはどちらか一門の砲しか向けられず、艦首正面への追撃砲として使うときに二門を指向しうるだけだ。お世辞にも効

装甲軍艦の装甲砲廓平面図

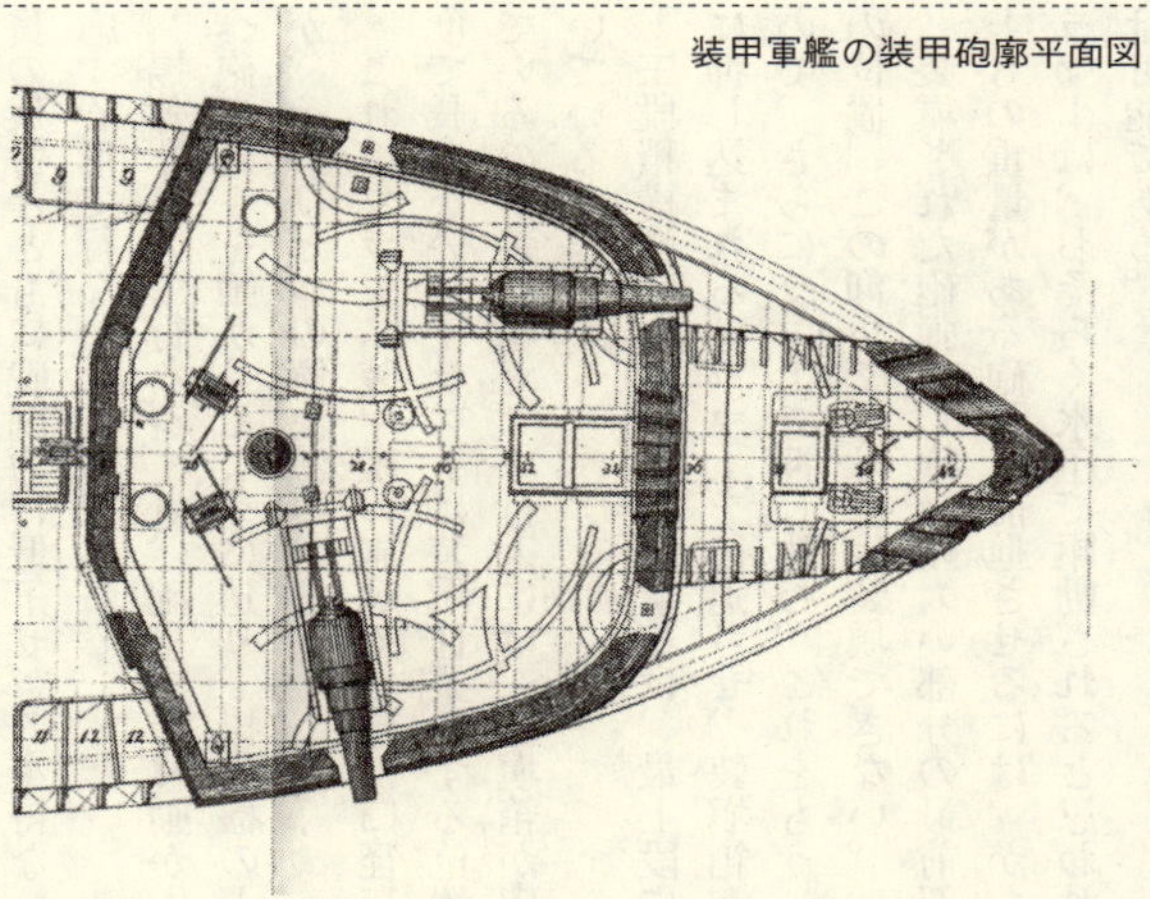

率は良くない。
　図中、明確ではないが、砲廓内後部寄りにある二つの白丸が揚弾口だろう。近くにあるのはウインチの類と思われる。左舷寄りにある白丸は不明。中心線上の黒丸は、前マストの基部。艦首寄り中心線上の長方形は昇降口で、装薬はここから手渡しで上げられる。床に弧を描いているのは砲を旋回、移動するためのフラットレールで、砲架の前後にあるピボットアームの一方を固定し、旋回させて移動する。
　この砲廓では、装備する砲があまり大きくないので、揚弾機の位置と装塡作業との間に人力による弾薬の移動があっても、大きな障害にはならないだろうが、砲弾が五〇キログラムを大きく超えるようになると、揺れる艦上での人力移動が非現実的になってくる。揚弾も当然、艦底の弾薬庫からマンホールのようなものを通して、人力の滑車装置などで吊り上げる形にするしかなく、乗組員の疲労とともに戦闘力は低下せざるを得ない。蒸気動力などの導入は、こうした状況に対応する形で行なわれたのである。

揚弾を機力で行なっても、砲までの移動が人力では同じことなので、結局、揚弾機の位置へ砲のほうを動かせるように造り、揚弾機の上から直接装塡するようになる。次のイラストが、そのひとつの解決法である。

これはフランス装甲艦の砲廓で、砲は口径三四センチの後装砲である。砲身は二〇口径程度で長くない。イラストは装塡作業をする位置を表わしていて、砲の後ろに床からせり出しているのが装塡箱だ。床付近には、装塡箱が床下へ下りた時に開口を塞ぐための防炎扉が付いている。

三段積構造になっている装塡箱は、最上段に砲弾を積み、砲弾は右手のラマーによって砲に押し込まれる。ラマーを後退させ、装塡箱が一段上昇すれば装薬の半量が装塡位置に来るので、さらにラマーで押し込む。これをもう一度繰り返せば装塡は完了するわけだ。砲はこの位置、この仰角でなければ装塡できない。

装塡された砲弾は、砲身の太い部分の最前部付近にまで押し込まれるので、三〇〇キロ以上もの重量がある砲弾を前進させるには、かなり強い力と大きなストロークが必要だ。このラマーは、おそらく水圧で駆動されると思われるが、確証はない。もちろん、人力でも動作は可能である。

フランス装甲艦クールベの34センチ後装砲

通常は周囲に一〇人ほどの操作員がいるのだが、人力の部分が少ないので、もっと少ない人数でも運用はできるものの遅くなる。動力化されていない砲では、かなりの人数がいなければ操作できないし、この砲では重すぎて実用になるような速度では扱えないだろう。おそらく砲身だけでも三〇トン以上あり、ちょっとした戦車を押し引きするようなものなのだ。

この装塡箱とラマーの形状、役割と位置関係は、この後の砲塔でもあまり変わらないのでご記憶いただきたい。黒色火薬を装薬とするので爆圧が大きく、これに耐えるために砲身の後半部が異様に太い。

こうなれば次には、砲架そのものを機械力で動かしたくなるのも当然だが、小さくて強い動力機械がなかった当時、これにはあまり良い方法がない。そこで、砲そのものを乗せた床ごと回してやろうということになり、出てきたのが露砲塔すなわちオープン・バーベットである。

露砲塔

砲は旋回床に乗せられ、機械力で自在に旋回できる。特定の位置では装塡機に正対し、そこへ床下から砲弾がせりあがってくるか、クレーンのようなもので吊り上げられてくるわけだ。床下の旋回装置の周囲には円筒形の装甲が立てられ、防御が図られる。残念ながらこの方法では、砲身より高い位置に防御装甲を巡らせることができない。そのためには旋回する床の側に支柱を立て、屋根を支えるような構造を作って、重い装甲を張るしかない。これでは旋回床がべらぼうな重量を支えなければならなくなるので、相当に気合いの入った構造にしなければならず、当時としては非現実的なものになってしまうし、重くなるので高所に配置できなくなる。

発想を変えて、砲より上には何も置かないようにすれば、砲身に直接命中しない限り、敵の砲弾は通り過ぎるだけになるから、上部には何もない青天井のほうが、かえって安全だと考えられた。当時のように砲戦距離が短く、ほとんど水平な弾道であれば、その通りだろう。で、本来ならこれが出発点となって、装甲砲塔の開発につながると言いたいところなのだが、実際にはこうした装甲砲廓よりも、旋回砲塔（砲室）のほうが先行しており、小さな砲廓や露砲塔は、乾舷を小さくできない航洋艦に仕方なく採用されたものだったのだ。

フランスで一八七〇年に完成した『オセアン』Ocean は、こうした露砲塔を最初に装備

原始的な露砲塔の断面図

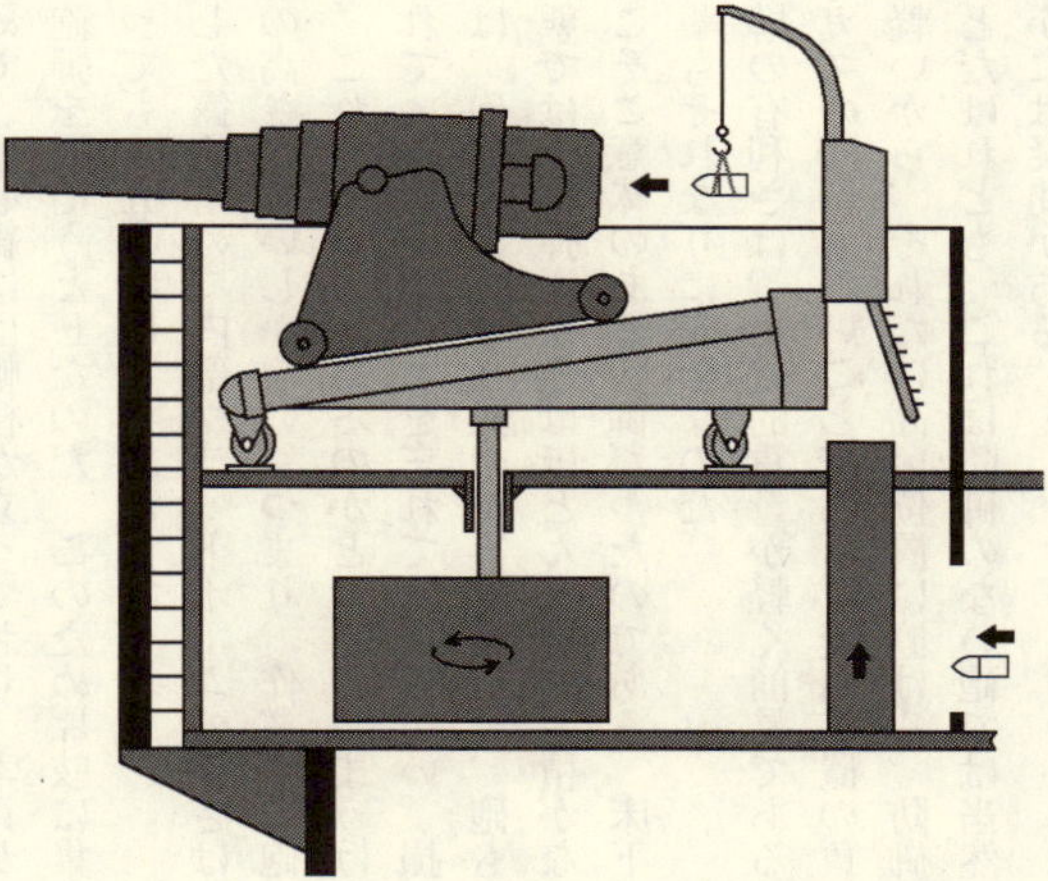

した艦のひとつである。彼らは上甲板の二三九ミリ追撃砲を防御しつつ、これに舷側方向への射界を持たせて主砲戦に参加させようと考えた。そこで砲を機械式の旋回台に乗せ、この周囲を円筒形の装甲鈑で囲ったのである。この装甲形式をバーベット(前掛けの意)と呼ぶ。

水線部の装甲は二〇〇〜一八〇ミリ、砲廓が一六〇ミリ、バーベットは一五〇ミリだから、それほど遜色はない。しかし、装甲鈑は砲の俯角を制限しない範囲までしか立ち上げられず、上部はまったく露天のままだった。これが露砲塔の基本形である。

位置としては、船体内にある主砲廓の四隅、砲廓甲板の一つ上になる露天の上甲板に置かれている。中心線上に置かれなかったのは、未だ巡航には帆装が必要だったためで、中心線には帆柱が立っており、索具が射界を遮るのでこれを避け、船首楼の両側から砲弾を通そうとしたのだ。このため片舷に集中できる砲数は半分しかなく、射界が広いといっても一五〇度ほどである。

こうした露砲塔の、内部プラットホームの深さは砲の大きさによって異なるようだが、肩から腰の高さくらいしかない。つまり、作業する砲員は吹き曝し同然で、砲もまた剥き出しである。これで防御力があるのかと考えてしまうけれども、そもそもの軍艦は直接防御など考えられていなかったことを忘れてはならない。損害は数の力で吸収するものだったのだ。

当時は、砲員の損耗は当然の損害であって、砲もそれほどデリケートではなかったから、この状態では水平弾道からはほとんど標的面積がないということを考え合わせれば、艦としてはそこそこ意味のある防御だったのである。床下の旋回装置は装甲鈑に囲まれており、砲弾や装薬もそれなりに安全なのだ。

露砲塔の有利さは、比較的重量が軽く簡易であることと、視界を遮るものがなく、発砲煙や有毒ガスの滞留もないことである。旋回装置の負担になるのは砲と砲架の重量だけであり、全体が軽いから、それだけ高い位置に置ける。防御以外の欠点は他の砲からの爆風に影響されることだけれども、これは防御のない砲では当然のことなので、当時の人が欠点に数えたかどうかには疑問がある。

また、こうした円筒形の装甲の中に固定された砲座を置き、床は動かさずに砲だけが旋回

トルコのイギリス製装甲艦オスマニエの上甲板砲座

する方式のものもあった。しかしながらこの場合、大口径砲では発砲反動が吸収しきれず、装備できる砲の大きさに限界がでてくる。

また砲の運用に必要な用具類を、砲が旋回するたびに動かさなければならず、いろいろと問題が多かった。装甲ではない風波よけのブルワーク程度で用の足りる、せいぜい中口径までの砲の装備法だろう。

そしてほどなく、露砲塔には薄い金属製のフードが被せられるようになった。フードは砲を乗せているプラットホームから柱で支持され、砲と一緒に旋回する。しかし、最初に取り付けられたフードは、ちょうど昔の乳母車の日除けのような形状で、砲尾側の半分を覆っているだけであり、前方はまったく開放されていた。つまり、これは防御用ではなく、海象や天候の影響から装填作業を保護するためだけの目的だったのである。これらをフード付露砲塔と呼ぶ。

フード付き露砲塔　Hooded Barbette

このフードの厚さと形状の変化、内部の砲架の進歩が露砲塔の変遷なのだが、砲架の進歩は他項と重複するので、ここでは詳しく触れない。そこでまず、フードの形状を見てみよう。

これには、軽さを求められることと防御目的が乏しいことから実に様々な形態があり、防盾型、トンネル型、半球形、浅い部分球形、そして装甲砲塔と同じ形態まで、千差万別である。開口が大きければ、敵弾だけでなく他砲の発砲爆風などにも影響されるから、だんだんと閉囲される傾向があった。これは長所を減退させてしまうが、後述するような大胆な解決法もある。

徐々に装甲も厚くなるけれども、これがバーベットの厚さを越える場合には露砲塔とはいえなくなるし、半端に厚いものは標的面積を提供するだけである。薄ければ作動しない信管に爆発するべき場所を教えることになるので、あまり評価はできない。この方式ならば、せいぜい弾片防御を考えるくらいが適切だっただろう。

構造が簡単なことからか、露砲塔を採用した海軍は多く、イギリスも含めてほとんどの主要海軍で用いられている。唯一これに目を向けなかったのはアメリカで、主力艦では露砲塔類を装備したものがない。

日本では日清戦争で活躍した三景艦の主砲塔がこれにあたり、最も進歩した、浅い部分球体のフードと砲尾部分をカバーする小さなハウスからなる形状である。バーベット部が高くて防御効果はかなり大きいものの、俯仰軸を露出させないためにこれを砲鞍の先端に置き、バーベットの陰になるように配置した。このため発砲反動によるモーメントの発生が起こり、これが俯仰機を叩くので、故障の原因となった。

露砲塔は大別して、この種の高いバーベットに浅く膨らんだ天蓋を持つものと、バーベットは低いままで、フードの装甲厚を増す方向に向かったものとに分かれた。前者は、フランスのほかにオーストリア、スペインに多く見られ、後者はドイツ、イタリア、ロシアで発達している。

日清戦争後に旅順港のドック内で撮影された鎮遠

日清戦争で日本を悩ませた清国の装甲艦、いわずと知れた『定遠』と『鎮遠』だが、多くの書物では、これの砲塔装甲を一二～一四インチ（三〇五～三五六ミリ）と書いている。ところが、これはとんでもない間違いであり、これらの装備していたのはフード付き露砲塔なのである。

バーベットの装甲は確かにこの数字どおりで厚く、鴨緑江海戦（黄海海戦）で日本海軍の砲弾は残らず跳ね返されたのだが、フードの厚みは二三ミリしかなく、防御力など期待できないのだ。そのため彼らは、邪魔なフードを外して海戦に臨んでいるのである。これが前述した「大胆な解決法」なのだ。

わずかな厚さしかないフードは、視界を遮り、発砲煙に煩わされるだけであると考えたのだろう、思い切りよくこれを外してしまったのだ。捕獲直後の『鎮遠』の写真でもフードは外されている。

これはフード付き露砲塔の実戦運用上、興味深い事実であり、この種の砲塔に対する評価に影響を与えたと思われるが、この頃には露砲塔そのものが過去の技術となっていたので、結果を見ることはできない。

海戦では二〇〇発を越える命中弾を受けているけれども、戦闘を放棄したのは残弾数が少なくなったためで、主砲は最後まで能力を失わなかったといわれており、剥き出しでは防御に疑問があるとする声にどう答えるべきなのか、言葉を見つけられない。

隠顕型《いんけんがた》砲塔　disappearing mounting

露砲塔の一種ではあるが、いささか趣を異にする特殊な砲塔について触れておこう。これはモンクリーフ隠顕型砲塔と呼ばれるもので、ごくわずかだが現役軍艦に装備された。

元々は陸上の要塞用砲架である。砲は水圧で昇降する砲架に載せられ、装填装置や砲員は深いバーベットで保護される。構造は陸上型とほとんど差がなく、その種の資料をお持ちの

モンクリーフ隠顕型砲塔

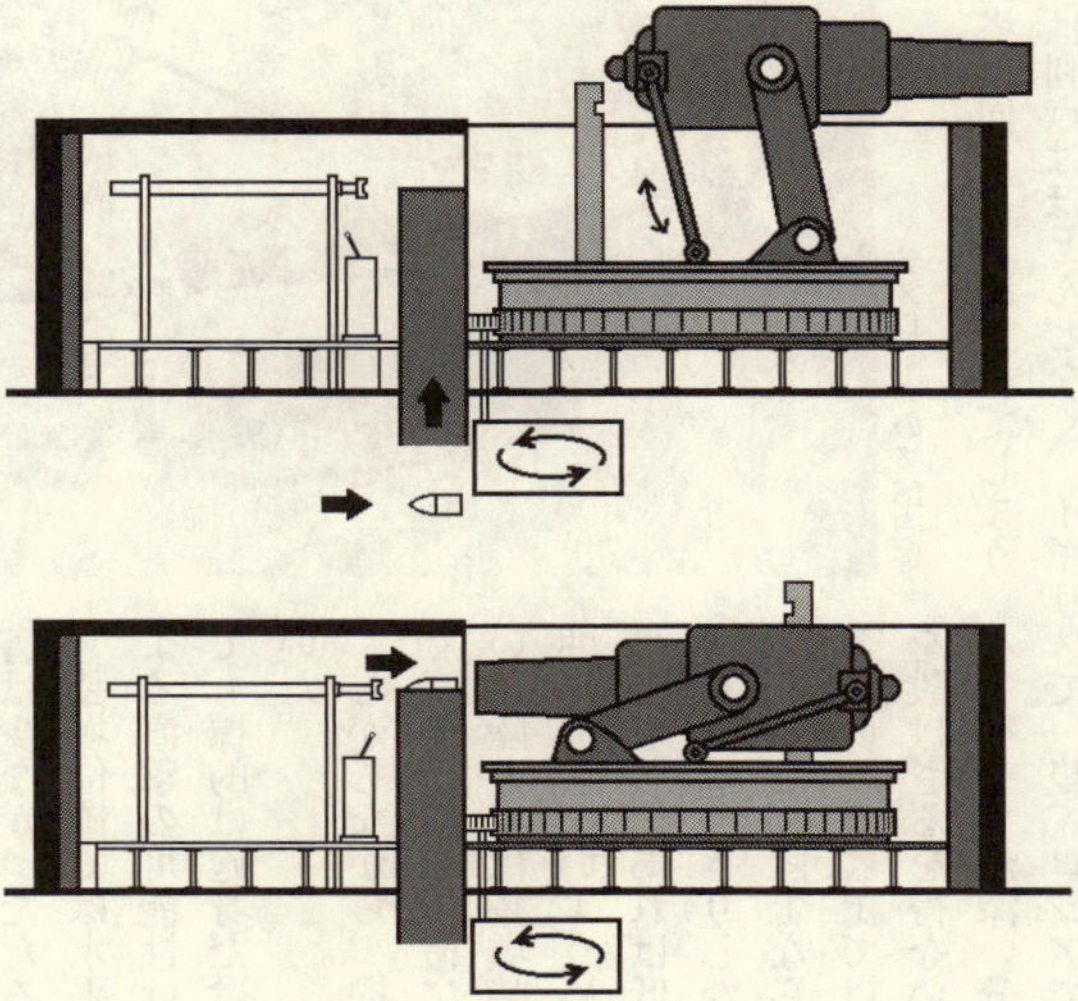

方は、それがそのまま船に組み込まれたと考えていただいてよい。図と写真はイギリスの装甲艦『テメレーア』の砲塔で、上が発砲位置、下が装填位置である。砲は二八センチの口径を持つが、短い前装砲だった。当然、長い砲身を装備するのは困難である。

砲がすっぽり隠れるくらいの深いバーベットの中に旋回台を置き、丈夫な長い腕を介して砲を装備する。砲の後座が、水圧で支えられる腕の下降運動で代用できるため、機構的負担はそれほど大きくない。技術的にも開発済みのシステムだから、採用に当たって障害は少なかっただろう。

装塡位置では水平方向から砲は見えず、重砲弾による直撃の可能性はほとんどない。射撃位置にあっても標的は砲身だけに近いから、防御的には優れていた。

しかしながら、機構上完全な天蓋を持つのは難しく、砲が射撃位置にある場合には天蓋も意味が小さい。陸上では装塡時に標的面積がなくなるため、周囲に何もないようにすれば被害は防げるわけで、丘の上などにあれば低い位置から見上げたのでは砲の所在もはっきりしないから好都合である。

しかし、陸上ならばそれだけのスペースも得られるものの、艦上ではすぐ近くにマストや上部構造物を設けざるを得ないから、ここからの弾片を防げないと露砲塔と同じことになってしまう。バーベットが深い分だけ重くなり、機構も複雑になったのでは利点はほとんどなく、イギリスで一隻、ロシアで二隻の装備が確認できるだけだ。

イギリスの『テメレーア』は二八センチ前装砲を単装で、ロシアの二隻は後装砲を連装で

テメレーアの後部砲塔

装備した。うち一隻は『ヴァイス・アドミラル・ポポフ』Vice Admiral Popovで、有名な円形砲艦である。

しかし、ロシアではこれ以上発展しなかったものの、イギリスではこれが次の世代への血縁をわずかながら保持したように見える。その艦上配置とバーベットの形状、装塡装置との位置関係、避弾に対する考え方などに共通点が見られるのだ。

ここに掲げた図面を、第四章の高架砲塔と見比べてくだされば、その構造や配置の類似性がご理解いただけるだろう。

囲砲塔　エリクソン砲塔　一八六一年

アメリカ南北戦争中に、スウェーデンからの移民ジョン・エリクソンJohn Ericssonが開発したもの。厳密な定義上は砲塔ではなく、旋回する装甲砲室である。しかし、運用思想的に後の砲塔の先祖であるので、通常は通史から外されることはない。なおここでは、形式としてのモニターをカギカッコなしで、個艦名としての『モニター』をカギカッコつきとして区別する。

図に示すように、船体内にあるのは旋回用の中心軸だけであって、それ以外はすべて甲板上に露出している。砲室の平面形は完全な円で、側面に出入口はない。交通は床下か天蓋の開口から行なうが、砲をいっぱいに後退させれば砲眼孔からも出入りはでき、日常にはこれが多用されたようだ。床下の開口は揚弾薬口を兼ねている。この交通穴を含め、船体から砲

モニター砲塔の断面図

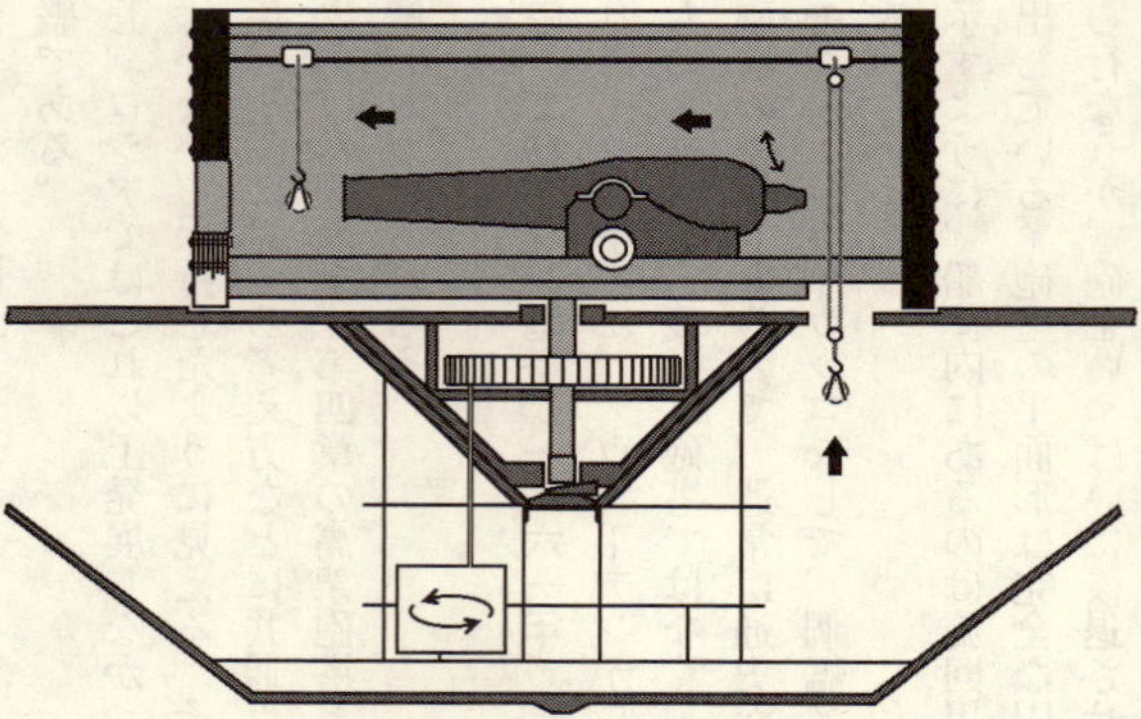

室内部へ持ちこまれている動力などはない。
設計当初は床を格子構造とし、旋回位置にかかわらず交通できるように考えられていたが、浸水、爆風の侵入などの問題があったために大半を塞がれ、特定の旋回位置でしか交通できなくなった。ただ、この砲塔は艦内換気の排気口を兼ねているので、どの位置にあっても完全には塞がれていないはずである。
直径はおよそ六・六メートル、高さは二・七メートルとされる。天井は鉄道レールを組み合わせた格子状で、人の歩く部分にだけ板を敷いていた。砲眼孔には涙滴型の鉄板による蓋があり、上から吊られた蓋を、側面につけた鎖で斜めに引っ張って開け閉めする。
装備された砲は口径約二八センチ（一一インチ）の前装滑腔砲で、並列に二門配置している。砲身重量は七トン強、砲架ともで一門あたり二〇トンほどとされる。砲弾は炸薬を持たない実質弾で七五キログラム、榴弾で六〇キログラムほどだった。装薬量はわずか七キログラム（一五ポンド）に過ぎず、一五度の仰角でも射程は三六〇〇メートルといわれる。

この砲塔は、砲を除いても重量が一二〇トンほどもあり、外周の装甲部分が露天甲板に設けられた台座に直接座っているので、そのままでは旋回できない。旋回するためには、中心軸下部に設けられたジャッキで、砲室全体を持ち上げてから回すことになる。所要の方角へ向けば、ジャッキを下ろして砲室を甲板に座らせる。

旋回には蒸気動力が用いられており、ピニオンで砲室床下に固定された大きなギアを回す形で、速度はそれなりに速い。しかし、これは砲塔が車輪よろしく回る速さであって、蒸気動力の特性上立ちあがりが悪く、定常速度に達するまでには時間がかかる。停止も思うに任せずブレーキを必要とするのだが、この砲塔にはブレーキがなく、細かい照準はできないと考えたほうがいい。移動目標砲撃の際には、砲塔を回して照準するのではなく、おおまか目標のほうへ砲を向けておき、艦を旋回させて照準が合ったときに射撃する。

手動でも動かせるので、固定目標の場合には微調整も可能だろうが、精密射撃は考えないほうがいい。そもそも砲が前装滑腔砲なので、それだけの精度もない。旋回動力が砲室外にあるため、指揮官の指示を伝達された旋回手が所定の角度に旋回させるわけだから、とっさの動作はできず、タイムラグも大きい。指揮官のいる砲室内からでは、砲室の向いている方向がつかめないため、大まかには真横とか四五度斜め前方とかで、細かな指示は「もっと右！」とか、「もう少し右」とかにならざるを得ない。

砲室の床は、中心軸で外周の装甲を持ち上げられるだけの強度を持つ太い梁が必要なため、床下に厚みが要るので上甲板よりかなり高くなる。砲の装備位置も高くなるから、重心の上昇という面では好ましくない。砲室の防御に必要な装甲も高さが増してしまうが、ローラーなどの適用は行なわれなかった。

これは、ローラーを入れると上甲板との間にできる隙間が塞ぎきれず、三〇センチしか乾舷のない船体では浸水に対して危険に過ぎるためと考えられる。重量物旋回にローラーを組み合わせる方法自体は、風車塔、旋回橋、鉄道転車台などに実績があり、知られていないシステムではない。

砲塔を持ち上げるジャッキは、『モニター』では「クサビ」という表現がなされているけれども、後期型の写真では扇歯車とラック式のものがある。

また、戦闘中にこの砲塔が故障したという記述がしばしば見られるので、旋回のためにジャッキアップした状態で強い衝撃を受けると、容易に故障したのではないかと推測される。まあ、放っておいても壊れそうな仕組みではあるが。

砲の俯仰は旧来の方式そのままであり、砲尾近くに重心のある前装砲の尾部をクサビ、またはネジ棒で持ち上げる。発砲の反動で、砲座は床の上を水平かそれに近い状態で後退するので、仰角をかけられた砲身は斜めに平行移動する形となり、大きな仰角をかけようとすると砲眼孔を大きくしなければ衝突してしまう。モニターはこの欠点のため、高さのある河岸砲台との戦いでは不利だったが、根本的な対策はなされなかった。

使用される砲弾は、当初は球形の実質弾（鉄の塊）であったので、炸薬はないから誘爆などの危険性はない。二八センチ砲の砲弾重量では、直接人力では持ち上げられないから、砲塔を一定の位置に回し、床の開口を甲板のそれと一致させて、滑車装置によって吊り上げる。砲口にあてがい、ラマーで押し込む。すべて人力である。砲室内部に余積があるので、かなりの数の砲弾が準備しておけるから、通常はこれを用いた。揚薬については不明だが、一発分ずつ手渡しで上げたか、ある程度を砲室内に保管したのだろう。榴弾も用いられたようだが、球形弾なので触発信管はなく、導火線式で発火させるため、対装甲艦用には使えない。

円筒型の砲室には弱点になる方向がなく、砲眼孔が最も脆弱なので、一般に装填は砲を敵側から逸らせてから行なわれた。これにより、狭い砲室内だけではなく、上甲板上に出て作業することができた。発射速度は非常に遅く、一発あたり一〇分以上かかったのではないだろうか。

モニターの艦上写真

南北戦争でのハンプトン・ローズの戦闘では、発射間隔はおよそ七分とされているものの、これは発射弾数／戦闘時間の数値（四一発／四時間半）と思われるので、限界的な間隔はこれより短いだろう。しかし、砲は二門あったから倍の一四分がかかったということになる。実際には対勢の変化に時間を要しているので、すれ違いごとに一斉射だったようだ。照準は射手ではなく照準手による目視で、砲の脇から顔を出し、砲眼孔から砲身の前方を透かし見て狙いをつけ、合図すると同時に横へ逃げたようだ。目標に砲を突き付けて射撃するような感覚の時代だから、精密照準の必要性は考えられていなかったのだろう。

ほとんどの砲塔が連装であるので、反対側の砲眼孔から照準したとも考えられる。斉射は特に意味を持たない時代だから、この砲塔では左右にまったく口径の異なった砲を装備していたものが珍しくない。例としては二八センチ砲と三八センチ砲各一門というのもあった。

後期型では砲室上に、やはり円筒形の司令塔を装備したものがあり、ここから指揮したとも考えられるが、こちらの司令塔は砲塔の旋回から独立しており、船体に固定されていたから、照準の意味では逆に不便である。砲室装甲に照準孔の見える写真は少ないが存在はするので、後期にはここから照準したのだろう。砲眼孔から外を見ることのできない三八センチ砲を二門装備した砲塔では、他に方法がない。

『モニター』では、艦首側上甲板に鉄棒を組み合わせて作られた司令塔があり、爆風の影響が大きいので、艦首正面から左右三〇度ずつの範囲で発砲に制限があった。後の砲塔で、司令塔を砲塔の真上に配置するようになったのには、この問題も影響している。

砲塔の装甲には合計厚二〇三ミリの錬鉄板が用いられたが、当時の技術ではこれだけの厚板を円筒形に丸めることが難しく、建造を急ぐ必要もあったため、一インチ（二五・四ミリ）の鉄板八枚を重ねてリベットで固定した。このリベットは全体を貫通しないように組み合わされ、ほとんどは三〜四枚ずつを固定するだけだった。全体を貫通したリベットは、その頭に直撃を受けると内部へ突入してくるためで、損害を防ぐ目的である。また砲眼孔周辺だけは一枚多くされて厚みを増している。

それではここで、一九世紀半ばにアメリカで行なわれた南北戦争のさなか、世界最初の装甲艦同士の、それも一対一の決闘ともいうべき戦いだった戦闘を、いささかフィクションも交えてだが、再現してみたいと思う。原典は、私自身がネット上で公開した、「翼をなくした大鷲」である。

『モニター』の戦い（一八六二年三月九日）

寒気どころか、ワシントンは恐怖に震えていた。大型スループの『カンバーランド』が一撃で沈み、フリゲイトの『コングレス』が燃え上がったと聞き、南部連合の装甲艦『メリマック』が、今にもポトマック川を遡ってくるのではないかと恐れたのだ。

電報を読んだ大統領は、暗くなってきた窓辺に立ち、心配げにポトマック川を見つめている。そこに『メリマック』の幻影を見ているかのようだ。静かでないのはスタントン陸軍長官で、意味のわからないことを喚き散らし、せかせかと歩き回っている。

「そう心配はいりません。わが軍も『モニター』を出動させています」

しかし、そう言ったウェルズ海軍長官自身はまだ、『モニター』が無事にハンプトン・ローズへ到着したという知らせを受け取っていない。立ち向かえるかはともかくだが、まず到着できるのかを心配しなければならない船なのだ。

「『モニター』だと？ なんだねそれは。いったい何門の砲を装備しているんだ？」

「二門ですが、一一インチという大口径のものを装備しております」

「たった二門？……ハッ！」

呆れてものが言えないという表情で、スタントンは顔をそむけ、肩をすくめると、またうろうろと歩きだした。

「で、その『モニター』とやらは、何トンあるんだ？」

「ざっと一〇〇〇トンほどですが……」

「なんだと！『メリマック』は四〇〇〇トンもあるんだぞ！ 高い金を出して、何を造らせているかと思えば、たった砲二門のちっぽけなオモチャだと？ エリクソンの阿房宮とは聞いていたが、そんなものが……ハッ！」

ウェルズ長官は『メリマック』の吃水を知っている。それを考えれば、『メリマック』がどんなに強力であるにせよ、ポトマック川を遡ってくることは有り得ない。それに広いチェサピーク湾へ出れば、自由に動ける艦隊はなんとかして立ち向かうだろう。

しかし、具体的に「こう」と言える確実な方法がないだけに、スタントンの無礼な態度にも対抗する方法がない。『モニター』の姿を見せればいくらかは安心させられるだろうと、ポトマック河口への回航を命じてあるが、そもチェサピーク湾口へたどり着けるかさえ疑問なのだ。あれが役に立たなかったら、エリクソンの生皮を剥いでくれるわ。

その恐怖に追い討ちをかけるかのように、午前二時には『コングレス』の弾薬庫に火が入って、フリゲイトは大火柱と共に爆発して消し飛んだ。

同じ頃、満潮を期して行なわれた『ミネソタ』の浮揚は失敗し、エンジンの故障した『ミネソタ』は、座したまま翌朝の死刑執行人を迎えることになった。艦内に悲壮感が漂う。

援軍が到着したという知らせに喜んだ艦隊も、そのあまりに貧相な姿に幻滅し、静まりかえってしまう。暗くなる中、北軍兵士の半分は、その姿を見付けることもできなかったのだ。

*

「合衆国海軍士官グリーンであります。合衆国軍艦『モニター』の先任士官を務めております。艦長はウォーデン士官です。艦隊の最先任士官に到着を報告するよう、命じられました。合衆国軍艦『モニター』は、ただいまハンプトン・ローズの艦隊泊地へ到着いたしました、艦長！」

「ご苦労だった。楽にしたまえ。……だいぶ苦労したようだな」

ひとめ見ればわかる。服にせよ、髪にせよ、塩や油がこびりつき、汗の臭いまで漂ってくるのだ。あの船の中に、風呂などあるわけもない。

ハンプトン・ローズの海域図

「ありがとうございます。なんとか、無事に到着できました」

「うむ。ワインはどうかね」

「はい、艦長……いただきます」

旗艦の提督は不在で、最先任は『ロアノーク』のマーストン艦長だった。グリーンにとっても見慣れたものである帆装フリゲイトの艦長室だが、あらためて見まわすと、『モニター』の全艦内を合わせたほどに広く感じられた。

「戦闘を行なうのに不適当な、故障などはあるかね？」

「いいえ、これと言って大きな故障はありません。石炭と真水の補給だけ受けられれば、すぐに行動できます」

「それはもう手配した。ちゃんとした食事と一緒にな。あの中で煮炊きができるのか？」

「ありがとうございます、艦長。炊事は、難しいというより、外洋では不可能です。換気不足で窒息しかけました」

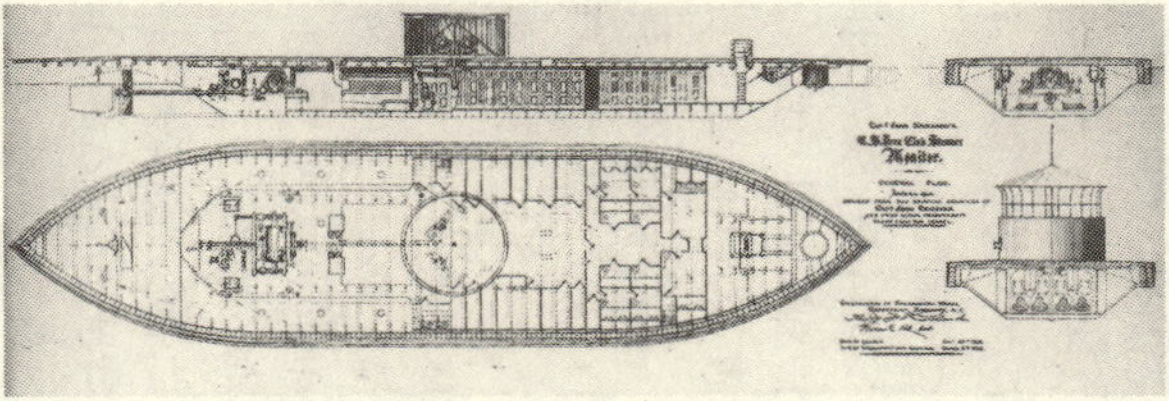

モニター三面図

「さもありなん、だな。砲は？」

「一一インチのダールグレンが二門ですが、わずかに試射をしただけです」

ウォーデンは、装薬を最大一五ポンドまでに制限しろという命令を受けている。砲塔の強度と共に、駐退装置の能力にも疑問があるためだ。他の同型砲では三〇ポンドまで使われている。五〇ポンドが可能だという説もある。

「艦長、『コングレス』と『カンバーランド』のこと、お悔み申し上げます」

「うむ、残念なことをした。ちょうど風向きが悪くてな、錨を捨てて逃げることもできなかった。しかし、どちらも存分に戦ったから、『メリマック』もそれなり損傷を受けたようだ。少なくとも煙突は穴だらけだから、速力は上がらないだろう。それと、報告によれば、『メリマック』の運動性は相当に悪い。低速ではほとんど曲がらないようだし、高速でも三六〇度ターンに三〇分以上かかる。ほとんど左回りで、右へ回ったのはいくらも見ていない。へさきを回すときには、砲艦に曳かせておったよ。速力はせいぜい八ノットだ。それも潮が後押ししてだからな、自力では五ないし六ノットだろう」

「そうですか、その情報はなによりです。『モニター』も運動性が良いとはいえませんが、そこまで酷くはありません」

「吃水は深いのかね？」

「いいえ、補給を受けても一一フィート半（三・五メートル）ほどです」

「それなら、そうそう座礁もしないだろうな。『メリマック』は相当に吃水が深い。『ミネソタ』と同じくらいだろう。それゆえ、引き潮になれば水路の真ん中でしか動けないし、浅瀬を上手に避けることもできないから、潮が引くと行動できなくなるようだ。そうでなければ、我々は昨日のうちに全滅していた。……補給が終わったら、『モニター』は『ミネソタ』の近くへ移動して、これを援護してほしい。明日の朝、『メリマック』が最初の標的にするのは『ミネソタ』だ。あれがやられれば、我々はチェサピーク湾まで撤退しなければならん」

「了解しました、艦長。では失礼します、御武運を」

「うむ。明日は頑張ってくれたまえ。『モニター』の武運を祈っている」

「ありがとうございます」

がっちりと握手したグリーンが『ロアノーク』を辞し、『モニター』へ戻ったとき、『コングレス』が爆発した。グリーン自身、これだけの爆発は見たことがなく、「身が引き締まる思いだった」と述べている。『モニター』では、明日に控えた戦闘へ向け、着々と準備が整えられていた。そっと『ミネソタ』の隣へ移り、夜明けを待つ。

＊

ヴァージニア（メリマック）

翌朝、引き潮がピークを過ぎ、上げ潮になると同時に、『ヴァージニア』（『メリマック』の南軍側呼称）は行動を始めた。負傷したブキャナン艦長の経過はよくなく、病院へ送られたので、『ヴァージニア』の指揮はジョーンズ副長が執ることになった。

煙突には簡単にツギが当てられたが、蒸気捨管は適当なものがなく、吸気筒は吹き飛んだままで、失ったカッターも補充されていない。壊れた砲を取り替えることもできず、衝角もなくなっている。それでも石炭や砲弾は十分にあり、時間を無駄にしなければ、今日じゅうにハンプトン・ローズの掃除は終わるだろう。

深い水路の近くに錨泊していたから、ジョーンズは引き潮が終わるとすぐに、艦を出動させた。まだ『ミネソタ』は座州したままで、いくらか傾いたマストが、身動きできないことを示している。わずかに煙は見えるものの、蒸気を上げている様子もない。

昨日の経験から、ごく低速では舵がないも同然なので、腰を据えて射撃するとき以外は、ある程度行き足を残していなければならないとわかっている。無理に大きく舵を切っても、速力が減殺されるだけで、その割に向きが変わらないこともだ。結局、速力にかかわらず、旋回半径が不当なほどに大きいということなのだ。

まっすぐに『ミネソタ』へ向かい、艦首砲に射撃準備を命じる。潮はまだ満ちはじめたばかりだが、その分、もし腹がつかえても勝手に浮きあがってくれる。『ミネソタ』が蒸気を上げているのか、煙が濃くなった。

「あれは何でしょう。『ミネソタ』の近くに何かいます」

「なんだ?」

海面に何か、樽のようなものが浮いている。煙は『ミネソタ』からではなく、その樽から上がっているのだが、煙突は見えない。海面からじかに煙が出ているように見える。

「動いています。船でしょうか」

「あれが、か?」

しかし、その奇妙な物体は、明らかに波を蹴立てて走っている。接近するにつれ、その異様な姿が明らかになった。

「樽が浮いていて、こちらへ走ってきます!」

見張りの報告もメチャクチャだ。

「とりあえず『ミネソタ』を目標にする。艦首砲、射撃開始!」

時刻は八時半、まだ距離は二〇〇〇ヤード近くあるが、満ち潮に押されて思うように接近

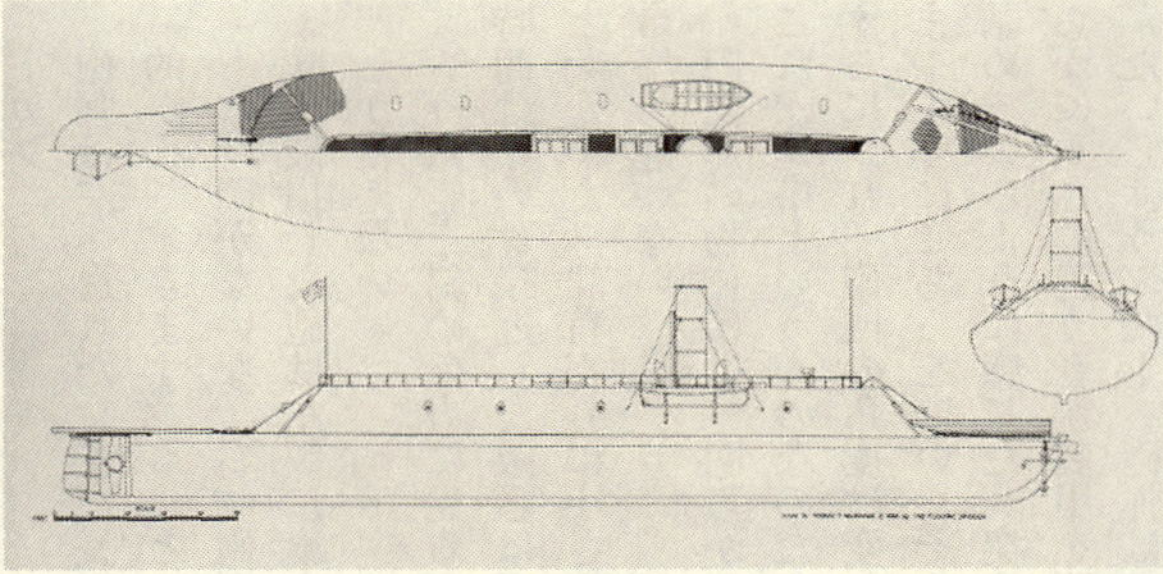
ヴァージニア三面図

できない。二発発射されたものの、命中はしなかった。この間に、『物体』は『ヴァージニア』へ接近してきている。

「奴に一発撃ち込んでみよう。面舵」

『ヴァージニア』はゆっくりと回っていく。ほぼ交差方位に乗った。

「舵戻せ。……艦首砲、照準ができたら撃て。艦は直進する」

潮の流れのために、『ヴァージニア』は川上、左舷へ向かって流される。まだ水路へ入りきっていない『物体』は、まっすぐに接近してくるから、見掛けの方位は流されている分だけ徐々にずれていく。どこかで砲の軸線に重なる。

ドンッと艦首の七インチ・ライフルが発砲した。突き破るように煙の中を抜ける。『物体』のはるか遠くに着弾した。

「射程が合っていないぞ！　しっかり狙え。面舵少々」

『ヴァージニア』はゆっくりと右へ回る。艦首砲は装塡で大わらわだろう。この砲には、艦内で一番優秀な砲員を集めた班が配置されている。また照準線が重なった。だいぶ接近している。

ドカン！

砲弾は左へ逸れた。まだ長い。

「的が小さすぎます。もっと接近しないと」

「もう時間がないな。右舷砲列、反航戦用意。すれ違いざまに一発かましてやれ！」

昨日破損した砲は左舷に集中しているから、右舷側では四門が斉射できるが、左舷では二門しか使えない。

もう敵艦を斜め前方に見る形になっている。艦首砲は射角が取れず、砲門を移動している時間はない。接近した敵艦は、ほとんど乾舷のない低い船体に、円筒形の物体を乗せているとわかった。艦首寄りに小さな四角い物体があり、スリットが切られているから、あれが司令塔に違いない。

円筒形の物体には、明らかに砲門とわかる穴があり、そこから砲身が突き出されていた。これが砲塔というものなのだろう。ヨーロッパで造られたと噂には聞いたことがある。接近するにつれ、砲門の角度は変わっていくが、動いてはいないようだ。やがて真横に並びかけ、まっすぐにこちらを向いたそこからは、骸骨の目のような黒く丸い穴が、こちらを虚ろに見詰めているように感じた。突然、黒い穴からオレンジ色の閃光が走り、昨日聞いたのとは明らかに重さの違う音が装甲を叩いた。衝撃で足場を踏み外しかける。

「だいじょうぶだ！　砲弾は貫通していない！　負けるな、撃てーっ！」

すれ違いながら、四発が次々に発射される。少なくとも一発は、間違いなく命中した。

＊

「まっすぐに『ミネソタ』へ向かっているようです」

「接近しろ。風穴を開けてやろうじゃないか」

『モニター』の狭い操舵室には三人立ち並ぶのがやっとで、四人入ると身動きが付かなくなる。鉄製の艦内では、ゴロンゴロンというエンジンの音が艦内どこにいても聞こえる。およそ、静けさとは縁のない艦だ。操舵室の下から声が掛かった。

「艦長、砲塔からです！　左右どちらで戦闘になるのかと聞いています」

「右舷だ！……こういう問題があるとはな」

『モニター』の内部には、情報を伝達するための装置がほとんどない。操舵室と機関室を結ぶ伝声管くらいで、他には舵を操作する索が通っているだけなのだ。

なによりも操舵室にいる艦長と、砲塔との間に連絡手段がない。そのため、艦長の意図を砲塔へ知らせるには伝令を用意するしかなく、操舵室の下には書記のトフィーが、砲塔の下にはキーラー主計長が詰めている。伝言を受けた書記は、居住区を走り抜けて砲塔の下へ行き、主計長に「戦闘は右舷です！」と叫ぶ。キーラーは真上の砲塔へ向かって、「戦闘は右舷だ！」と怒鳴るわけだ。

砲塔の側に艦長への伝言がある場合は、これとは逆にキーラー主計長が走る。乗組員を並べて伝言を送るのは、ゲームにもなっているくらいで内容が化けてしまうから、危なくて使えない。少なくとも操舵室から砲塔の下までは伝声管を設置しないと、時間がかかるばかりだ。

『ミネソタ』を攻撃していた『メリマック』は、接近した『モニター』へ目標を移したものの、砲弾は当たらない。近距離でのすれ違いざまの一斉射が交換された。

グワンと大きな音がして、砲弾が砲塔に命中した。物凄い衝撃が伝わり、皆がそれぞれに一点を見詰めるものの、砲塔には何も起きていない。どこへ当たったのかは、内側からではまったくわからない。それでも、どこにも穴など開いていないのは間違いなかった。

「いいぞ！　奴の砲弾は装甲を貫通できないんだ！」

「やったぜ！　これで安心して一一インチ砲をぶちこんでやれる」

『モニター』はすぐに向きを変え、『メリマック』を追う。舵効きの悪い『メリマック』は、ゆっくりと左回りに回っていく。速力に極端な差はないので、簡単には追いつかない。歩いて近付くくらいの感触だ。

「砲塔をあげろ！　右四五度に据えるんだ！」

砲塔の中心軸下端には、クサビを差し込んで、砲塔全体を持ち上げる仕組みが組み込まれている。持ちあがった砲塔は、蒸気機関で旋回するから、多くの人数は必要としない。余分な人数はほとんど乗っていないので、旋回機関が壊れたら、回すのはとんでもない大仕事になる。

砲塔内へ入れる人数にも限りがあり、一一インチ砲の運用は本来一六人で行なうようになっているのだが、これでは砲塔内が立錐の余地もなくなってしまうので、一門あたり八人という最低レベルでの運用をするしかなかった。

射撃を終えた砲は、反動で砲塔内へ引き込んだ状態にあるが、完全にスライドの末尾までは後退していない。後退しきってしまうということは、砲架のエンドへ衝突するということでもあり、それを繰り返していたら砲架が壊れてしまうので、途中で止まるように摩擦ブレーキを締めているのだ。これを引き戻さないと、砲の前方に装塡のためのスペースが不足する。

「砲を引き戻せ！　シャッターを下ろせ！」

ホイストで吊られたシャッターは、分厚い涙滴型の鉄板を吊ってあるだけだから、閉めるのはロープを緩めればこと足りる。降りていく速度をコントロールするだけだ。こうすれば、敵は砲眼孔を狙っての射撃ができない。小銃弾でも、鉄板で囲まれた中へ撃ち込まれれば、跳ね返って誰に当たるかわかったものではない。

「ダメだな。掃除棒がつかえてしまう。シャッターを少し開けろ」

蓋にはラマーの柄を差し込むための穴が開いているのだが、小さすぎて掃除棒は砲につかえてしまう。ところが蓋を開こうとすれば、斜めにとはいえ重い鉄板を持ち上げるのだから、簡単ではない。人数がかかってロープを引くものの、狭いので思うようにならず、掃除棒を突き出せるだけに開くのに、ずいぶんと時間がかかってしまった。

砲腔を掃除すれば、一五ポンドの装薬は、わけなく砲尾へと送り込まれる。さらに「おくり」を押し込み、発射ガスの漏れを減らす。

「砲弾を上げろ！　気をつけろよ！」

七六キログラム（一六八ポンド）の砲弾は、それほど簡単ではない。専用のホルダーに乗せられた球形の砲弾は、屈強な乗組員が二人がかりで持ち上げる。これを砲口の前に押し当て、ラマーで送りこむのだ。砲にはいくらか仰角をかけるものの、転がりこんでくれるわけではない。

さらにもうひとつ「おくり」を押し込み、俯角をかけたときに砲弾が転がり出さないようにする。それから滑車装置で砲を押し出すのだ。両方の砲が準備を整え、次の発射ができるまでに七ないし八分は必要だった。陸上の広い場所で、十分な人数がいる場合、これは最短で三分とされている。

とくに今回は、実戦での初めての発射ということもあり、シャッターの開け閉めにかかった時間も含まれて、ようやく砲塔のグリーンが「発射準備完了！」と報告するまでに、たっぷり一五分は経っていた。

この間に『モニター』は、『メリマック』を斜め後ろから追うような対勢になっている。別段『メリマック』は逃げているのではなく、向き直るのに時間がかかっているだけだ。その旋回の途中で陸上砲台の射程に入ったため、支援にあたっていた砲艦は追い払われ、緩やかに回る『メリマック』へ、ショートカット・コースの『モニター』が接近する。

斜め後ろからの射撃は、海面でワンバウンドした砲弾が、傾いた装甲鈑を駆け上がるように当たっただけだった。『メリマック』の砲弾は、斜め後ろの砲門を使った一発だけで、命中しなかった。

さらに接近し、外回りの『メリマック』に対して、内回りの『モニター』が斜め後ろに食いつく形になる。速力に差があり、『モニター』はどんどん追いついてしまう。

「速すぎるな。外側へ出よう。砲塔へ伝言、『左舷前方で戦闘』だ」

『モニター』は『メリマック』の艦尾をかわり、右舷後方へ食いつく。外回りになるが、足が速いのでちょうどいい。しかし、いっこうに弾は出ない。

「まだ撃てないのか！」

「急げ！」

そうは言っても、手順を間違えれば暴発することもある。指揮する士官がいくら怒鳴っても、実際に手順を指示する下士官には、手抜きは許されない。やっと三斉射目が撃ち出されたが、たっぷり二分以上かかった。

「このシャッターの開け閉めが無駄ですね。開け放しにすれば、いくらかは速くなります」

「敵に狙われるぞ」

「……この装甲は、どの方向も同じ厚みでしたよね」

「砲眼孔の周りが厚いだけだ。他はどこも八インチだよ」

「それなら、撃つごとに砲塔を回しましょう。そうすれば敵弾は飛び込んできません」

「どういうことだ？」

「砲塔を回して、敵から逸らせたところで装塡するんです。それなら開け放しでできるし、ている。日常には出入り口として使われているのだ。

砲眼孔には、人がくぐるのに十分なだけの大きさがある。

外へ出ることもできます」

次の砲弾も、当たりはしたが『メリマック』の装甲を破れなかった。

「よし、一度やってみよう」

「斜めに当たるから抜けないんだと思うんだ。まっすぐならあるいは……」

グリーン副長は、砲塔の下から顔が見えるだけのキーラー主計長に考えを伝える。たしかにこの位置なら『メリマック』からは撃たれにくいが、こちらの砲弾も実が上がらない。ウォーデン艦長も、この考えに同意した。

「わかった。並行砲戦だと、向こうのほうが発射速度は速いし、砲も多いからな、不利かと考えたんだが。……ミスタ・グリーンに伝えてくれ。敵を左舷に見て並べるとな」

速力が速く、旋回性能にも分がある『モニター』は、比較的自由に対勢を選べる。『メリマック』は遅くて鈍いだけではなく、浅瀬も避けなければならないから、水道の中を大きな円を描いて回るだけに近い。速力を上げた『モニター』は、『メリマック』に並びかける。

＊

「敵が前へ出てきます。もうすぐ、右舷主砲列が射撃できます！」

「いいぞ、九インチ砲を押し出せ！　しっかり狙え！」

敵が何を考えているのかわからないが、撃てずにいた兵士たちには朗報だ。命中する砲弾は装甲に弾き返されているものの、その音は耳を聾するほどで、ただすることもなく待っているだけの兵士には、心理的負担にしかならない。また昨日のように砲門や砲身へ当たれば、ケガ人も出るだろう。

今、斜め後ろの好都合な位置を離れ、敵は真横に並ぼうとしている。ほどなく、その円筒形の『砲塔』が、射界へ入ってきた。

「撃てーっ!」

ガアン、ガアンと、一門ずつが間を置いて後退してくる。目標が小さいから、一斉射撃にならない。すぐに装塡が始まった。

ゴオーンと、それまでとは違う音がして、装甲鈑を支える木梁から小さな破片が飛んだ。近寄ってみると木材が裂けている。命中した砲弾の衝撃で、裏側の木材が力を分散しきれないのだ。これだと、同じところへ何度も当たれば、しまいには突き破られるだろう。

「向こうはどうだ! 貫通したか?」

「ダメなようです。砲塔が回って、砲門が見えなくなりました」

背中を向けているのか? なぜだ?

昇降階段を一段登り、天井から顔を出したジョーンズは、敵が砲塔の背中を向けていて、その向こう側でなにやら作業が行なわれているのを見た。故障したのだろうか。その作業が終わる前に、こちらの発砲準備ができ、狙いの定まった砲から、順次砲弾が撃ち出される。

砲塔へ斜めに当たった砲弾は、火花を飛ばしてあらぬ方向へ弾き返され、とんでもないところに水柱をあげる。まともに砲塔へ当たった砲弾もあったけれども、凹みができただけで、砲弾はその場で破砕した。小さな黒煙は、砲弾がきちんと炸裂したのではなく、破壊されて不完全に爆発したことを示している。まだ装甲鈑の表面で正しく爆発してくれるなら、それなり内側へもダメージがあるのだろうが。

見ている目の前で三発目が発射され、同じように跳ね返された。直後に砲塔が回りだし、砲の突き出された砲門がこちらを向く。

「そうか、敵は装填作業中の砲門が弱点になると知っているんだ。それで、ああやって弱点をこちらから逸らせているのか。……くるぞ！」

しかし、砲塔は発砲しないままに回りすぎ、止まって戻ってきた。ややあって、こちらの四発目が準備できる間際に、閃光と煙がほとばしる。

また凄まじい音だ。見上げる空に跳ね返った砲弾がはっきり見え、一瞬空中に浮いてから落ちてきた。球形の鉄の塊は、一部が確かに欠けていた。フラフラと揺れるように回りながら、力なく海へ落ちていく。下へ降りて砲廓の中を見れば、暗さに目が慣れるのに時間がかかる。

「被害は？」

「破片が目に入った者がいます！　大きな損傷はありません」

少なくとも一〇インチ以上はある巨大な砲弾だ。無傷で済むわけがない。

「敵が発砲するタイミングを計れ！　砲塔がこちらを向いた時に、砲門を狙うんだ。二発撃

モニターとヴァージニアの戦闘

ったら、装填した状態で『待て』、だ」

「了解です。……砲に俯角をかけろ。狙うのは敵艦の砲門だ。そいつがこっちを向いたら、一斉射撃だ。それまでは撃ちまくれ！」

砲の数も、発射速度も『ヴァージニア』が勝っている。上手く砲門を捉えられれば、敵の攻撃力を削ぐこともできる。

また二回は、まったく反撃されることなく射撃できた。およそ四分に一発だから、向こうは一回の射撃に一〇分くらいかかっていることになる。

「撃ちますか？」

「いや、待て、だ。あの砲塔がこちらを向くのを待て！」

しばしの沈黙があり、敵艦の砲塔が回りだした。

「狙いをつけろ！　開いている砲門を狙え！」

発砲はほとんど同時だった。わずかにこちらが早かったか。敵の砲弾は物凄い音を立てて装甲の上部に当たり、跳ね返って煙突を突き抜けていった。まさに風穴が開いている。その穴から煙が噴き出した。また蒸気が上がらなくなる。下を見ると、砲廊にも煙が侵入している。火災か？

「どうした？」

「煙突に亀裂が入ったようです。煙が噴き出しています！」

「砲弾が入ったのか？」

「いいえ、急に煙突が裂けたと、見ていた者が言っています」

上に砲弾が当たった力で、下のどこかの継ぎ目が切れたんだ。なんて力だ。

*

砲塔の中は煙でいっぱいだった。『メリマック』の砲弾が命中し、爆砕した砲弾の煙が、砲塔内へ侵入している。今は砲眼孔を敵から逸らせたから、これ以上にはならないだろう。

「損害はあるか！　報告しろ！」

「トマスが煙を吸い込んで気絶しました！」

「下へおろせ！　くそう……キーラー主計長、敵は発砲する瞬間の砲眼孔を狙ってきている。並行砲戦は不利なようだ。砲塔に煙が入って発砲困難だから、一時退避してもらうように伝えてくれ！」

「了解！　砲は無事ですか？」

「ちょっと待て！　どうだ⁉」

「砲口に傷ができたくらいです。亀裂や歪みはありません！」

「よし！……砲に異常はないようだ。戦闘は続行できる」

「了解。頑張ってください！」

また後ろから砲塔を撃たれ、不用意に壁にもたれていたストッダー航海士が、弾けるように飛ばされた。砲身に顔をぶつけ、昏倒する。かけていた眼鏡が床に転がり、レンズが割れた。

「外壁に体を接するな！　目ン玉が飛びだすぞ！」

『モニター』は速力を上げ、『メリマック』を置き去りにしていく。緩く回る敵艦の前に出ると、艦首砲が射撃してきたが、命中しなかった。砲戦は中断し、『モニター』は体勢を立て直す。

「ミスタ・グリーン、どんな具合だ？」

砲塔の下に艦長が顔を覗かせている。グリーンは井戸の底と話をしているような気分だ。

「艦長、敵はこちらが砲塔を向けるタイミングを計って、砲眼孔を狙っています。直撃は避けられましたが、破砕した砲弾の爆煙が入りました」

「装填はこれ以上速くならないのか？」

「いくらかは速くなってきているのですが、狭くて人数がかかれませんから、どうしても限度があります」

「一度、ドタバタしていたようだが、何があった？……二斉射ほど前だ」

「ああ……砲塔を止めるタイミングを外して、回りすぎてしまったのです。蒸気機関ですから、勢いがついてしまうと思うように止められません。ブレーキが必要ですね」

「なるほどな。キーラー君、メモにしておいてくれたまえ。こいつには改良すべき点がいっぱいある。……砲弾は『メリマック』の装甲を突破できないようだが、装薬は増やせないか?」

「今、限度いっぱいの一五ポンドです」

「そうか。どこか弱点に当たるまで、撃ち続けるしかないな。よし、以後は反航戦を主体にする。準備してくれたまえ」

「はいっ、艦長」

直進して『メリマック』の描く円の外に出た『モニター』を、『メリマック』は追ってこられない。それをやると、先にある浅瀬がかわせないから、止まらなければならなくなってしまうのだ。旋回できるだけの水面を確保するには後退するしかないし、一度止まると、速力を回復するのに時間がかかる。

『モニター』はくるりと回り、敵艦の艦首側から接近する。

「『メリマック』の艦首には衝角がありますよ」

「あの運動性能の奴にぶつけられるのは、ちょっとした恥だな。こちらが動けないならともかく、足があればまずぶつからないよ。ピーター、君は亀に踏まれたことがあるかい?」

問いかけた水先案内人のハワードは、顔を赤らめるだけだった。ピーターは舵取りの先任下士官で、今はこの三人が操舵室にいる。

「残念ながら、亀は飼っておりませんです。……あれだけ回らない船も珍しいですね」

「海亀のほうが、もう少し器用に泳ぐだろうよ」

「ずっと上手ですよ。こっちのへさきに衝角があるなら、ぶつけてやるんですが」

「この次までには着けておいてもらうさ。ピーター、奴のできるだけ近くをすれ違うようにもっていけ。近ければ近いほどいいが、ぶつけられないようにな」

「アイ・アイ、すれすれ、ですね。了解。……どっち側を通しますか？」

「そうだな。……『ロアノーク』のマーストン艦長は、右へ回ったのを見ていないと、ミスタ・グリーンに言ったそうだ。船にはそれぞれ癖があるだろ、ハワード君」

「はい、一軸ですから、スクリューの回転方向とか、船体の左右バランスが原因で、そういうことは有り得ます。まったく回らないことはないと思いますが」

「得手不得手は誰にでもある。奴が右へ回りにくいなら、右側を通ろう。すれ違ったら、右へ回って奴の左回りの円の中に、右回りで小さな円を描く。次からは左側での戦闘になるな」

『モニター』は慎重に針路を選び、敵へつっかかっていく。

緩く回っている『メリマック』は、まず艦首砲を発射した。砲弾はわずかに砲塔をかすめ、音だけを残していった。

「真横に並ぶまで撃つんじゃないぞ」

『モニター』の砲塔は、右舷真横に向けられている。なるべく直角に近く当てれば、それだけ有効にエネルギーが使われる。すれ違いざま、両方から六発の砲弾が行き交い、すべて命中した。すれ違うとはいっても、相対速力はやっと一〇ノットだ。秒速にすれば五メートルでしかない。小さな『モニター』の砲塔でも、幅は六メートルくらいある。『メリマック』の砲廓はその一〇倍の長さだ。これだけの近距離では当てないほうが難しい。

この方法だと、『モニター』は砲塔を大きく回さなくても安全に装塡ができる。砲塔はすぐに正面を逸れてしまうから、敵の艦尾砲も砲眼孔を狙うことは難しい。

『メリマック』の砲弾の一発は砲塔前面へ斜めに当たり、別の一発は頂部に当たって跳ね返った。さすがに砲眼孔を狙うまではできなかったようだ。いくらか間を置いて、『メリマック』の後部砲から発射された砲弾が、砲塔の側面へ命中した。

すれ違った『モニター』は、『メリマック』の艦尾を回り、左舷側へ出ると右回りに半回転して、離れたところを追い越しながら、『メリマック』の前へ出ていく。砲塔が装塡を終えるタイミングに合わせないと、接近が無駄になってしまうから、砲塔と連絡を取りながら、描く円の大きさを調整していく。『メリマック』はべらぼうに大きな円をなぞるだけだ。

左舷前方から接近する『モニター』に対して、すでに舵をいっぱいに切っている『メリマック』は、それ以上艦首を中へ入れられない。『モニター』へ体当たりしようにも、どうにもならない角度なのだ。

『メリマック』の艦首砲は、斜め前左舷側の砲門から先手を取る。砲弾は砲塔をかすめて外れた。『モニター』は微妙に進路を調整しながら、できるだけ『メリマック』に近いところを通るようにコースを定める。すれ違いざま、四発の砲弾が交換された。この射撃は、『メリマック』の状態について、重大な情報を与えてしまっている。

「側面からは二門しか撃ってこなかったな」

「偶然でしょうか」

「いや、こんな都合のいい偶然はあるまい。装塡する時間はたっぷりあったんだからな。おそらく奴は、左舷側の砲を損傷しているんだ。昨日、『カンバーランド』と『コングレス』にかなり撃たれたらしいからな」

抵抗は虚しかったが、無駄ではなかったのだ。

＊

「副長、後部の乗組員が、敵艦の艦名を読み取ったと言っています。艦尾に『モニター』と書いてあったそうです」

「モニターだと？　変な名前だな。ほんとに艦名か？　注意書きかなんかじゃないのか？」

「わかりませんが、艦尾に確かにそう書いてあったと、後部砲のドイル兵曹が言っていました。彼は字が読めます」

「ふーむ。……まあいい、ただ『敵艦』じゃつまらんからな。よし、あいつを『モニター』と名付ける。日誌にそう書いておけ。違ってたら訂正すりゃあいい」

同じように円を描きながら走る『モニター』は、離れたところを追い越していく。

「……こちらの動きを読んで、前へ回るつもりだな」

やがて前から『モニター』が迫ってきた。しっかり左舷側を狙っている。どうにも避けられないから、装甲に身を任せるしかない。

すれ違いながら、艦首砲、舷側砲二門、後部砲が順に発砲する。敵は二門から一発ずつだけだ。

巨大なハンマーで殴られているようなもので、また木構造にひびが入った。いくら装甲の鉄板が持ちこたえても、裏側の構造が壊れてしまえば、装甲はそれ全体が自分の重さで倒れてくるだろう。何発くらい命中したら、そうなるのだろうか。どのくらいの確率で、同じ場所へ当たるのだろうか。

すれ違った『モニター』は、右へくるりと回って、『ヴァージニア』の描いている大きな円の内側へ、小さな円を作る。この戦法だと、『ヴァージニア』の発射速度が速いという利点が減殺される。砲を向けられないから、装填が終わっても待っているだけになるのだ。追い越していく『モニター』を撃てなくはないものの、数百ヤードの距離で小さな砲塔を狙ったのでは、滑腔砲の砲弾は水しぶきを上げるだけだ。右舷側の砲にはすることがない。左右の砲を入れ替えられるほど、砲廓には余分な面積がない。

再び前方へ回り込まれ、『モニター』は左舷を見せてすれすれを狙ってくる。

「ふん、そうそう思い通りにさせるか。舵を半分戻せ、大回りにしろ。……速力を上げろ！機関室、緊急増力だ！」

ボイラーに油を染みこませた布を放り込み、短時間ではあるが火力を増して、一時的に蒸気を上げる。わずかに速力があがった。ジョーンズは慎重に間合いを測る。

「今だ！　取舵！」

大舵を切ると、一時的に艦は曲がっても速力が落ち、そうなると今度は舵に応えなくなる。操舵手は舵取りのコツを飲み込んできており、あまり速力を落とさずに旋回する舵角を心得ているのだが、今回はそれを無視して艦首の角度を変えるほうが優先された。『モニター』が左舷前方から艦首正面を過ぎ、衝突コースに乗る。

「衝角なんぞなくてもいい。四〇〇〇トンをぶつけて、ひっくり返してやる」

＊

「『メリマック』が回っています！　突っ込んできます」

「面舵！　あれ以上回らないわけでもないんだな」

ウォーデンは冷静に敵を観察している。亀に踏まれやせんと言ったように、その鈍重な動きは、いかに意表を突いたにせよ、『モニター』の運動性についてこられるレベルではない。思いきって切れ込んだ『メリマック』は、その代償に速力を失っている。なるほど、そういうことか。

「もうだいじょうぶだな。取舵」

互いに蛇行してのすれ違いでは、距離が大きくなって有効な射撃にならなかった。どちらの砲弾も命中していない。

「チェッ、つまらないことをしやがる。それならそれで、やりようはあるんだ」

本来ならば、真後ろから接近して、至近距離の射撃で後部砲を潰し、艦尾をかじり取ってやるのが一番いいのだろうが、『モニター』は操舵室の位置の関係で、艦首正面方向へは発砲できない。艦長や操舵手が爆風で失神してしまうからだ。

すでに一時間以上、二隻は水道の真ん中で互いの周りを回りながら、砲撃戦を続けている。両軍の艦や陸上砲台の将兵は、それぞれの場所から二隻の戦いを眺めていて、自分の射程に入ったときだけ砲撃が行なわれる。

両軍だけではない。水道にはフランスの外輪軍艦がいて、双方の動きを興味深く見詰めていた。少し離れたリップ・ラップとセウェルズ岬の間で、間違われないように大きな三色旗を掲げている。人々は、世界で最初の、鉄で防御された艦同士の戦闘に立ち合っているのだ。海軍史に大見出しの載る一ページを、自らの目で確認している。その当事者はといえば、全員が分厚い装甲鈑の中にいるのだから、外を見ることのできる者はほんの一握りだし、誰にも状況を客観的に見られはしない。

再び両艦は接近していく。今度は『モニター』がいくらか接近角度を深く取り、『メリマック』の悪あがきを封じた。『メリマック』もあえてつっかかろうとせず、そのままゆっくりと回り続けている。すれ違いざまに砲弾が交換され、双方一発ずつが命中したが、距離があり、いくらか斜めに当たったので、『モニター』の砲弾も効果がなかった。

＊

「副長、内密にお話ししたいことがあります」

深刻な顔で話しかけたのは、『ヴァージニア』のラムジー機関長だった。二人はラッタルの途中で、顔を寄せ合うようにして話を始める。

「なんだ？」

「本艦の吃水のことです。……動きが軽くなっていると思われませんか？」

そういえば、回り方がいくぶん速くなっているような気がする。ジョーンズは小さくうなずいた。

「昨日から、ずいぶん石炭を使っています。量はまだ十分ありますが、減った分だけ、艦が軽くなっています。さきほど艦首を見てみましたが、へさきはすでに水上に顔を出しています。おそらく側面でも、装甲のない部分が吃水線の上へ出ているはずです」

「本当か？……そうだな、錘を積み込んで、やっと吃水を下げたんだから、軽くなれば浮かび上がるわけだ」

「装甲のない吃水線へ砲弾を受ければ、穴が開いてしまいます。この艦で浸水が始まったら……」

「冗談じゃなく、本気であっという間に沈むな」

木造船体へ大口径砲弾が当たったらどうなるかなど、試してみたくもない。九インチ砲弾でさえ、『コングレス』は悲惨なことになったのだ。直径一フィートの大穴が開けば、塞ぐことなど考えられまい。外からシートをかぶせようにも、この艦の舷側では作業ができないのだ。ボートもない。

「仕方がないな。頭には置いておくが、戦闘を続行する」

「しかし……」

「敵がそのことを知っているわけではない。今、ここで尻尾を巻くわけにはいかんのだ。この『ヴァージニア』が、ちっぽけな『モニター』に追い払われたのでは、我々は完全に負けだ。昨日の勝利は帳消しになってしまう。そんなことは許せん」

「なにか、あいつに弱点はありませんか」

「砲門が弱いのは間違いない。こっちも同じだがね。だから奴は、狙われないように同航戦を避けているんだ。それでも、そこを狙って撃つしかない」

「ソリッド・ショットがあれば、あの装甲は破れるのでしょうか」

「わからん。炸裂弾は鉄板に当たると壊れてしまうからな。ちゃんと爆発していない。それなら、鉄の塊のほうが、効果はあるかもしれない。いずれここにはないんだから、どうしようもないさ」

「奴らの装甲も、こんなにガタガタになっているのでしょうか?」

「それもわからん。どのくらいの厚みがあるのかもわからないんだ」

＊

至近距離とはいえすれ違いながらでは、砲眼孔から敵が見えるのは、ほんのわずかな間だけだし、それから砲塔を回すことはできない。斜めに当たる形になってしまっても、そのまま発砲するしかない。砲塔のグリーンは、天蓋から頭を出して敵を見つけ、砲塔を回す指示を出す。しかし、蒸気機関は意のままには動かないし、止まりもしない。敵も直撃を避けようとしてギリギリで転舵するから、どうしても思うような射撃ができない。

「仕方がないな。回しながら撃ってみよう」

「壊れませんか?」

「そんなにヤワじゃないことを祈るさ」

すれ違いながら、敵の動きに合わせるように、ゆっくりと砲塔を回していく。片方の砲の砲眼孔との隙間から照準して、発砲を命じる。その瞬間に頭を引かないと、衝撃波で失神する。

「今だ！　撃てーっ！」

バーンと衝撃波が砲塔を襲う。ひるむものは誰もいない。

「次だ！　撃てーっ！」

隣の砲も、次の瞬間に発砲する。回転している砲塔は、そのまま敵から逸れていく。

「今の射撃は効果があったぞ！　『メリマック』の装甲が弾け飛んだ」

＊

強烈な衝撃だった。内部の木梁の一本がはっきりと折れ、生木の割れ目が見えている。湯気とも、ホコリの集まりとも見える霞んだ煙のようなものが、あたりに漂っていた。木の匂いがする。かき集めたたくさんの材木の中に、乾燥不十分で強度の足らないものがあるのは仕方がない。

スパー・デッキへ上がってみると、二枚重ねた鉄板のうち、上側のものが一部折れ飛んでいた。こんな打撃を受け続けていれば、そのうちには突破されてしまう。見下ろせばその装甲の末端は、たしかに水面に届いていない。舷側を流れる波は、装甲の斜面へ上がってきていないのだ。

吃水線付近に弱点がさらけ出されていることは、ジョーンズの意識の中に闇を作り、薄暗く居座る。敵はまだ、ほぼ砲門の高さを狙っているから、気づいていないのだろう。しかし、次のすれ違いで狙いを変えてくるかもしれず、最初の一発が致命傷になるかもしれない。

三〇分以上かけて『ヴァージニア』が一周する間に、一〇分ほどの間隔で『モニター』がすれ違い、撃てるだけの砲から砲弾が交換される。何発かが当たり、なにかしらの損傷が積み上がる。『モニター』にも同じような負荷があるのか、知る術はない。

次の接近では、それまでより幾分離れたところを『モニター』が通過した。砲弾は一発だけ命中したが、効果のあるような強烈さはなかった。

「敵が回っています！　突っ込んできます！」

砲弾をやり過ごした直後、使われていない砲門から敵を見ていた乗組員が、下から大声で知らせてきた。ジョーンズが頭を出すと、『モニター』は大きく舵を切り、側面へ向かって突っ込んでくるところだった。

「前進全速！　取舵いっぱい！　いっぱいだ！　いっぱいに切れっ!!」

まさか、『モニター』が突っ込んでくるとは思わなかった。速くて小回りが利くのだから、ぶつけるつもりならいくらでもチャンスはあったはずだ。なぜ、今ごろ突然……艦尾か！　きっと水上に顔を出して見えているんだ。そこに当然舵とスクリューがあり、外へ突き出してぶら下げたような、ひ弱な構造だと気付かれたんだ。

ジョーンズの胸に冷たい塊ができ、ゆっくりと腹の中へ沈んでいく。息苦しくなり、不快な冷たい汗が、真っ黒に汚れた軍服の中を流れる。『モニター』はまるで、意志を持った獣のように飛びかかってきた。鈍重な牛の尾を狙って、敏捷な狼が牙をむき、噛みつこうとしている。

「ぶつかる……」

目が離せなかった。命令は声にならず、するべき命令もなかった。艦は舵のままに左へ緩やかに回り、はるかに小さな円を描いて、『モニター』が内側へ入ってくる。砲はまったく準備が間に合わない。見ているだけだ。

目をつぶることもできなかった。この一瞬に、三五〇人の運命が決まる。『モニター』の艦首は、『ヴァージニア』の艦尾に牙を立てた。思わず知らず、体に力が入り、身をよじって敵のへさきをかわそうとしている。

轟音とともに振動が走り、艦が行動する能力を失うと覚悟したその刹那、『モニター』はまったく触れることもなく、艦尾を通りすぎた。間違いなくぶつかったと思ったのだが……。

その砲塔の上に顔が見え、びっくりしたような目が向けられていた。

艦内のほとんどのものは、どれほどきわどい状態だったか知りもしない。ジョーンズは膝が震えるのを抑えられなかった。ラッタルの段に腰を降ろし、離れていく『モニター』を見詰める。

「敵が離れていきます。どうかしたんでしょうか？」

『モニター』が、明らかにそれまでと針路を変え、自分たちから離れていく。体当たりに失敗したことで、なにか戦法を変えようというのだろうか。まっすぐに進んでいるのでもないから、舵が壊れたわけでもなさそうだ。

「なにか損害を与えたのかもしれんな。よーし、トドメを刺してやる」

危機を脱したジョーンズは、怒りとともに闘志が湧いてくるのを実感している。姑息な手を使いやがって……。

「あの方向は浅瀬です。この艦の吃水では無理です」

パリッシュが指差すとおり、『モニター』は浅瀬へ近づき、『ヴァージニア』が絶対に入れない深さのところに停止した。何をしているんだろう。

＊

「砲弾がありません。砲塔内にあった分を使い切ってしまったんです」

『モニター』の砲塔は、下部との交通が容易でないため、砲弾は砲塔内に一定量を保管している。ただの鉄の塊だから、炸裂弾と違って誘爆する心配はないが、その砲弾を撃ち尽くしてしまったのだ。下の船体に保管してある分を砲塔へ移動しなければならない。

「そうか、……やむを得んな、一時退避しよう。ピーター、浅瀬へ持っていけ。奴に作業を邪魔されたくはない。……砲塔に連絡しろ、できるだけ短時間で済ませろとな。放っておくと、奴が何をはじめるかわからん」

「はいっ！」

『メリマック』の艦尾を狙った体当たりが、間一髪のところで外され、直後に砲塔からの伝言で、砲弾の欠乏が知らされた。限界まで緊張した突撃が、ほんの数フィートのところで外されたから、ウォーデンはがっくりと疲れを感じている。

『モニター』は、『メリマック』が入ってこられない浅瀬へ移動し、砲塔を艦首正面へ向けて固定した。こうしないと昇降口が繋がらず、砲弾を持ち上げられないのだ。

「ハンモックを持ってこい。ここへ積み上げるんだ。うっかり落としたら、底が抜けるからな」

ホイストの真下に士官室のテーブルを置き、下に巻き締めたハンモックを並べる。テーブルに砲弾を乗せ、専用の金具でくわえて、砲塔天井に取り付けられたホイストで吊り上げる。一発ずつ慎重に。万一落とすと、底が抜けないまでもダメージがあるだろう。落として転がった砲弾に轢かれた負傷では、名誉も何もあったものではない。

一発分一五ポンドしかない装薬は、もうひとつの昇降口から人力で簡単に手渡しできる。ずいぶん素早くやっているつもりだが、一発あげるのに一分以上かかっている。もうちょっと効率よくならんかな。

見ていても仕方のないウォーデンは、砲塔へ上がり、砲眼孔をくぐって上甲板へ出た。そ

モニター艦上でくつろぐ乗組員

こには操舵室から見るのとはまったく違う、素晴らしく開けた明るい世界があった。

「なんともまあ、いい天気だなあ。……こんな日は、戦争なんかしていないで、あの丘で日向ぼっこでもしていたいもんだ。……『メリマック』はどこだ。……あれか。こうしてみると、どっちもけったいな形をしているんだな。……ふーむ、まあ、あっちは元々ちゃんとした船だからな、水中の形はそのままなんだろう。それにしても回らない奴だ」

タバコを取りだすとかがみこみ、甲板の鋲頭で黄燐マッチを擦ったが、湿気ているのか火がつかない。マッチはどれもボロボロと先が壊れてしまう。

「これをどうぞ」

グリーン副長が外へ出てきて、照明用ランプを差し出し、蓋を開いてくれた。

「艦長も真っ黒ですね。特に目の周りが」

「ミスタ・グリーン、君も真っ黒だよ。俺もほら、シャツまで真っ黒だ」

「真っ赤じゃないのは、エリクソン氏の設計が正しかったということなのでしょうか」

「今のところはな。……ずいぶん凹んだもんだ。あっちも鉄板が飛び散ったりしてたが」

砲塔の壁面には、砲弾で凹んだ跡がたくさん残っている。深いものでは四インチほどもあるだろうか。敵が砲眼孔を狙って撃ったのがはっきりわかるほど、その周囲に凹みは集中している。真っ黒に汚れた壁が何を意味しているのか、ウォーデンにはわからなかった。

「命中したところをご覧になったのですか？」

「ああ……砲弾が命中した場所から、鉄板が剥がれて落ちた。跳ね返されちゃいるが、効果がないわけじゃない。できるだけ接近して真横から叩き込めば、それなりに効果は累積していく。じわじわ効いてくるボディ・ブローみたいなもんだ。砲弾が無くなるまで、せっせとぶち込んでやるさ。そのうちには、あの鉄の壁が自分の重みで後ろへひっくり返るだろうよ」

もう十一時になる。太陽は高く、ウォーデンは手びさしして『メリマック』を眺めている。今は遠く、まったく危険はない。始めたのが八時半頃だったから、かれこれ二時間半も撃ち合っていたのか。

「そろそろ潮が引きはじめます。奴は引き上げてしまうのではないでしょうか」

「逃げるなら、それでもいいさ。この『モニター』を打ち破れずに逃げるなら、それが吃水のせいであれ、皆はこちらの勝ちと考えるだろう。そうなれば南軍は浮き足立つ。期待をかけた新兵器が、四分の一しかない奴に追い返されたんではな。……しかし、いい打開策はないかな」

「弱点の艦尾でしたが、いざぶつけるとなると、なかなか難しいものですね」

「要らんときには勝手にぶつかるがね、当てようと思うと難しい」

後方から接近するのでは、『モニター』は艦首側へ発砲できないから、長時間撃たれっぱなしになる。非常に精神衛生上よろしくない。相手の横腹をめがけて真横からつっかけるのは、判断がしやすく避けやすいのだ。止まっていてでもくれなければ、めったにぶつからない。すれ違いざまの体当たりは、ほんの思い付きではあったものの、成功まであと一歩だった。

『メリマック』はようやくこちらへ向き直り、どうやら『ミネソタ』へ向かうらしい。勇み足で浅瀬に捕まってくれれば、旗を降ろすまで死角から砲弾を叩きつけてやれるんだが、まさか『ミネソタ』を餌にするわけにもいかない。

「そろそろ行かないと、また慌てた連中にこっちまで撃たれるぞ。……何発上がった？」

「……次で二〇になるそうです」

「よし、それだけあれば二時間分だな。蒸気を上げろ、移動する」

接近するまでに、まだ何発かは上げられる。すでに十一時半、引き潮が始まるから、そう長くは戦闘を続けられないだろう。奴を動けないようにさえすれば、各艦からボート戦隊を繰り出してでも始末がつけられるんだが。

しけていたためか途中で火が消えてしまった吸い差しを海へ投げこんだウォーデンは、

『メリマック』や周囲との位置関係を慎重に観察してから、装甲の中へ戻った。

この戦闘はさらに一時間繰り返され、『モニター』の操舵室に命中弾があって、ウォーデン艦長は片眼を失った。『ヴァージニア』も触底し、肝を冷やしている。やがて『ヴァージニア』は戦闘を打ち切ると工廠へ引き上げ、世界最初の装甲軍艦同士の戦闘は終わりを告げた。装甲を突破した砲弾はなく、戦死者もいない。

第二章　囲砲塔

コールズ砲塔　一八六〇年代

この砲塔の構造は、前述のイギリスのコールズ艦長が提案したものが基本になっている。最初の砲塔艦として建造されたのは、木造の戦列艦を改装した『ロイアル・ソヴリン』Royal Sovereignで、一八六四年に完成した。この量産型では、製造の困難な回転台形の外形は諦められ、低い円筒形を基調としている。

この艦はコールズ式砲塔に口径二六七ミリ（一〇・五インチ）の前装滑腔砲を搭載し、連装のものを一基と単装を三基、いずれも中心線上に装備していた。連装で一六三トン、単装で一五一トンという重量を持つ砲塔は、旋回、俯仰から砲弾の吊り上げ、装填に至るまで、一切が人力で操作されている。木造艦であったので、集中荷重への対応には厳しいものがあり、艦内部はかなりの補強を必要としている。残念ながらこの艦の砲塔については詳細が判明しておらず、内部構造などは不明だが、以下に述べる砲塔とそれほど大きな違いはなかっ

ワスカルの砲塔

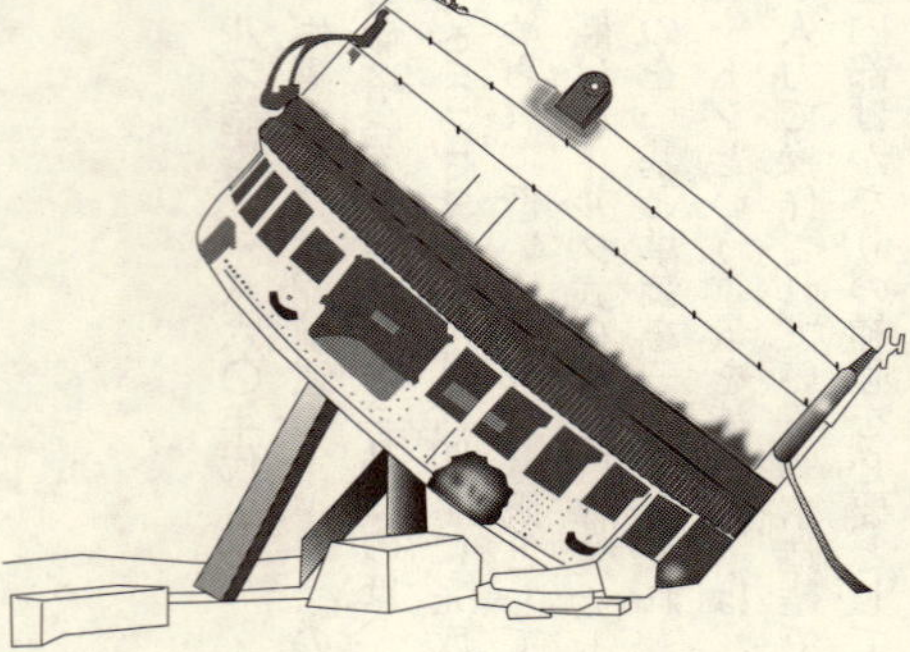

ただろう。

ここでは、イギリスでこの砲塔を装備して建造され、ペルーに輸出された砲塔艦『ワスカル』のものを題材にして、内部を説明していく。上のイラストは一時解体されて陸揚げされたときのもので、下半分の骨格構造がよくわかる。

砲眼孔は右下を向いている。左上のワイヤーが出ている穴と、天蓋から突き出した黒っぽい金属部品は、吊り上げワイヤーを掛けるための臨時の工作である。中心軸が出っ張っているため、地面に水平に置くことができず、角材をつっかえ棒にして、斜めに置いているようだ。

砲塔を回すためには、一〇人ほどが取りつくことのできるクランクが用意され、ギヤボックスを介して砲室下部外周に取りつけられた歯車を回した。この方式は近代砲塔になってからも、かなり後期まで、補助用の旋回装置として装備されつづけている。

砲塔旋回部はローラーの上に乗っており、重量の割には動きがよかった。ローラーは精度の高い円形のレールに乗っているが、レールはフラットであり、いくらか遊びがある。このローラーは位置を決めるために、中心軸から放射状に伸びたシャフトと連結され、このシャフトがあるので砲室から真下へは交通できない。これは、この方式そのものが、旋回橋や鉄道の転車台に範を取ったためと思われる。これらでは真下への交通は考える理由もないので、手軽な構造を選択しているのだろう。この砲塔では、重量の一部は中心軸が負っているようだ。

ワスカルの砲塔

中心軸は、初期にはただの鉄棒だったけれども、内部に動力用のパイプを通す必要から筒状に変わり、徐々に拡大されてゆき、砲弾や装薬、人間もがここを通るようになっていく。そうなると重量の負担はすべてローラーにかかるようになり、中心軸は上から吊られるような構造になった。

砲の俯仰はこれも原始的な方法で、それまでの方式から脱却していない。初期のものでは、砲眼孔を極力小さく

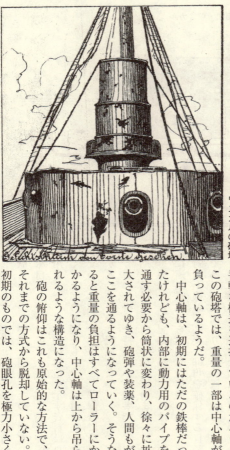

コールズ砲塔断面図・ワスカル

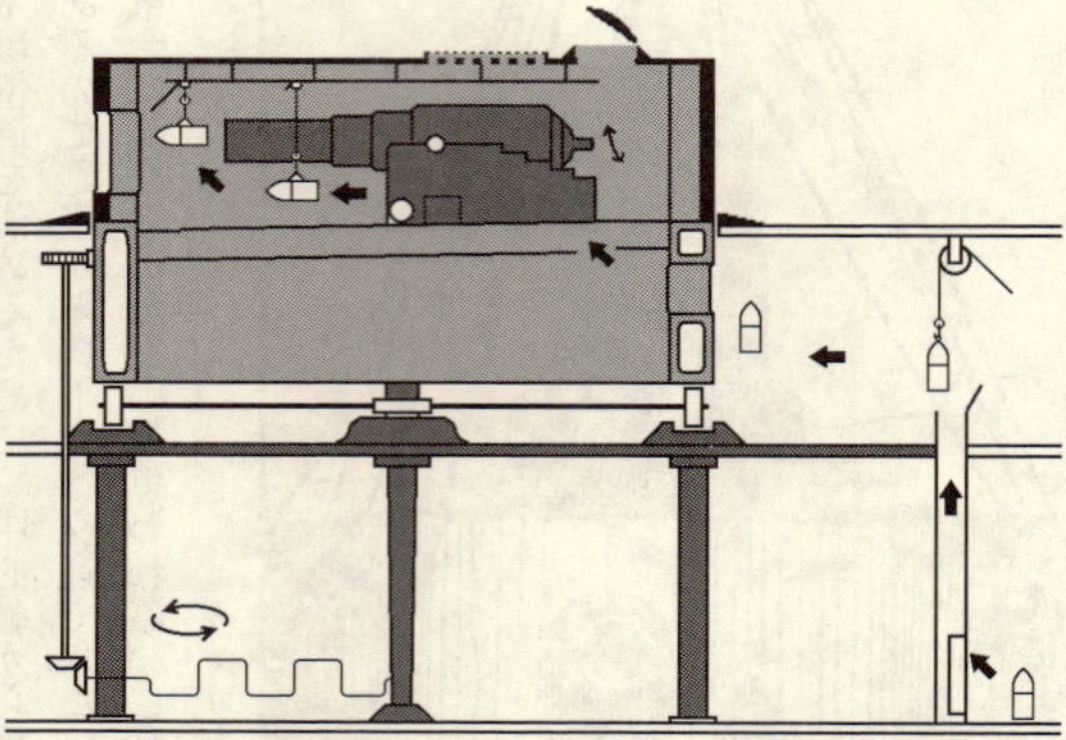

しようとする要求と、できれば大仰角が欲しいという要求を満たすため、砲室の床自体をジャッキで上下させる機構が採用された。具体的な構造を示す資料はなく、上図の原図でも、その機構は描かれていないが、『ワスカル』の砲塔にそれがあったという記述はない。

この仕掛けを持っていた砲塔では、初期には最大仰角から最大俯角まで一時間を要したとも記録にある。これは基本的に遠距離砲戦を意図した装備ではなく、対陸上砲撃で必要な仰角を確保する目的であり、水面より高い位置にある、丘の上の目標を射撃するために必要だったのだ。それでも最大仰角は二〇度程度であり、炸裂弾を有効に使える曲射弾道は、より大きな仰角でなければ有効な射撃になりにくい。この機構そのものは巧緻な故に故障の源であり、固定されて用いられなくなっていった。

艦底に積まれた装薬や炸裂する榴弾は、弾薬庫から主甲板まで滑車装置などで持ち上げられる。問題はシタデルから砲室への経路で、砲弾は揚弾口から砲弾車に乗せられて砲塔への引き込み口へ運ばれるが、ここに専用の造作はなかったようだ。砲塔直近に到着した砲弾は、砲室下部側面の骨格構造部分から内部へ引きこまれるわけだが、その具体的な方法は明らかではない。おそらく滑車装置で吊り上げ、人力で補助をしながら持ちこむのだろうが、何かスマートさには欠ける。砲弾専用のチューブダクトのようなものがあったのかもしれない。装薬は基本的に手渡しだったと思われる。

モニターの球形弾と違い、前装施条砲は椎実弾を用いているので、装塡は厄介である。滑車装置で持ち上げた砲弾には、ライフルの溝に嵌合させるための鋲が打ってあるので、これの位置を砲身の溝に合わせなければならないのだ。

重量二〇〇キログラムを越えるような砲弾を、砲身のライフルに合わせて回転させながら押し込むのだが、たかだか数人の人力で、これをどう動かしたのか、詳細はわからない。

この砲塔では、初期のものから砲塔そのものによって照準するやり方が採用されていた。砲室の後部には天蓋から突きだした観測・照準塔があり、天蓋の前方に照星が立てられている。いずれ微調整はほとんどできないので、やはり対勢の変化に合わせて射撃を行なったようだ。

フランス式囲砲塔断面図・ブールドグー

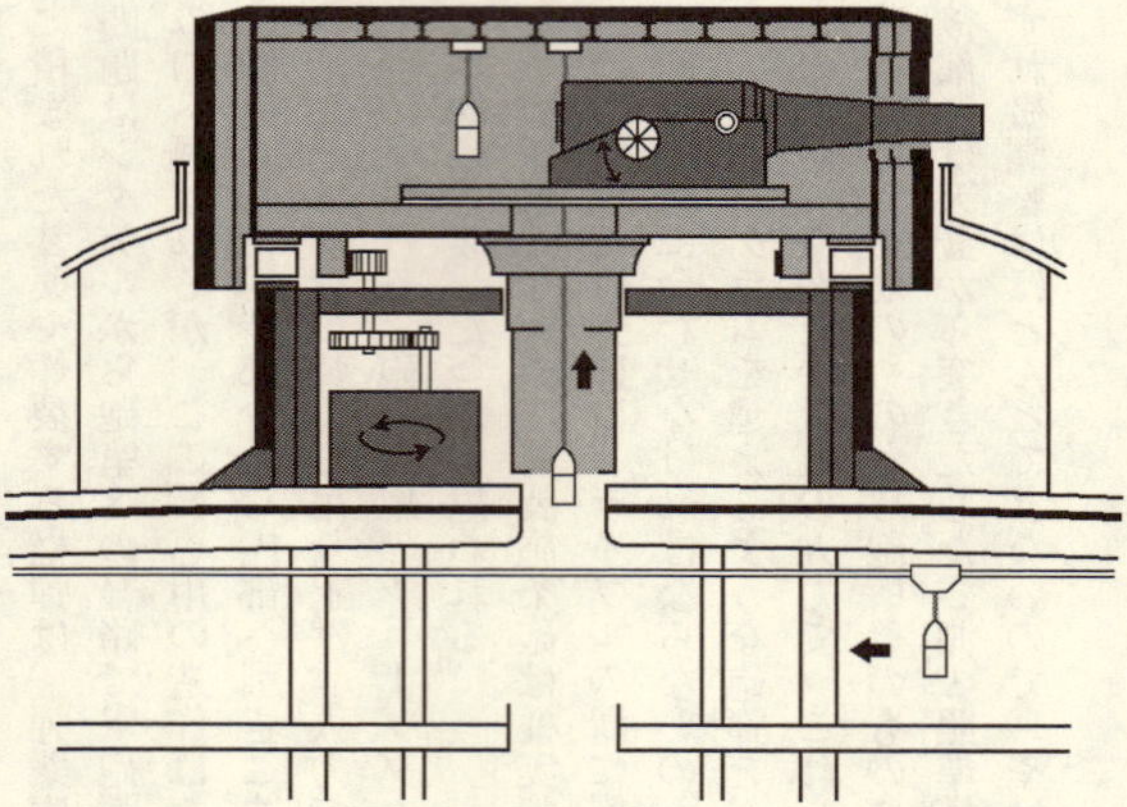

フランスの囲砲塔

一八七〇年代にフランス海軍で用いられた砲塔。基本形はコールズ砲塔に近い円筒形だが、内部構造はかなり異なる。初期に衝角艦として建造されたものは、バーベット類似の構造を下部に持っていたが、上部は装甲されていない。通常の船体を持つタイプもあり、こちらではコールズ式と同様の装甲配置になっている。図は初期の衝角艦『ブールドグー』で、旋回部を支えるローラーがバーベットの上に直接乗っていて不自然なのだが、入手した資料にはこのように示されている。この場合、バーベットへの命中弾があると、ローラー・パスはまず確実に変形するので、突破されなくても砲塔が旋回不能になる可能性が高い。ローラーは数個ずつが、がっちりとした鋳物の台車によ

仏装甲艦フルミナンの砲塔

って保持され、位置を決められているから、コールズ砲塔のような放射状のシャフトは存在しない。

コールズ式とのもうひとつの違いは、中心軸を中空の太いものにし、ここからの交通を考えていることである。内部には螺旋階段があり、その中心部が揚弾筒になっていた。砲弾は専用の金具で保持され、砲塔内から吊り上げられる。装薬もここを通ったのだろうが、具体的な方法はわからない。砲架そのものは旧式で、大きな進歩はしていない。

船体が木造なので、剛性を保つのはかなり難しかっただろう。ローラー・パスがバーベットの上に乗っているのは、これが理由かもしれない。集中荷重への対応も困難だったと思われる。後継の量産型『セルベール』級も木製だったが、以後の艦は鉄製船体となった。バーベット部の周囲は軽構造の水密区画とされ、強度はないが波しぶきを防ぎ、内部の居住性を確保していた。この外壁は亀甲型に丸みを持って整形されており、かぶった水を速やかに流し落とすとともに、接舷されての斬り込み攻撃を防ぐ意図もあったようだ。

凌波性は、外洋で戦闘行動ができるほどではないけれども、港湾間の移動などでは効果があっただろう。平時の艦内に、どの程度の乗組員が居住できたかには資料がない。

砲塔の旋回には、固定部側に設けられた蒸気機関が用いられ、砲室の床下外周に取り付けられた大きなリングの内側にラックを取り付け、ピニオンを介して旋回させる。旋回手は砲塔外に位置するので、砲塔指揮官とのやり取りにタイムラグが生まれ、微細な調整は難しい。

砲の俯仰、装塡には大きな進歩がなく、旧来そのままといえる。装備されているのが後装砲なので、装塡するのに砲身を砲塔内へ引き込む必要がなく、そのぶん小さくできるはずなのだが、前装砲を使っていたイギリスの砲塔と比べて、それとわかるほどには小さくない。場合によっては前装砲に戻す可能性があったのかもしれない。

照準も原始的だが、後期のものでは、中心軸の真上に砲塔と同心円の司令塔を持つものがある。螺旋階段がそのまま砲塔天蓋まで続いている形で、ここから指揮を執ったのだろう。ただ、これは艦全体の指揮を執る司令塔と兼用されていたのかもしれず、もっぱらそのためだけの存在で、砲塔指揮は砲塔内部で行なわれていた可能性もある。この場合、砲塔が旋回しても司令塔は船体側に固定されているのが一般的で、かなり複雑な構造を持っていた。

アメリカの後期モニターはこうした構造だったが、こうしておかないと、砲塔が旋回するたびに艦の指揮官は自分の進んでいる方向を見失うことになってしまうからだ。

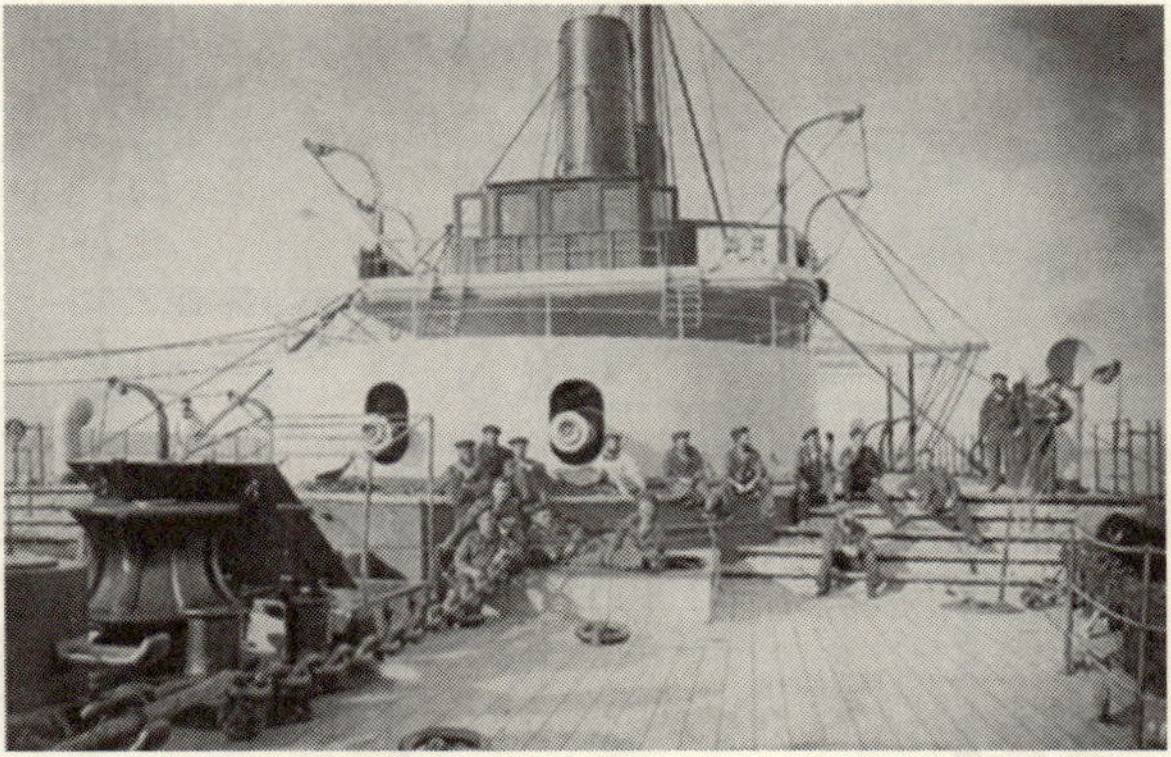

英装甲艦デヴァステーションの艦首甲板

『デヴァステーション』級　一八七〇年代　三〇・五センチ前装砲連装

前述のコールズ式砲塔を基礎にし、水圧動力による装填装置を組み合わせたもの。ネームシップの『デヴァステーション』Devastationでは三〇・五センチ前装砲の人力装填だったが、二番艦『サンダラー』Thundererの前部砲塔には三一・八センチ（一二・五インチ）前装砲が装備され、初めて水圧式機力装填装置が導入された。

図は、後に改装された後部砲塔を示している。当初の装填装置は前部砲塔の左右、三〇度の位置に二組用意されていたとされるのだが、この艦のシタデルには前部砲塔の艦首側にそのような余積はなく、これは砲塔の後方にあったのだろう。図の後部砲塔では、艦の前方側にあるように描かれている。

この砲塔は蒸気動力で旋回されたが、砲の操作は人力で、砲塔には二二人を必要とした。装填装置の機械化によって、これは一〇人にまで減らせている。

英装甲艦サンダーラーの砲塔断面図

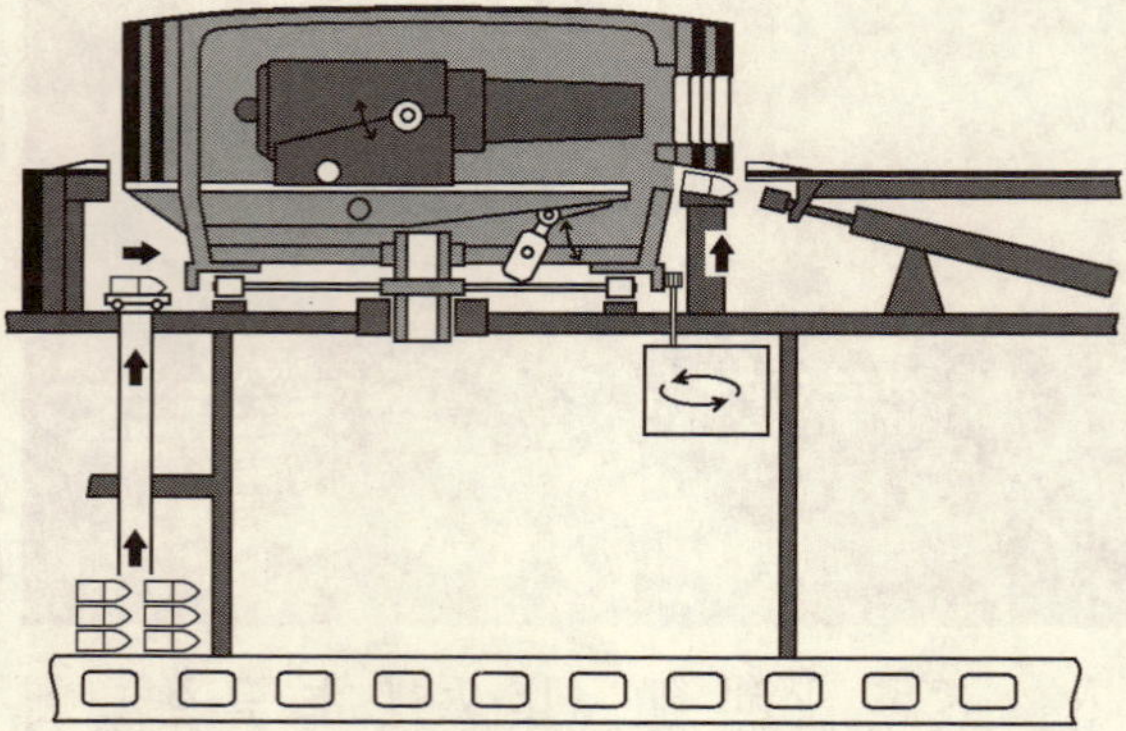

中心軸はまだ細いが中空となり、ここを通して水圧動力が供給された。新造時にはまだ電気照明が用いられておらず、電気は使っていても発砲管制だけと思われる。採光のために天蓋の一部はスノコ状の構造になっており、換気口も兼ねていた。照明はランプやローソクしかないので、夜間戦闘はほとんど不可能である。

砲室の後部天蓋上に観測塔が設けられているのは、『ワスカル』のそれと同様である。照準、発射タイミングとも砲塔内で指揮される。艦橋では目標の選定が行なわれるけれども、その伝達がどういう方法によるのかは判然としない。別な砲塔だが一八八〇年代に、これを伝声管で行なっていた実例はある。

俯仰も通常の方法であるが、最大仰角一四度一〇分から最大俯角三度一〇分まで一三分かかったという。装填のために特別俯角が用意され、砲身は床ごと大きくお辞儀をした状態で装塡される。

図にある俯仰用の水圧機は、通常の俯仰ではなく、装塡のために砲を砲架ごと大きく前傾させるためのものと思われる。砲身が短いので、いっぱいに後退させれば先端は砲眼孔の内側に入り、床下の装塡機と向き合えるだけに俯角をかけることができる。前装砲なので、水圧によって前後動するラマーは非常に長い。この頃にはまだ伸縮式ではなかったようだ。

装塡事故

『サンダーラー』では就役から二年に満たない一八七九（明治十二）年一月二日、前部砲塔砲が二重装塡によって暴発し、士官二名を含む一一名が死亡、三〇名が負傷した。

これは演習中の事故であり、砲塔員が誰も直前の不発射に気付かないまま通常の装塡作業を行ない、残っている砲弾の上に新たな装薬と砲弾を詰めてしまったもので、後装砲ではまず起きない事故である。

この事故について、イギリス海軍のセイモア提督は、次のように記している。

「双方の砲は同時に発砲したが、一門は明らかに不発射であった。信じられないことだが、私の経験から推測すれば、不注意から次のようなことが起こったのだろう。砲塔員は目を閉じ、耳も塞いでいたとしか思えない。発砲が行なわれた後、砲が後座していないことに注意が向けられないまま、無意識に砲を引き込むレバー操作が行なわれた。疑いもなく両砲は再装塡され、装塡手はラマーが機械力によって押し込まれた長さを示す目盛りに注意を払っていなかった。急ぐあまり、装薬がどこまで押し込まれたかを確認するのを怠ったのである。不愉快ではあるが、こうなってしまった以上、悲劇は避けられないことだった。砲が破裂して砲塔は破壊され、二名の士官と数名の乗組員が死亡した。そこには、過去に二重装塡のために爆発した砲と、非常によく似た破壊状況が呈されている」

これに対しベレスフォード大佐は、以下のように付言した。

「甲板下の装塡手は不発射に対して注意を払っていない。発砲の激動は、それがあまりにも強烈なため、一つの砲によって起きたのか、二つによるのか聞き分けることなどできないのだ」

事故そのものは、砲の後退や推進、装塡ラマーなどが機械化されているにもかかわらず、操作する側が必要な注意力を持っていなかったために起きたのだろう。人力で砲を後退させ、ラマーを押すなどという力仕事をするなら、状況が普段と違っていることに気付かないはずはなく、確実に誰かが声を上げたと思われる。レバーを操作するだけでは、違和感を感じ取ることができなかったのに違いない。

それでもこの事故のとき、艦内部の装塡機室、弾薬庫に誘爆は起きていない。これは砲室と装塡機室が完全に分離されており、火焰が浸入しなかったことによると思われる。これが理由かは定かでないが、以後もかなりの期間、イギリスでは砲塔旋回部と、揚弾、装塡機室を分離する設計が行なわれた。このため、発砲後に砲塔をいちいち装塡位置へ旋回させる必要があり、発射速度向上の妨げになっている。

『インフレキシブル』一八八一年 四〇・六センチ前装砲連装

相変わらず前装砲を使用するが、砲口径の増大が求められ、砲身が巨大化したことにより、装填時に砲室内へ砲身を引きこむことが困難になってきた。このため砲塔外側に天井の盛り上がった部屋を作り、そこに装填装置を収めて砲塔外から装填を行なおうとしたもの。もちろん、この部屋にも装甲が施されている。

この方式を用いたのはイギリスに一隻、イタリアに二隻あっただけである。本流とはいくらか外れる存在ではあるけれども、当時の最大口径砲を装備したものとして取り上げておく。

装備する砲は口径一六インチというイギリス海軍最大口径の前装施条砲である。砲身の重量は八〇トン、砲身長は八・一五メートル、最も太い部分では一・八三メートルの直径を持っている。砲室の直径は一〇・三メートルあった。

最大仰角は一〇度、俯角は五度で、装填のために九度三五分の特別俯角が用意されていた。最大射程は六〇〇〇メートル強である。

イタリアの装甲艦は『ダンドロ』と『デュイリオ』の二隻で、装備していたのは口径四五〇ミリ（一七・七二インチ）という空前の巨砲だった。

『インフレキシブル』では、砲眼孔を極力小さくするため、特殊な俯仰方式を用いている。これは発砲による砲身の後退を砲架ごと行なうのではなく、砲架に設けられたスライド上を砲身のみが後退する新形式に改められたことと関連しており、砲身は後退に従って仰角を減らすような巧妙な仕掛けの上に載せられている。

通常の近代型砲塔では、スライドそのものが砲身と一緒に俯仰するが、これではスライドが固定されていて、本来なら平行移動するはずの砲身を、仰角を減らしながら後退させるのである。旋回には水圧動力が用いられている。

装填装置の基本的な構造は、『サンダーラー』と同じである。砲弾が大きく重くなっているので、イタリアの艦では砲弾と装薬を一発分ずつ専用の台車に乗せている。そのためにかえって扱いにくかったのか、非常に発射速度が遅く、一発あたり一五分を要したともいわれる。『インフレキシブル』では二分に一発とされるので、かなり改良されていたのだろう。照準装置には前型と大きな違いはない。

インフレキシブルの砲塔

扱いにくかった一つの原因として、これらの中央砲塔艦では、砲塔が機関部の上に置かれていることが挙げられる。弾薬庫は機関部の前後、吃水線下の防御された弾薬庫内にあるから、その移動だけでもかなりの距離になるのだ。台車に乗せられていたにしても重く、揺れる海上では人力では操作しきれない。『インフレキ

インフレキシブルの砲塔断面図

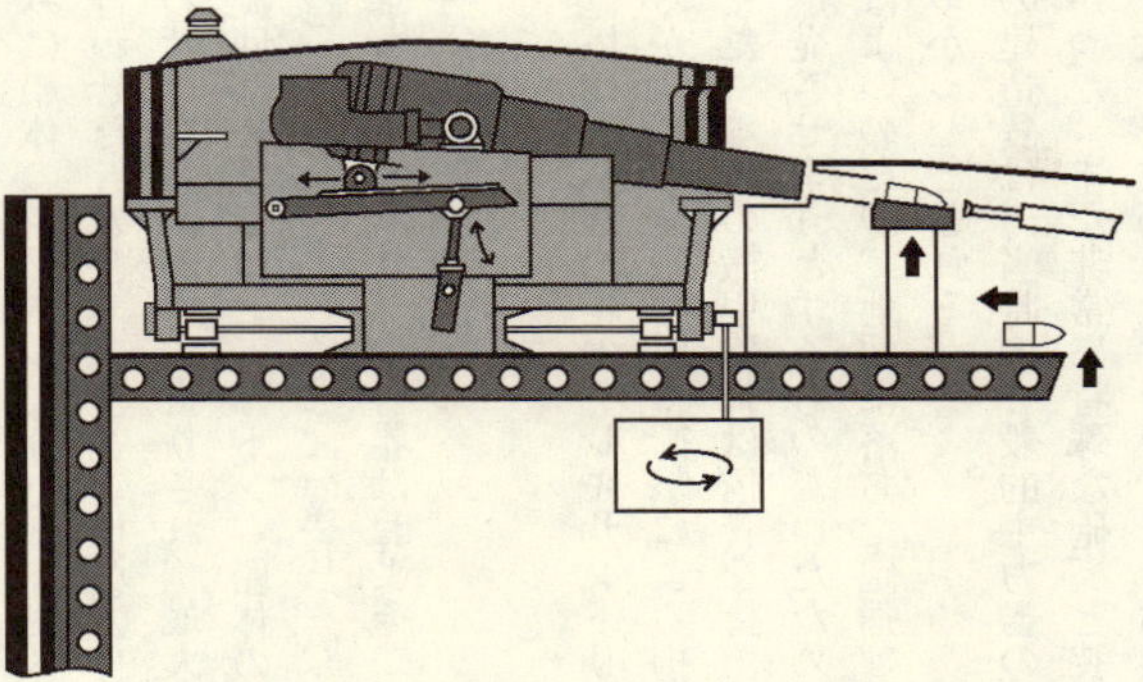

シブル』の数値は、例えば即応弾薬庫のようなものがあり、少数でもすぐに装塡位置へ運べる砲弾薬があったからかもしれない。

『インフレキシブル』の装甲には、当時新開発の複合甲鉄が用いられている。これは硬いがもろい鋼鉄と、比較的粘りのある錬鉄を貼り合わせて、両者の長所を生かし、欠点を補おうとしたものだ。表面に使われた硬い鋼鉄鈑で砲弾を砕き、硬すぎて割れやすい鈑を柔らかな錬鉄にエネルギーを吸収させることで補強しようとしたものである。

この考え方は、後の表面硬化鋼に引き継がれた技術そのものであり、手法は変化しているが思想的には同一といえる。砲塔旋回部に初めてこの複合甲鉄が用いられ、八九ミリ（三・五インチ）の鋼鉄鈑に一四〇ミリ（五・五インチ）の錬鉄鈑を組み合わせた外側装甲鈑と、一七八ミリ（七インチ）の錬鉄鈑に四五七ミリ（一八インチ）の木製背板を組み合わせた内側装甲鈑が装着されている。

ちなみに船体のシタデル部分では、厚さ三〇五ミリ（一二インチ）の鋼鉄鈑に木製の背板を組み合わせたものと、三〇五ミリないし一〇二ミリ（四インチ）の錬鉄鈑にやはり背板を組み合わせたものとが重ね張りされ、最大の厚さは一メートルを超えている。

砲塔旋回部の重量は七五〇トン、船体の装甲も合わせた総装甲重量は三二七五トン（常備排水量の二七・六パーセント）に達している。左舷の砲塔を艦首側に置いた梯形配置で、反対舷射撃も可能であり、全射界はおよそ二四〇度に達している。水圧動力で極限から極限まで、約一分強で旋回できた。

この砲塔は一八八二年のアレキサンドリア砲撃で実戦を経験しており、合計八八発を発射しているが、この発砲爆風や衝撃による損傷は、少数の被命中弾よりも大きなダメージになった。また、本砲の徹甲砲弾は信管を持たず、命中の衝撃による圧縮効果で黒色火薬の炸薬を自然爆発させようとするものだったため、仰角の浅い平射弾道では落角が小さく、城壁に当たればよいのだが、地面に落ちた砲弾は溝を掘ってゆっくりと止まるため、不発に終わることが多かったとされる。

本艦の建造費は、当時の一般的主力艦の一・五倍以上にもなる高価なもので、同型艦は造られなかった。また非常に特殊な砲塔と装填法を採用していたために後装砲への改装が困難であり、大きな改装を受けないまま予備役に退いている。

イタリアの『ダンドロ』は大規模な近代化改装を受けたが、主砲ははるかに小さな長砲身の二五・四センチ砲となり、連装砲塔をそっくり積み替えている。機関も更新されたが、速力の向上はわずかで、そのせいか『デュイリオ』は改装されなかった。

第三章 イギリス海軍の砲塔

一八八〇年代後半になると、イギリス海軍もようやく大口径前装砲に見切りをつけ、後装砲へ移行した。このころは艦中央部に二基の主砲塔を置き、これをそれぞれ左右舷側に寄せて互い違いに装備し、艦首方向への射線確保と、側面への集中を両立させつつ、重防御区画を機関部と重ねることで装甲重量を節約できるという、中央砲塔艦全盛の時代である。

前章の最後で取り上げた『インフレキシブル』がその最高峰にあたるもので、前装砲ながら四〇・六センチ砲四門を装備している。これに続いて廉価版である『アガメムノン』級が最後の前装砲装備主力艦となり、三〇・五センチ後装砲を同様の配置にした『コロッサス』級が、一八八六年に完成した。

『コロッサス』　一八八六年　三〇・五センチ後装砲連装

図を見ていただけばおわかりのように、構成は前掲『サンダーラー』の装填関係パーツを

コロッサス

前後入れ替えただけに近い。
最も進歩しているのは砲鞍《ほうあん》で、これまで砲身に直接取り付けられていた俯仰軸（砲耳）は、砲鞍に取りつけられ、砲はこの上を自身の中心軸（砲軸）と平行に後退するようになった。砲鞍には水圧式の駐退機が内蔵され、砲と一緒に俯仰する。
砲眼孔を極力小さくする要求に応じて、俯仰軸を砲鞍の先端に置いたため、バランスは完全に砲尾寄りとなり、俯仰機は砲身と砲鞍の全重量のうち、かなりの割合を支えるようになった。この砲塔でも俯仰軸が砲軸と離れているために、発砲の反動によってモーメントが発生し、衝撃は俯仰用の水圧機を直撃する。当然これは故障の原因となった。
旋回装置にも『サンダーラー』と大きな違いはないが、長くなった砲身を砲室内へ取り込む必要がなくなったから、砲室の寸法はずいぶんと小さくできるようになった。円形の旋回床は砲身の後半部を収容できるだけに縮小され、装甲砲室の直径も小さく

コロッサスの砲塔断面図

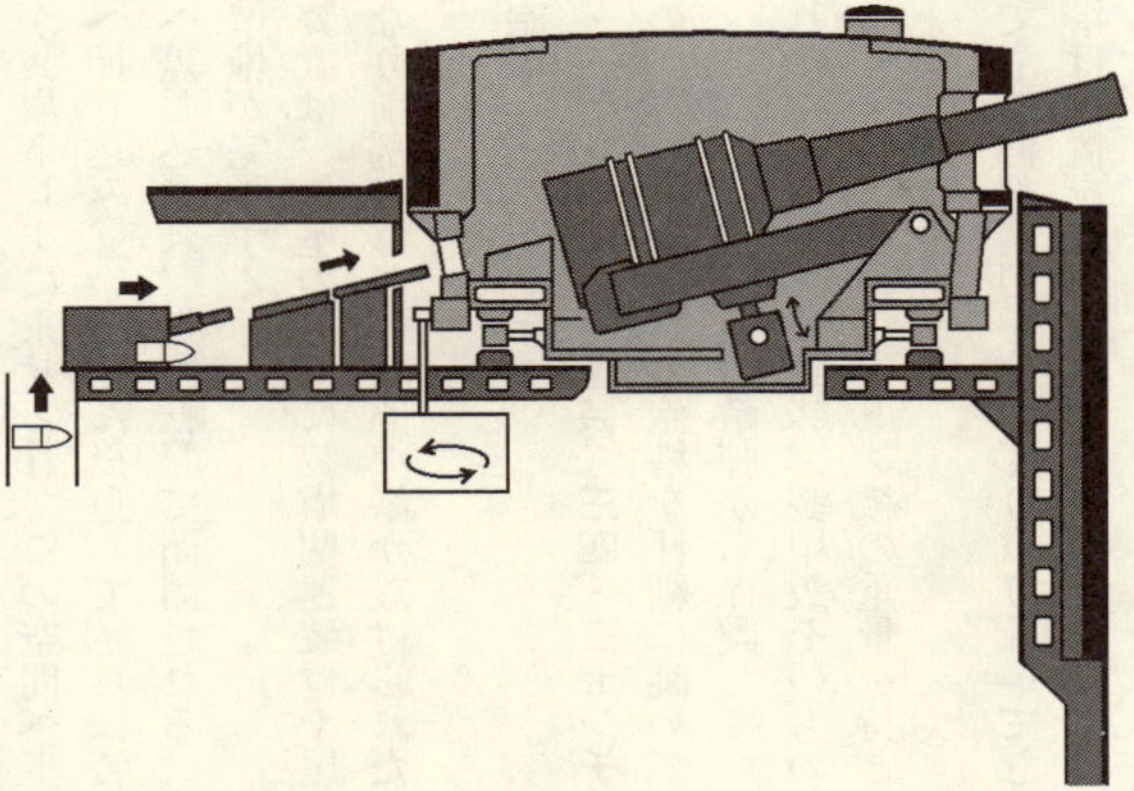

なっている。

装填はまったく『サンダーラー』と同様であり、砲弾と装薬の順番、向きが変わっただけに過ぎない。装填時の仰角は一三・五度で、この砲塔の最大仰角でもある。通常の後装砲では、作業空間を確保するために前進位置で装填する場合が多いけれども、本砲塔では旋回部外から装填するために、最も後退した位置で装填される。

尾栓は砲尾に取り付けられておらず、差し込まれているだけでまったくの別部品である。間隔螺旋式で、脱着時には三〇度ほど回した後、真っ直ぐ後方へ引き抜くようになっていた。尾栓には何も支持構造がないので、抜き取った尾栓を扱うために砲の後方には運用台が置かれ、尾栓はここの専用トレーに乗せられる。

台は尾栓を乗せて横方向へ移動し、砲尾に装塡用の空間を確保する。

砲弾が装塡トレーに乗せられてこの空間へ上がってくると、水圧駆動のラマーが前進して砲身内へ押し込み、いったん後退してさらに装薬を押し込む。尾栓トレーが復帰して尾栓が定位置へ差し込まれ、逆回転して閉鎖される。砲は水圧機によって前進し、仰角を調整されて発砲準備が完了する。

照準装置は、砲室の後部に装塡関連装置や尾栓運用台が置かれたので空間がなくなり、砲室のかなり前部に移されて照準塔が設けられた。指揮塔はその後方に置かれている。

高架砲塔　一八八七年

三〇・五センチ後装砲連装　三四・三センチ後装砲連装　四一・三センチ後装砲単装

前掲の『コロッサス』の砲塔を仔細に眺めてみると、砲室には重厚な装甲が施されているものの、これが水平弾道の敵弾から保護している部分は、砲身の後ろ半分でしかないことに気付かれるだろう。ある意味、装甲鈑そのものより頑丈かもしれない砲身の一部だけを防御するものとすれば、一〇〇トン級の重量を持とうという砲室の装甲は、効率が悪いともいえる。

そこで、旋回部装甲をそっくり取り除いてしまおうという大胆な発想が生まれた。指揮塔や照準塔は位置を変えることができるので、設計思想の変更に大きな障害とはならない。

こうして誕生したのが、この高架砲塔（overhead-gun-mount in barbette）である。この用

高架砲塔

語は私の造語なので、一般的ではないことをお断わりしておく。砲塔機構の主要部分から見て頭の上に砲身があるので、この名を用いた。こうした装備法自体は、近年の戦車にも見られるところだ。

多くの書物で、これは露砲塔の一種と紹介され、砲塔員が剥き出しの配置であったかのような表現が用いられているけれども、大きな誤解である。写真をご覧いただければおわかりのように、この砲塔には厚さ二五ミリほどの天蓋があって、砲塔員は弾片などから保護されている。想定戦闘距離が三〇〇〇メートルに達しない近距離の戦闘では、目標へ向けた砲塔の上には正面を向いた砲身があるだけだから、標的面積は砲身の直径だけでしかない。

大落角の敵弾は、当時はほとんど想定されておらず、艦対艦の戦闘ではまったく考慮されていなかった。それゆえ、これを本砲塔の欠陥とする見解は当たらない。

砲身はまったくの剥き出しだが、第二次大戦型戦艦の砲塔でも、砲身の大半は防御区画外にあることを忘

高架砲塔断面図

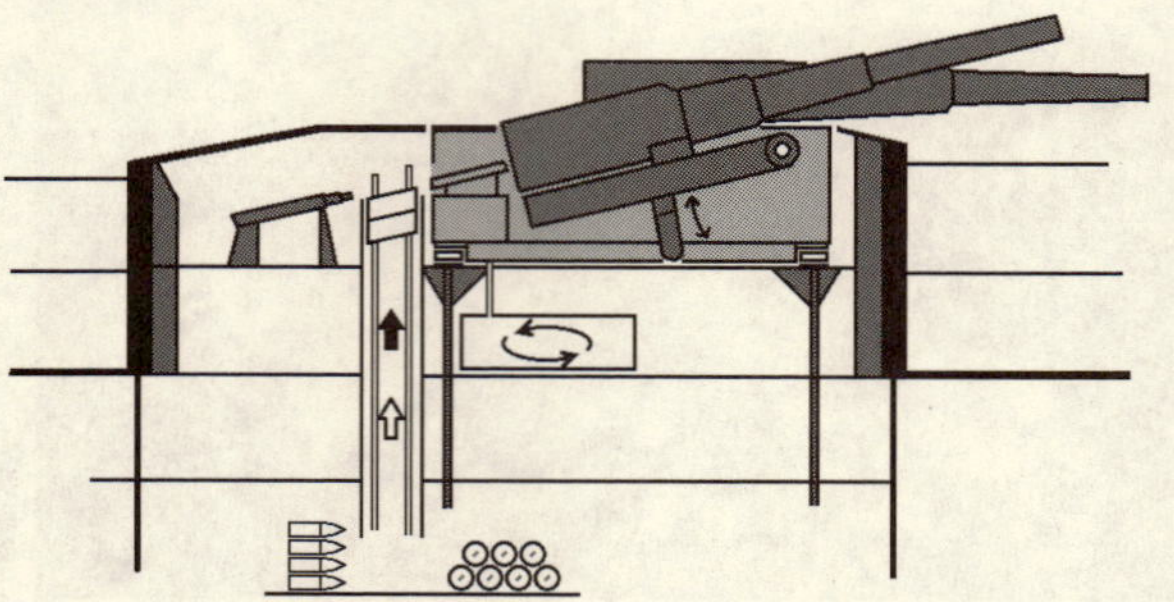

れてはならない。これに大きな損傷を受ければ、砲が使えなくなることに変わりはないのである。その損傷が砲塔内に波及し、他の砲や弾薬庫への被害につながらなければいいのだ。

この砲塔を装備したのは、一八八七年から八九年に完成した『アドミラル』級と呼ばれる低乾舷の装甲艦と、これに続いて一八九二年から九四年に完成した、標準型戦艦の走りとも称される『ロイアル・ソヴリン』級戦艦である。もし日清戦争直前に日本が購入しようとしていた戦艦が、希望通りに予算を得られていれば、『富士』にはこの砲塔が搭載されていたかもしれない。

『アドミラル』級の第一艦『コリンウッド』は、この砲塔に三〇・五センチ砲を連装で装備、最終艦『ベンボウ』は四一・三センチすなわち一六・二五インチの巨砲を単装で装備した。それ以外の四隻と、『ロイアル・ソヴリン』級の各艦は、三四・三センチつまり一三・五インチ砲を連装で搭載している。

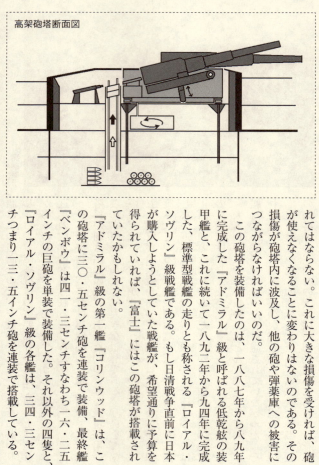

旋回、俯仰に関しては大きな変更がなく、ほぼそれまでのものと同じである。やはり俯仰軸は砲鞍側にあり、砲軸とのズレは解消されていない。

揚弾機などに細かな改良は見られるものの、装塡系統にも大きな変化はない。ただし、砲塔の装備位置の関係から、弾薬庫が砲塔の真下に置かれたため、揚弾装置は床から砲弾を持ち上げるのではなく、下部の弾薬庫から直接砲弾を乗せて装塡位置まで持ち上げるようになった。

砲塔の装備位置が中央部舷側から前後甲板中心線上へ移ったのは、より広い射界が得られることのほかに、上部に何もないという特性を生かすためには、近くに背の高い構造物がないほうが二次被害も発生しない利点があるのと、軽量化されたためにより高い位置に装備できるようになったことによるのだろう。それでも『アドミラル』級では、砲塔を従前の方式に戻すことができるような装備方法になっている。

『ロイアル・ソヴリン』級の主砲塔は、装備位置そのものは前級とあまり変わっていないのだが、周囲の船体が大きくかさ上げされ、砲塔バーベットはほとんど船体へ埋め込まれる形になった。

尾栓も前型と同様抜き取り式だが、後に改良されて、砲尾に蝶番で取りつけられる形に変更された。これにより、弾片で容易に破壊される部品が露出することとなり、本砲塔の利点が損なわれている。

指揮塔、照準塔は一段低い位置に移された。照準塔には大きな問題が起きなかったけれども、砲身が視界の妨げになることから、指揮塔は視野が極端に狭くなり、実用上の大問題となった。そのためか、後に砲塔天蓋の後部に小さな部屋が造られ、砲身の上を見通せる高さに人がいて、爆風を避けられるようになった。この構造物は華奢で、砲弾の直撃に耐えられるようなものではないので、実戦時にも使用されたかには疑問が残る。

このように、一般に流布されている本砲塔形式への評価は、構造上の誤解を含んでいるため、正当なものとはいえない。しかし欠点は当然存在し、次の世代の砲塔へと進化していく。その欠点とは以下のようなものである。

○砲軸と俯仰軸が離れたままであるので、砲架にかかる力が故障を招きやすい欠点が是正されていない。これを改善しようとすると、必然的に俯仰軸が装甲範囲外へ露出することになるので、その防御を別途考慮しなければならない。

○砲身を俯仰させるための開口は、大半が砲身と砲鞍によって塞がれているものの、砲が後退する部分だけは開け放しになる。この開口は上を向いているため、直接砲弾が飛び込んでくる可能性は低いが、荒天時に海水が流入する。当然、砲撃戦による水柱も浸水の原因となる。これはかなり深刻だったようで、嵐の中では数分のうちにトン単位の浸水があったとも言われている。

○前述の尾栓の問題。改良しようとすると、やはり脆弱な部分が露出してしまうことになる。

○同様に前述の、指揮関係装置の視野の問題。

これらのことから、この砲塔は短命に終わり、次の砲塔へと進化した。

ここからは、前近代の砲塔構造の進歩を見るために、一九世紀末から二〇世紀初めにかけてのイギリス海軍における砲塔の進化を細かに追っていく。イギリスは当時、世界の造船、兵器産業をリードする最先進国家だったし、戦艦の建造も盛んで、毎年のように何隻かを就役させていた。一八九〇年ころからの近代戦艦の黎明期にも、その主戦闘力である大口径砲を効果的に運用する動力砲塔を不断に進歩させている。

装塡機構が砲塔旋回部の外にあり、砲を装塡のたびに定位置へ向け、決まった仰角にしなければ装塡できなかった時代から、旋回方向、仰角の如何にかかわらず、装塡ができるようになるまで、ほんの一〇年とかかっていないのだ。これには様々な動力機構が進歩し、蒸気動力から水圧や油圧による駆動、さらには電気を用いた小型で強力な電動機が開発されたことが大きい。

『マジェスティック』　一八九五年

一二インチ・マークBⅡ　三〇・五センチ三五口径砲連装

分厚い装甲を円筒形に丸めただけの囲砲塔から脱却し、いささかなりとも近代的な形状を持つようになったのはマークBⅡと呼ばれる砲塔で、一八九五（明治二十八）年から完成した、標準型戦艦の先駆とされる『マジェスティック』級が装備した。これも図を見ていただくと理解が早いのだが、基本的には『ロイアル・ソヴリン』の砲塔に装甲されたフードを被せたものに他ならない。

マークBⅠと呼ばれる砲塔の存在は資料に見当たらないのだが、おそらくはその先代である『ロイアル・ソヴリン』級と、さらにその前の『アドミラル』級装甲艦が装備した前述の高架砲塔がこれに当たると思われる。そうでなければ、工場レベルで造られたプロトタイプだろう。

マークBⅡは、高架砲塔の欠点だった発砲反動の問題を解決するために、俯仰軸を通常の位置である砲軸の近くへ戻し、ちょうど正面から見たときに凹の字になるように砲鞍が造られ、真ん中のくぼみに砲身を収めて前後動するようにされた。砲鞍と砲身の間には、砲の後退を制御する水圧などを用いた駐退装置と、後退した砲身を元の位置へ戻す推進装置が取り付けられている。

俯仰軸は砲軸とほぼ同じ高さになるようにして、砲鞍に取り付けられている。これによって脆弱になる俯仰軸を守るために、その直前に分厚い前盾を立てた。さらにもう一つの欠点であった指揮官や照準手の眼高を上げるため、砲身を越える高さに指揮塔を置き、これを防御する装甲鈑を前盾に連なる形で後方へ伸ばし、結果、砲身の後半部が防御される形になった。

マジェスティックの砲塔

この砲塔が、前形式を引きずったために持っていた欠点はいくつかあるけれども、そのひとつは旋回部を支えるローラー・パスの直径が小さいことである。それまでの、燃焼の速い黒色火薬系のものを装薬に用いていた短い砲から、緩燃性装薬（コルダイトなど）に変わって砲身が長くなり、圧力分布も大きく変化した。極端に太かった薬室部分が細くなったことと、砲身が長くなったために重心点が大きく砲口寄りに移ったのだ。この重量バランスの変化に対して、この砲塔形状では砲身の装備位置に自由度が乏しいため、全体の重心を旋回中心に合わせるのが難しくなった。そこで砲室の後部を延長し、これをカウンター・ウエイトとすることによってバランスをとっている。

このため砲室後部に余積ができ、ここに指揮所を置くとともに、予備の装塡装置と若干の即応弾を準備できた。ただ、この位置への効果的な揚弾方法がなかったので、主装塡装置はバーベット内へ残され、固定位置からの装塡はそのままとなっている。

砲身が俯仰軸の前後でバランスされたため、水圧機の力

BⅡ断面図

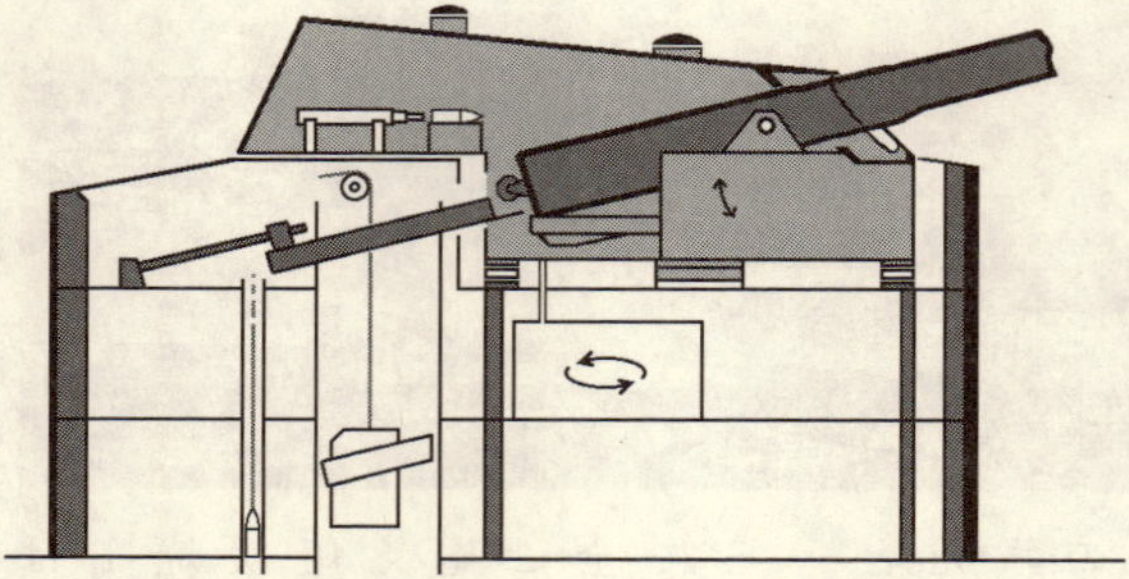

量は格段に小さくなった。衝撃による損傷の機会も減っている。しかし、これまで一方からしか力を受けなかった水圧機は、砲身の微妙なバランスによって両側から力を受けるようになり、ガタつくために、二つの水圧機が俯仰桿を両側から挟むような構造になっている。

装塡は基本的に前砲塔と同じで、発砲のつど、旋回して定位置へ復帰し、砲は最大仰角（一三・五度）をとって装塡装置に正対する。この砲では、尾栓は相変わらず間隔螺旋だが、特殊な蝶番によって砲尾に取り付けられており、装塡時間はかなり短縮されている。それでも全体としての装塡要領は、高架砲塔と大きく変わるものではない。

砲室後部にある予備装塡装置を使って即応弾薬を用いる場合には、砲塔を定位置へ戻すことなく、水平に近い仰角で装塡が行なわれるものの、初期には一門あたり三発しか用意できなかった。後に全体の配置が見直され、砲弾数は増加したが、装薬の危険度も増している。

新型砲とはいっても、口径長は三五・五口径で、前級より口径の小さな三〇・五センチ砲を用いているため、能力向上は主として毎秒六一五メートルから毎秒七一六メートルへ上昇した砲弾の初速にあり、低い弾道での射程が伸びたことから命中率の向上が見込まれている。

砲塔の装甲厚は、最厚部でバーベットが三五六ミリ、砲室前盾が二五四ミリとされる。両者にかなり大きな差があることに注意してほしい。これは砲尾を覆う砲室よりも、装填機や揚弾装置を包含するバーベットのほうが、艦にとって致命的な部分であることを示している。一部装甲にはハーヴェイ鋼が用いられ、耐弾力を増した。ローラー・パスの直径は七・三メートルほどで、バーベットは洋ナシ型の断面を持ち、出っ張った部分に装填装置を置いていた。

日本に輸出された『富士』と『八島』も、これに準じた形式の砲塔を装備していた。ちなみに当時のイギリス海軍で用いられていた、三〇・五センチ徹甲弾の重量は三八五キログラムで、装薬は砲によって異なり、二包に分かれていて、合計一一二キログラムないし一三九キログラムである。

『マジェスティック』級は二ヵ年にわたって計画、建造され、同型艦九隻を数える大所帯だが、後期計画艦のうち『シーザー』と『イラストリアス』は、次に掲げる新型砲塔を装備していたので、厳密には同型艦ではない。それ以外には言うほどの差もないので、せいぜい『マジェスティック』改級くらいだろうが。

照準塔、指揮塔とも、フード天蓋上に設けられたが、照準塔の位置は砲身の横に置かれたままとなった。これは、後のイギリス式砲塔の基本となり、このために砲塔配置に制限を受けることになる。

砲塔天蓋が前傾しているのは、前方側の重量である前盾を少しでも小さくするためと、俯角をかけた砲尾のクリアランスのためである。発砲反動で後退した砲尾より後ろの張り出し部では、この傾斜は意味を持たないのだが、なぜか水平または後傾させるデザインはなされなかった。カウンター・ウエイトである後盾の大きさを確保する目的はあったかもしれない。

この時代、フランスなどでは旋回式の揚弾、装塡装置が実用化されており、イギリスがこれほどに固定位置装塡にこだわった理由は判然としない。単に保守的だっただけともいえそうなのだが、理由としては砲塔旋回部と装塡装置を切り離すことで、誘爆の危険性を最小限にとどめる意図があったのかもしれず、それならば評価は慎重に行なわなければならない。

『マジェスティック』の砲室が、『コロッサス』のそれと大きく異なった形状をしているのは、それが単純な進化ではなく、他形態との融合体であるからにほかならない。砲室の形状が、高架砲塔でいったんゼロになり、改めて再構築されたために、前世代の形状を引きずらなかったのである。この進化経路を取らなかったアメリカでは、近代型砲塔の外形はモニターの砲塔とほとんど変わらない円筒形基調であり、そこから必要に応じた変形を繰り返して完成されていった。

『カノーパス』級　一八九九年

一二インチ・マークBⅢ　三〇・五センチ三五口径砲連装

アームストロング社ホイットワース工場の設計になる。この砲塔では、装填装置が下方へ拡大された砲室の中に収められ、ともに旋回するようになった。装填仰角は一三・五度の固定であり、これはこの砲塔の最大仰角でもある。

水圧ラマーがまだ伸縮式で、それが砲身の後方にスペースを要求しているため、円筒形になったバーベットの直径は大きく、それでも足らなくて構造材の一部が削りこまれている。

砲身には前型と同じ三五・五口径のマーク8が用いられ、砲架にも大きな改良は見られない。尾栓も間隔螺旋式のままである。砲身重量は四六トンとされる。砲身の装備状況を改善するために、ローラー・パスの直径が大きくなっているものの、装填装置を旋回部内へ置くためにかえって窮屈になった。

下部へ拡大された砲室の下には、新たに換装室（ワーキング・チェンバーworking chamber）と呼ばれる部屋が造られた。円筒形の部屋の中央には艦底からの揚弾筒があるけれども、これは船体側に固定されていて旋回しない。揚弾筒には砲弾リフトと装薬リフト、昇降はしごなどが組み込まれており、これらを作動させる水圧機も収容していた。

砲弾は、艦底の弾庫では水平に寝かされて砲弾箱（shell bin）に格納されている。これを走行ホイストで移動し、砲塔最下部の砲弾操作室でその先端に吊り上げ用のリングボルトを取り付けて垂直に吊り下げ、砲弾リフトへ送り込む。換装室へ押し上げられた砲弾は、ここでまた水平に戻され、信管を装着されて装塡箱脇の待機トレーに乗せられる。装塡箱の準備ができれば、砲弾は箱の上のくぼみへと移される。

装薬はやはり艦底の火薬庫で一発分二包が収められる装薬箱に人力で押し込まれ、これも換装室へと吊り上げられる。装塡箱の側面には装薬を入れるポケットが付属しており、装薬はここに人力で移される。

砲身は前進位置、最大仰角で装塡される。定位置で尾栓が開かれると、装塡箱は上昇し、装塡位置に到着する。ラマーが前進すれば、砲弾は砲身へと送り込まれる。この間、装薬は砲塔員が人力で装塡箱のポケットから取り出し、ラマーが後退して空いたトレーに乗せられると、再びラマーが前進して装塡が終了する。この時、相当な仰角がある状態での装塡だから滑り落ちてこないよう、砲弾はかなり強い力で砲身内のライフルに弾帯を食い込まされるが、装薬はあまり強い力で圧迫すると自然発火する可能性があるため、ずっとゆっくりとした速度で扱われる。この操作は切り替えレバーの操作や、装塡手の手加減で水圧機を調整するため、安全性は確実なものではない。作業が終われば装塡箱は下降し、発火管を装着した尾栓を閉じた砲は、発射準備を整えて所要の仰角に調整される。

図では、装薬リフト中の装薬箱が上下に二つ描かれているけれども、図解上の便宜的なもので、実際には一つのリフトに一つずつであり、これが三組あった。砲弾リフトは二本である。この砲塔では砲室の後部に予備の装塡装置があり、上部揚弾機の角度を変えれば、こちらをメインにした装塡経路を想定することもできそうだが、当時のイギリスでは重装甲のバ

B Ⅲカノーパスの砲塔断面図

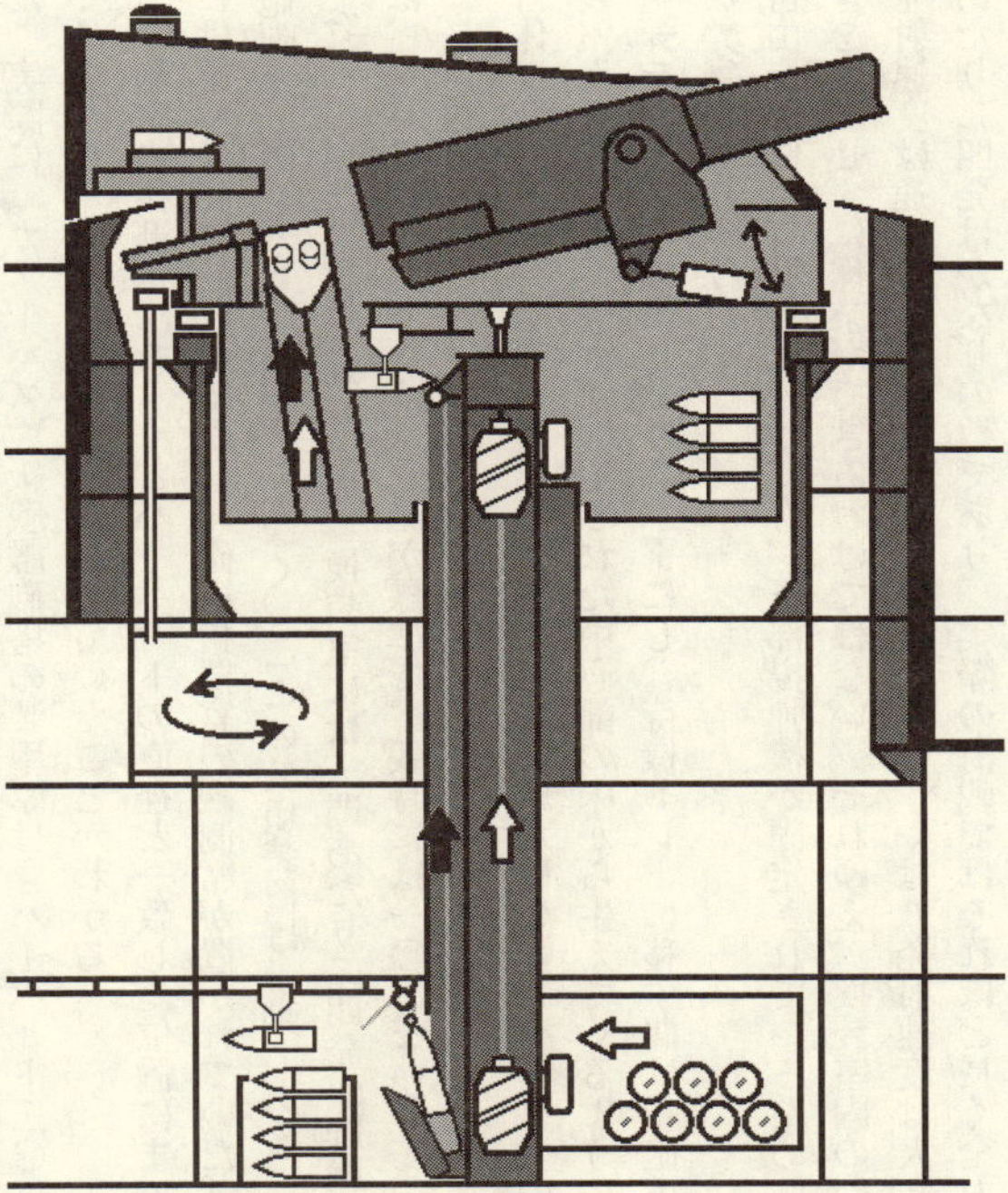

ーベット内で危険な作業は完結され、装甲の薄い砲室内での作業には、あまり重きが置かれていなかった。実際に『カノーパス』級戦艦砲塔の装甲厚は、バーベット三〇五ミリ、砲室前盾二〇三ミリとされ、砲室の防御が軽視されていたことがわかる。

外から見ると砲室の後部は、ちょうどバーベットの直径と一致した位置にまで張り出しており、ここには予備の装填装置のほかに、砲塔指揮官の観測席が置かれていた。砲室後部に格納された砲弾は一門あたり三発でしかなく、ここの装填装置は手動である。（のちに配置が見直され、合計一〇発に増量されている）換装室には一門あたり二四発が貯蔵されていた。搭載砲弾数は、平時には一門あたり八〇発が標準で、戦時には一〇〇ないし一一〇発まで増加できた。

揚弾機構自体は筒の中を、砲弾を台に乗せて上下する床だけのエレベーターの形状なので、旋回する換装室から見ると、砲弾が固定された中心部の床から生えてくるように見える。上がってきた砲弾をホイストで吊り上げて水平にし、待機トレーに移す間は、砲塔が旋回するといろいろな弊害がありそうだ。

つまり、自由旋回位置装填とはいっても、下部揚弾機が固定されているため、換装室内では砲塔の動きを意識せずに作業ができるわけではない。それゆえ、換装室内の砲弾を使用している間の発射速度は速いのだが、これを使い果たすと、やはり発射速度は大きく低下した。しかし一門あたり二四発はかなりの数であり、実際の海戦ではそれほど長く全力射撃が続くことはまれだろう。もちろん砲戦中にも揚弾は可能であり、より多くが継続して射撃可能である。

砲塔旋回部の深さが大きくなったことにより、ローラー・パスを支える円形の構造は、明確に円筒形の形を取ることになった。これはリング・サポートと呼ばれ、艦底に達する深い構造で旋回部のほぼ全重量を支えている。バーベットは、これの周囲に立てられた装甲と、その支持構造を指し、両者は基本的に別な構造にされている。これが一体になっていると、防御装甲が命中弾の衝撃で変形した場合、ローラー・パスに歪みが出て旋回できなくなるためだ。

この砲塔を装備したのは、『マジェスティック』級の『シーザー』と『イラストリアス』、『カノーパス』級の『カノーパス』『ゴライアス』『オーシャン』である。

一九〇〇年　一二インチ・マークBⅣ　三〇・五センチ三五口径砲連装
これはBⅢ砲塔とは根本的に形式の異なるもので、アームストロング社エルジック工場で設計された。装備する砲身はBⅢと同じものである。大きな特徴は長い揚弾トランクで、下部で垂直、上部で傾斜した角形断面の筒状トランクの中を、装填箱が弾薬庫から砲尾までワイアに吊られて一気に上昇する。

トランクは砲室とともに旋回するが、装塡角度は一三・五度固定だった。BⅢ同様、砲室下には換装室が設けられているけれども、この砲塔では予備弾の格納と、主揚弾装置が故障した場合の予備揚弾ルート中継点としての役割しかない。

艦底の弾薬庫を一階とすると、およそ六階の高さにある装塡装置まで、砲弾と装薬を水平に重ねて積んだエレベーターが、傾きながら登っていくと考えればわかりやすい。

内部が二階建てになった装塡箱には、下部に砲弾、上部に二包の装薬が同時に積み込まれ、水圧機によって装塡位置にまで引き上げられる。後退位置の砲身に砲弾が装塡され、ラマーが後退すると、箱についたレバーの操作で上に積まれた装薬が空いたトレーに落ちる。もう一度ラマーが前進すれば、装塡は完了するわけだ。

この砲塔の欠点は、揚弾距離が非常に大きくなったにもかかわらず、ここに大きな工夫がなされなかったことである。合計で五〇〇キログラムを大きく超える重量を、一五メートルほども一気に持ち上げなければならないのだから、かなり大力量の動力が必要になるのだが、これは十分ではなかった。また、この揚弾機はつるべ式になっておらず、一トランクに一個しか装塡箱がない。

砲弾を積みこんだ装塡箱は、途中まで上昇して待機位置につくが、発砲するまではここから動けない。発射が終わって尾栓が開かれ、砲身側の準備が整ってから、最後の行程をよじ登るのである。さらに、装塡が終わり、装塡箱が弾薬庫まで下りてくる間、弾薬庫側ではただ待っていることしかできないのだ。もっともつるべ式にすると、上下両方の作業が終わらない限り装塡箱を動かせないので、一方の作業が足を引っ張ることにもなりかねない。また、最も危険な瞬間である装塡作業中に、砲室への命中弾によって誘爆する可能性のある装薬は、装塡中の二発分、四包だけでしかないということも見逃してはならない。

B Ⅳ砲塔断面図

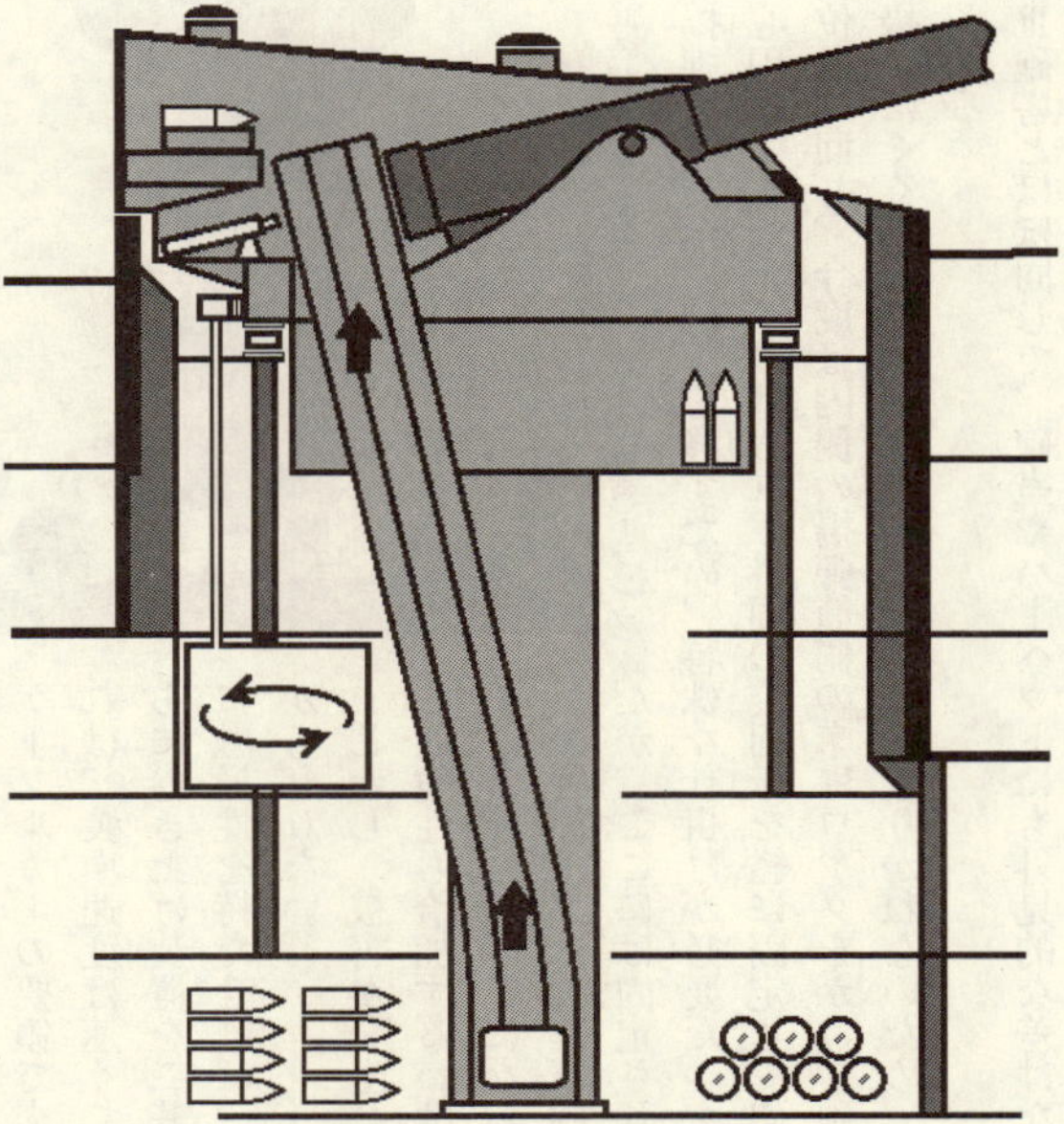

武装解除時に撮影された敷島の揚弾トランク

例えばこの揚弾トランクを複線にして、ケーブルカーの要領で交互に行き来させれば、装填速度は速くできるだろう。さらに巻き上げ装置を二基別々にして操作に融通性を持たせれば、もっと速くなるかもしれない。

しかし、被害が発生したときに誘爆する危険性も倍加するわけで、どちらを選ぶかは難しい問題になる。

揚弾筒下部は弾薬庫内で旋回するわけだが、ここには固定された弾庫の床から、不意に旋回する揚弾筒へ安全に砲弾を移すため、特殊な仕掛けが必要だった。円筒形の揚弾筒の周囲には同心円状の旋回床が設けられ、外周の旋回床を艦に固定して砲弾を乗せ、ロックを外して所要位置へ回し、今度は内側の揚弾筒側の床にロックをかけて砲弾を移すのである。この装置は扱いにくく、砲弾が転げ出すと大事故になりかねないため、荒天時にはかなり危険だったとされる。

砲架などはBⅢ砲塔とほぼ同じで、砲室やバーベットにも外見的な差はない。これを装備したのは、『カノーパス』級の『グローリー』と『アルビオン』だった。『ゴライアス』と

『オーシャン』が、この砲塔だったという説もある。日本に輸出された『敷島』『朝日』『初瀬』も、砲身はより新しい四〇口径砲だが、この形式の砲塔を装備していた。

一九〇二年　一二インチ・マークBⅤ　三〇・五センチ三五口径砲連装（『ヴェンジャンス』）

この砲塔はプロトタイプとして製作された。形式としては砲身が異なるだけで、後述するマークBⅦと同じものである。装備したのも『カノーパス』級の『ヴェンジャンス』一隻だけだ。製造はヴィッカーズ社の手になる。

詳細についてはマークBⅦの項で解説する。

一九〇一年　一二インチ　マークBⅥ　三〇・五センチ四〇口径砲連装

アームストロング社エルジック工場の開発で、三〇・五センチ四〇口径のマーク9砲を装備する。尾栓はウェリン式の段隔螺旋となって短くなり、尾栓挿入部が短縮されると同時に軽量化され、扱いも楽になった。砲身そのものの重量は長くなった分、五〇トンと重くなっている。ローラー・パスの直径は七・七七メートルとなり、バーベットの内径も一〇・六二メートルに拡大された。装甲は前面と側面が二〇三ミリ、後面は重量バランスをとるためのカウンター・ウエイトを兼ねて二五四ミリの厚みを持っていた。天蓋は場所によって、一二七ミリから五一ミリである。

全体的な形状はマークBⅢに似ているが、揚弾筒は砲塔旋回部側に固定され、砲室と一緒に旋回する。弾薬庫内の砲弾移送装置も改良され、円筒形の揚弾筒周囲を回る砲弾車（shell bogie）となった。

砲弾車は円筒形の揚弾筒側面に取り付けられたレールに乗っており、周囲に刻まれたラックと手動のピニオンによって揚弾筒を回るようになっている。揚弾筒とのロックを外して床の定位置に固定すれば、砲塔が旋回しても砲弾車の位置は動かない。ホイストに吊られてきた砲弾を乗せたら、床とのロックを外し、手動ハンドルを回して揚弾筒の所定位置へ移動し、揚弾筒にロックしてから扉を開いて、中の揚弾箱に砲弾を転がし込むのである。こうした機構により、砲塔が不意に旋回しても、揚弾作業には大きな影響が出ないようになった。

砲弾を乗せたゴンドラは換装室まで吊り上げられ、砲弾はすぐ脇の待機トレーに移される。このトレーには直列に二発が並べられた。装薬はまったく別経路で、装薬箱が装薬庫と換装室を往復する。装薬包の扱いは水圧リフト以外すべて人力である。

装填機は傾斜した直線のガイドレールに沿わされた箱で、待機トレー上の砲弾は人力で押されながら角度を変え、箱の中へ送りこまれる。装填箱はさらに装薬も積みこみ、砲尾へと押し上げられる。装填角度は四・五度の固定仰角で、ラマーはチェーン・ラマーとなった。砲室内やはり砲室の後部に予備の装填装置を持ち、こちらの装填仰角は一度の固定である。砲室内の予備弾は、一門あたり二発ずつでしかなかったが、後に配置を見なおされて五発に増えている。換装室には八発ずつの一六発が格納された。

B Ⅵ砲塔断面図

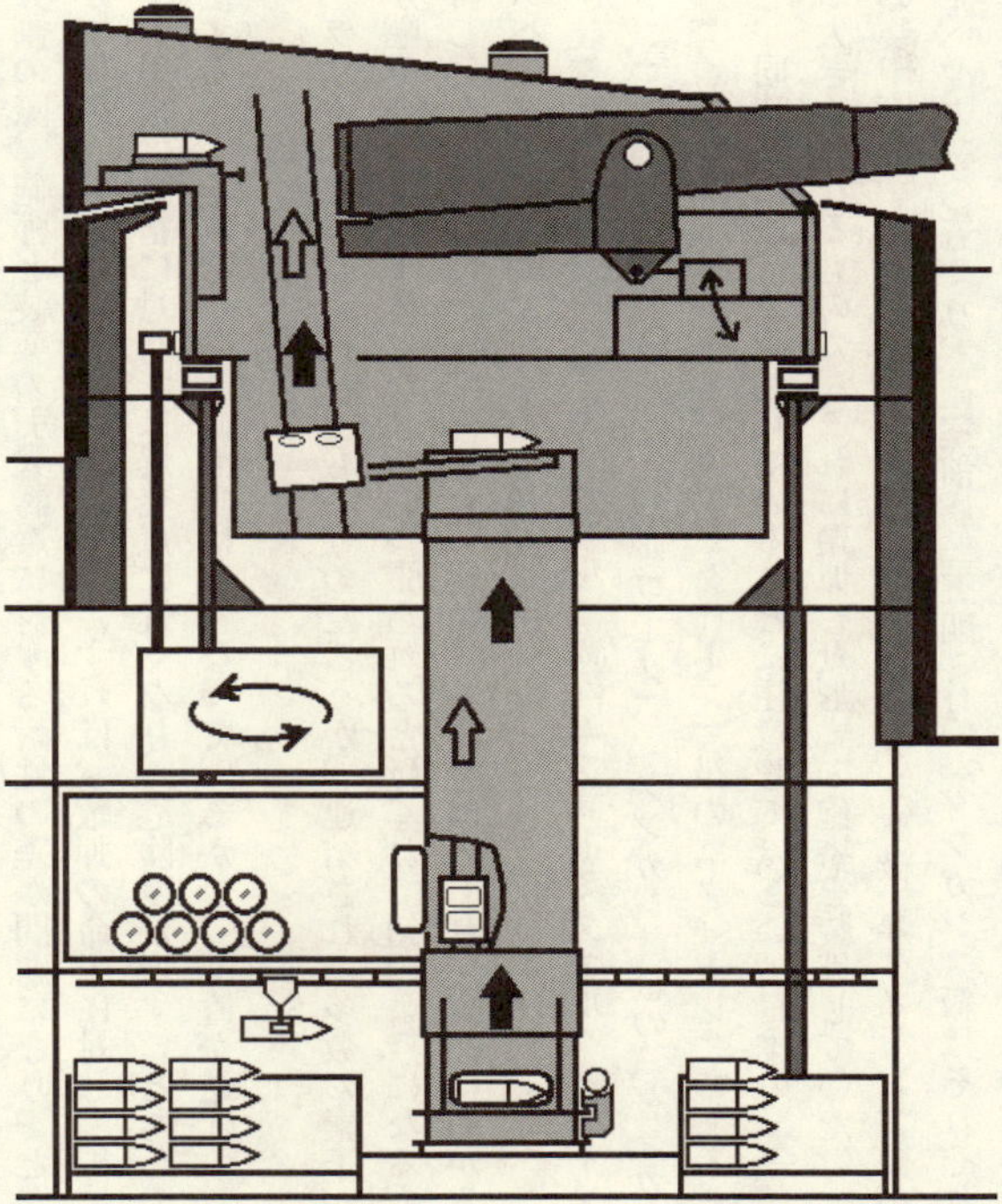

この砲塔から、艦底の弾庫と装薬庫はフロアが分けられ、ここでは弾庫が下に設けられている。この分割の際、砲弾と装薬の引火誘爆に対する耐性の差が問題になり、どちらの甲板を上にするかで見解が分かれている。砲弾を上にすれば、敵弾の命中に対して抵抗力は大きくなるが、下の甲板は触雷に対しては爆発点に近くなり、危険度が増す。どちらの危険をより大きく評価するか、それぞれの防御計画はどうなっているかで、配置が逆転することもあった。

チェーン・ラマーは、多関節式とでもいうのだろうか、連結された多数の素子が、押されるとリンクが噛み合って一本棒になり、引っ張られるとほぐれて鎖のようになるものである。砲弾などを押し込む時には棒として作用し、格納する場合はほぐれて自在に曲がるので、背後に大きなスペースを必要としなくなる利点があった。

この砲塔を装備したのは、『フォーミダブル』級の『フォーミダブル』と『インプラカブル』、『ロンドン』級の『ロンドン』と『ブルワーク』、『ダンカン』級の『ダンカン』『コーンウォリス』『ラッセル』『モンターギュ』、『クィーン』級の『クィーン』である。次のマークBⅧ砲塔と、同時期に並行装備されていることに注意してほしい。日本の『三笠』も、砲室の外形こそ大きく異なるものの、これに類似した形式の砲塔を装備していた。

それぞれの装甲厚は、『フォーミダブル』級、『ロンドン』級、『クィーン』級が基本的に同一で、バーベット三〇五ミリ、砲室前盾二五四ミリ、『ダンカン』級はそれぞれ二七九ミリと二五四ミリである。この砲塔ではそれまでバーベット内にあった装塡装置を砲室後部に移しており、それだけ危険が大きくなるので、砲室の装甲が増やされている。

一九〇二年一二インチ・マークBⅦ三〇・五センチ四〇口径砲連装ヴィッカーズ社の開発になる。前述のように三五・五口径砲のマークBⅤが試験的に採用され、これに四〇口径砲を載せたマークBⅦが、『フォーミダブル』級以降の戦艦にマークBⅥと並行して装備された。

大きな特徴は、装塡箱のガイドレールが湾曲したものになり、砲の俯仰角に合わせて装塡箱の角度や位置が砲尾と一定の関係を保つようにされたので、砲がどの仰角にあっても動かさずに装塡できるようになったことである。

これにともない、チェーン・ラマーも砲鞍に収容されて砲と一緒に俯仰するスタイルとなり、これを砲尾へ誘導する腕が、装塡箱の通り道を避けて斜め下から砲尾真後ろへと突き出している。これ以外の機構、運用要領は、各部の寸法、防御ともにマークBⅥとほとんど変わらない。

一般にイギリス戦艦は、『カノーパス』級の『ヴェンジャンス』から自由仰角装塡方式に移ったとされているが、実際にはこの方式の本砲塔は、『フォーミダブル』級の『イリジスタブル』、『ダンカン』級の『アルベマール』と『エクスマス』、『ロンドン』級の『ヴェネラブル』、『クィーン』級の『プリンス・オブ・ウェールズ』の五隻が装備したに過ぎない。

一見大きく進歩したように感じられるこの機構が、イギリス海軍内ではそれほど評価され

B Ⅶ砲塔断面図

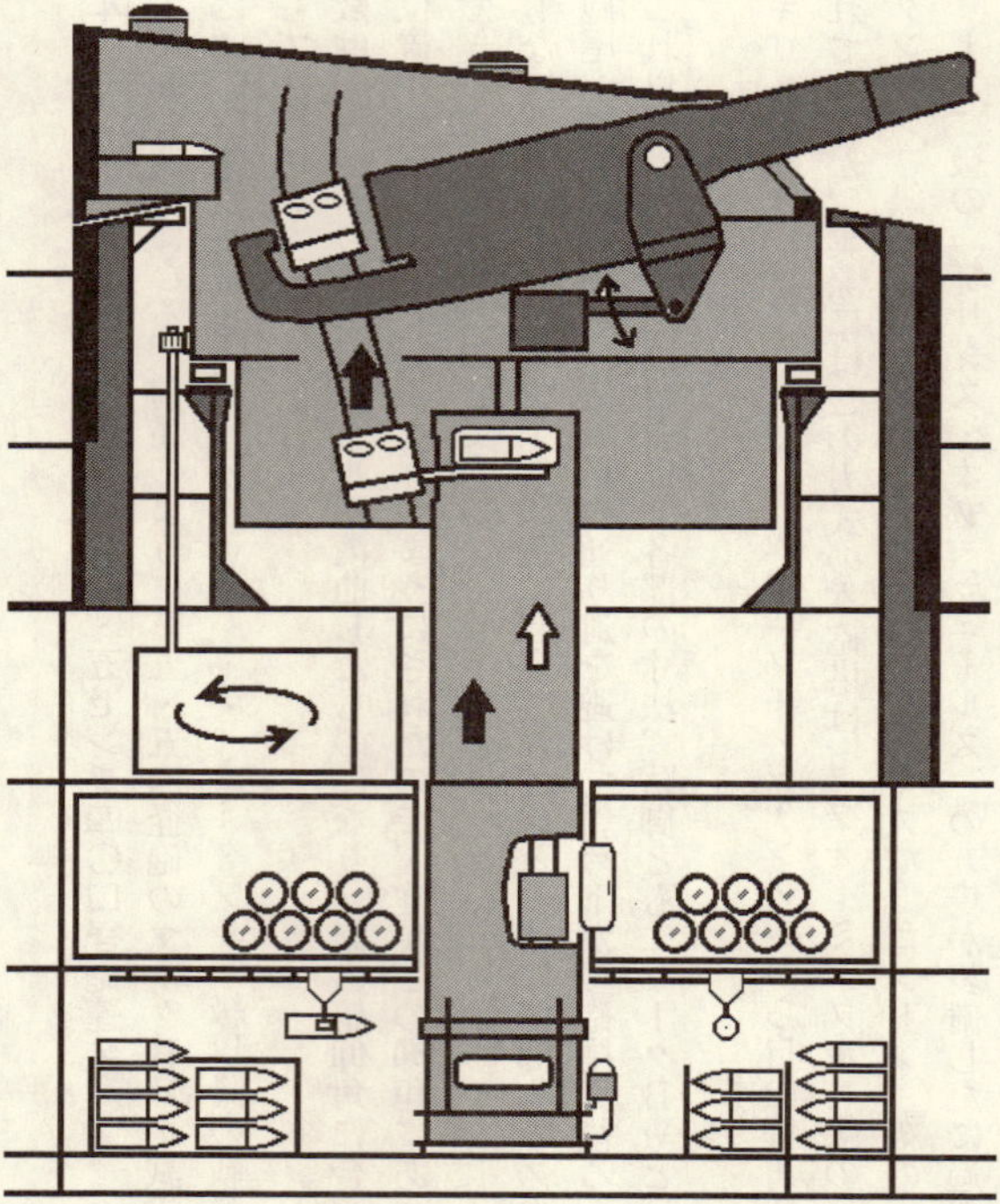

チェーンラマーを収容した砲鞍後部

なかったのか、数年間にわたって固定仰角装塡のBⅥが同時に使われ続けていたわけである。その数もほぼ二対一でBⅥのほうが多い。

当時のイギリス海軍の射撃法では、発射準備のできた砲は所要の仰角に調整され、ローリングの頂点付近で号令射撃を行なう。これは、微妙なタイミングのずれによる着弾のばらつきを最小限に抑えるためで、艦の動きが最も小さくなる瞬間を狙っており、発射間隔はローリング周期と密接な関係を持っていた。それゆえ、仰角という比較的調整の容易な部分だけ改良しても、発射速度が大きく向上しなかったのではないかと思われる。私企業の開発したものだから、パテントの問題が絡んでいたのかもしれない。

実際の運用でも、装塡作業は多く仰角二ないし三度の位置で行なわれたとされる。これには後座した砲を推進させる水圧機の力量に問題があったからともいわれ、推進を後押しするため砲に俯角をかけることまでなされたとされる。尾栓の開閉は基本的に水圧で行なわれるが、故障などによって手動閉鎖が必要になった場合には、大仰角があると重くて閉じられなくなるので、水平に近い角度で装塡作業をする必要があるだろう。

この砲塔か、BⅥからかはっきりしないが、装薬室の揚弾筒の周囲に隔壁が巡らされている。この中は給薬室（cordite working room）と呼ばれ、防炎扉を介して装薬庫と連絡していた。この部屋には、次に投入する分の装薬だけが装薬庫から運び込まれることになっており、誘爆の危険を回避するための工夫のひとつだった。

また、砲塔天蓋にあった換気、採光用のスリットがなくなったのもこの頃のようだ。これは、砲塔内部の気圧を外部より高め、煙などの侵入を防ぐ仕組みを導入したことを表わしているものと考えられる。

砲弾には当初、2ｃｒｈ（ｃｒｈは砲弾の肩の丸みを示す略語・calibre／radious head）砲弾が用いられており、仰角一三・五度での射程は一万五一〇〇メートルだったが、空気抵抗の小さい4ｃｒｈ砲弾では一万七二〇〇メートルに向上したとされる。初速にはほとんど差がないので、これは速度の低下が少ないことを意味しており、命中時の威力に差が出てくる。

『キング・エドワード七世』級　一九〇五年

一二インチ・マークBⅦS　三〇・五センチ四〇口径砲連装

これもヴィッカーズ社の開発になる。基本構造はBⅦとほとんど変わらないが、砲塔旋回用エンジンが砲塔旋回部に取りつけられ、バーベット内側に刻まれたラックにピニオンを噛み合わせて旋回するようになった。操作員も旋回部に位置するようになり、砲塔指揮官の意図が実際の砲塔の動きとなる間のタイムラグが減少している。

チェーン・ラマーの採用によって余っていたバーベットの寸法が見直され、若干直径が小さくなったため、砲室後部はバーベットの外へ張り出す形になっている。すなわち、砲室が大きくなってバーベットからはみ出したのではなく、バーベットが小さくなって砲室がはみ出したのだ。その内径は九・四五メートルにまで縮小されている。

チェーン・ラマーの採用による、このような波及的改良が同時に行なわれないのは、イギリス海軍ではしばしば見られる現象だが、単純に保守的だったというだけではない。新しい試みが失敗だった場合、元に戻せる保険でもあるのだ。非常に慎重だったと評するべきであり、新しい試みを取り入れようとする意識はかなり強いほうである。ただ、そのために新方式の利点が埋もれてしまい、わかりにくくなってしまうことから、成功と判断されなくなってしまうという不利もあった。

この砲塔を装備したのは『キング・エドワード七世』級八隻だけだが、日本へ輸出された『香取』『鹿島』も、ほぼ同じものを装備していた。

装甲厚は、バーベット三〇五ミリ、砲室前面が二二九ミリ、側面二〇三ミリで、背面は三〇五ミリあり、天蓋は一二七ミリだった。旋回部重量は四三三トンである。

ＢⅦＳ砲塔断面図

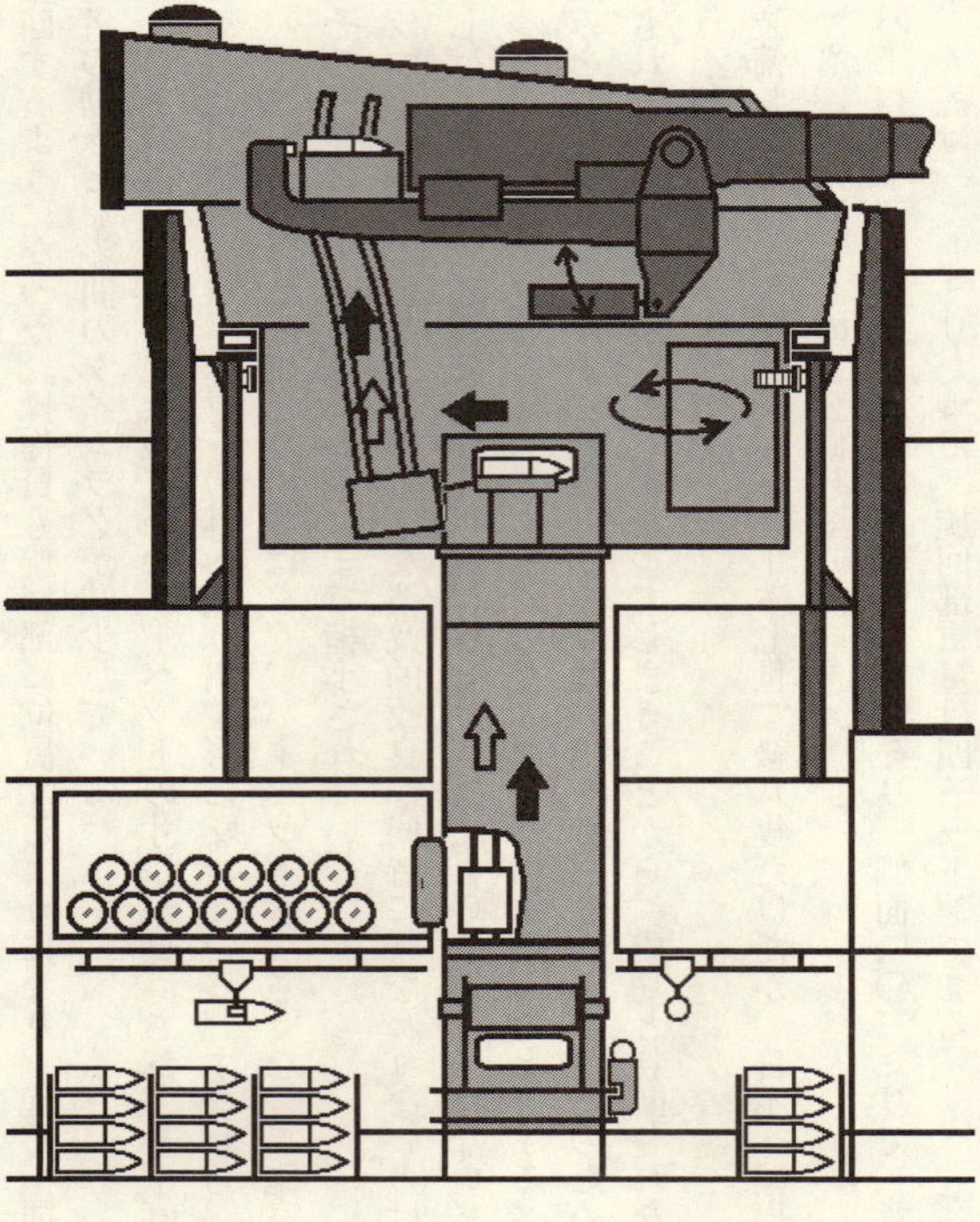

一九〇六年　一二インチ・マークBⅧ　三〇・五センチ四五口径砲連装マークBⅧS砲塔に三〇・五センチ四五口径マーク10砲（砲身重量五八トン）を載せたもの。砲身が長くなった分だけバランスが悪くなり、カウンター・ウエイトでもある砲室後盾を拡大する必要に迫られた。これは後盾を下へ延長する形で行なわれ、バーベットの外側に垂れ下がるような形状になっている。もちろん、この部分には防御効果はほとんどない。

それでも足らなかったようで、『ドレッドノート』では厚さ二七九ミリの前盾に対し、後盾には三三〇ミリの厚みがある。また、砲室後方にあった指揮塔は砲身間の前部へ移され、塔が三つ横に並ぶ形となった。左右の指揮所からはそれぞれの砲が、中央の指揮所からは両方の砲が操作できる。なお、塔とはいっても円筒形ではなく、前後に細長い形状をしている。

すべての砲塔が自由仰角の装塡装置になったが、固定仰角の装置がなくなったわけではなく、後にまた復活してくる。揚弾装置では換装室内で若干の改良があり、揚弾筒頂部から装塡箱へ砲弾を移すのに、いったん待機トレーに置くのではなく、双方を直結して動力ラマーで直接移動できるようにされている。これにより換装室内で露出している砲弾薬はなくなり、安全性が増すと考えられた。

ところがこの「改良」は、現場ではまったくの不評であり、次の形式では旧に復することになった。すなわち、換装室で砲弾が「一時待機」しているとき、これまでなら揚弾筒のゴンドラは艦底へ下りて次の砲弾を積みこむ作業をできたのだが、本砲塔では砲弾を装塡箱へ移すまで揚弾筒の頂部に残っていなければならず、結果的に射撃速度が低下してしまうというのである。イギリス海軍の砲塔開発の方向性が、安全性よりも発射速度優先で、これが揚弾経路をいくつかに分断し、一行程を短くするとともに、接続点に弾薬の滞留を作ることで実現されていたことがわかる。

この砲塔を装備したのは、『ドレッドノート』と『ロード・ネルソン』級の戦艦、巡洋戦艦『インヴィンシブル』級の『インフレキシブル』と『インドミタブル』である。『ベレロフォン』級戦艦と『インデファティガブル』級巡洋戦艦が装備したのは、マークBⅧ*と呼ばれる改良型で、BⅧとほとんど同じだが、揚弾筒内の補助揚弾機が動力化され、配置の見直しによって換装室内の即応弾数が増加している。ここでの*は、日本語では「改」程度の意味で、大きな構造の変化をともなわない小改良がなされたことを意味している。

旋回部重量は戦艦で四六五トン、装甲の薄い巡洋戦艦では四三五トンだった。ローラー・パスの直径は七・一六メートル、バーベット内径は八・二九メートルである。

砲塔の開発はヴィッカーズ社だが、製造はアームストロング社でも行なわれ、『インデファティガブル』と『ニュー・ジーランド』のものはアームストロング製、『オーストラリア』のそれはヴィッカーズ製である。『インデファティガブル』級の砲身を三〇・五センチ五〇口径と記す文献も見られるが、これは四五口径が正しい。建造時期的に、改良されているはずだという思い込みがあったのだろう。実際に五〇口径砲を装備する計画はあったのだが、砲身の生産が間に合わなかったともいわれる。

B Ⅷ砲塔断面図

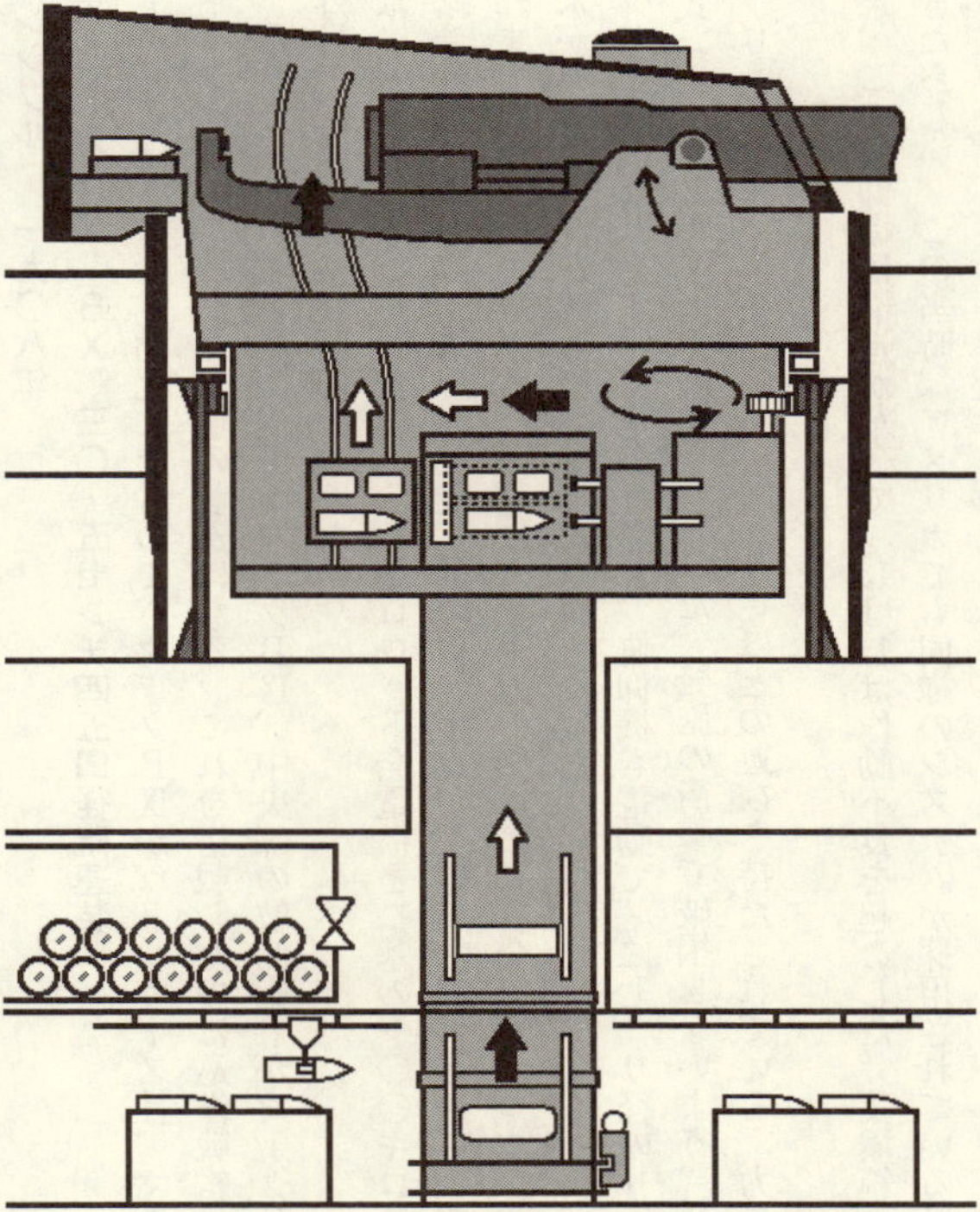

『インヴィンシブル』一九〇八年
一二インチ・マークBⅨ　BⅩ　三〇・五センチ四五口径砲連装

これはマークBⅧ砲塔を全電動化したもので、マークBⅨがヴィッカーズ社、マークBⅩがアームストロング社エルジック工場の製造になる。これを搭載したのは巡洋戦艦『インヴィンシブル』だけで、その艦首尾の砲塔がマークBⅨ、中央部の舷側砲塔がマークBⅩである。寸法や外見上に差はなく、区別はつかない。

使用電圧は二〇〇ボルトで、四基の二〇〇キロワット発電機と二基の一〇〇キロワット発電機から供給された。電力は砲塔旋回部最下部の環状接点から砲塔内部へと送られる。この構造は、それまでのウォーキング・パイプによる動力の伝達より安全で軽かったが、バーベット内に浸水があると電源が落ちてしまう欠点にもなった。

旋回、揚弾、装塡機などもすべて電動とされ、俯仰機も電動で一二七ミリ径のリード・スクリュー形式（ボルトとナットの関係）とされた。発砲の衝撃で破損しないよう、ネジ棒はオイルとスプリングで半インチ（一二・七ミリ）ほどの遊びを持たされている。力量は一〇馬力である。

公試の結果、この俯仰機は構造が華奢で、しばしば作動不良を起こした。装塡箱の運用にも問題が起きたらしい。この当時、アメリカでも同様のシステムが採用されているけれども、こちらはずっとがっちりとした構造になっていたという。

水圧を用いなくなったことで、砲を前進させるために新たな仕組みが必要となり、ヴィッカーズ社はコイルバネ方式を、エルジック工場は空気圧装置を採用している。

この電動化の試みは、高価だったこともあり、全体として失敗とみなされ、第一次大戦直前になって同型艦と同じ水圧方式に改造された。

一九一〇年　マークBⅪ　三〇・五センチ連装砲塔

これはマークBⅧ砲塔を基本に、三〇・五センチ五〇口径のマーク11、マーク12砲（砲身重量六七トン）を装備したものである。マークBⅧで不評だった揚弾装置の待機トレーが復活したけれども、待機トレーは鋼製のケースの中に置かれ、砲塔内で弾薬が露出してはいない。移送も動力ラマーによる。おそらく、待機トレー上の砲弾薬は一発分になっただろうが、発射速度は回復したと思われる。

旋回用動力機として蒸気斜盤エンジンが採用されたが、これは同じ蒸気機関でも、要請のあった時だけ動かす機械ではなく、斜盤の角度が変えられて、必要のない時には空回り状態にしておくことができるので、操作に対する反応が速い。

砲身がより重くなったことで、砲室はさらに後方へ延長されたが、これと同時に外形も改められ、後半部の天蓋が逆向きに傾けられている。また継ぎ目も重ね合わせた構造となった。天蓋の形状が変わったのは、一部で背負い式配置が採用されたことにより、それまでの形状では上側の砲塔を必要以上に高い位置に上げなければならず、必要に迫られたためだ。これはブラジル向けに建造された『ミーナ・ジェライス』級戦艦で、旧型の砲室形状を用いたため、背負い式の上側砲塔が不当に高い位置にある実例を見ることができる。装備された砲身はマーク11で、戦艦『コロッサス』と『ハーキュリーズ』はマーク12砲身を装備していた。砲身形式の違いはわずかで、尾栓の開閉に用いられる動力の違いだけだったようだ。

これまで変わらず一三・五度だった最大仰角は、一五度に引き上げられている。これを装備したのは、『セント・ヴィンセント』級、『ネプチューン』と『コロッサス』級の戦艦である。バーベットの内径は八・五三メートル、ローラー・パスの直径は七・四七メートルで、旋回部重量は五二五トンあった。

この砲塔には大きな欠陥がなく、基本的な構成は、後の、より大口径の砲を装備する砲塔へと引き継がれていく。しかしながら、ここで装備された三〇・五センチ五〇口径砲は、砲身の強度に問題が多かった。

その砲口初速は、四五口径砲と同じ砲弾を用いて毎秒七二四メートルであり優秀だったのだが、連続射撃をすると熱を持った砲身が垂れ下がるように曲がり、精度が落ちてしまう。これは激しいものでは仰角にして〇・五度近い変化になってしまった。このため着弾がバラついて散布界が大きくなり、命中精度の低下につながったし、砲身の寿命にも影響している。当時の技術では、砲身長が四〇口径を超えるとこうした傾向が生まれるとされたものの、高初速、長射程を得るためには長い砲身が必須であるから、事情の許す限りで長い砲身が用い

B XI砲塔断面図

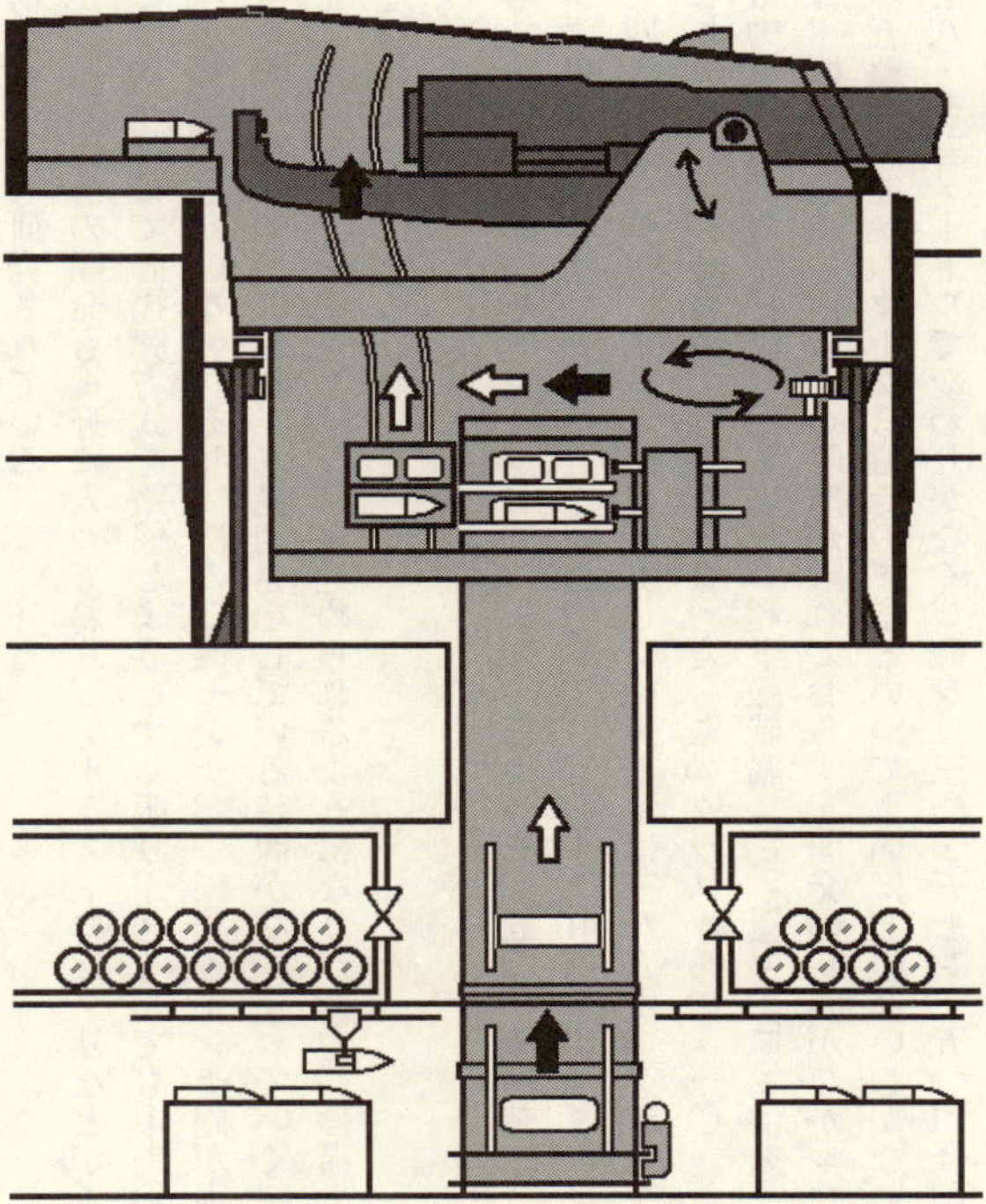

られるようになっていく。もちろん、砲身の構成にも原因がある問題であり、これを避けるべく新しい構造の砲身も研究されている。

この時期、三連装砲塔の開発も視野に入っており、アームストロング社などが予備開発を行なっているが、それまでの揚弾方式を踏襲しようとする限り、どうしても中央砲への揚弾が遅れる問題が解決できていない。そして次の三四センチ、一三・五インチ砲が実用化するころには戦争への靴音が迫っており、基礎開発をしている時間がなくなっていく。この先、主力艦の開発はカレンダーを横目で見ながら進められるようになり、極力、停滞や後戻りがないように進行しなければならなかった。

一九一二年　一三・五インチ・マークBⅡ　三四・三センチ四五口径砲連装

『オライオン』級戦艦は、『コロッサス』級と同じ一九〇九年度計画で建造されたが、主砲を新開発の三四・三センチ・マーク5砲に変更し、砲弾重量は三八五キログラムから五六七キログラムに増えて、いっそう強力な戦艦となった。このクラスからの、三〇・五センチ砲より格段に威力を増した砲を搭載した戦艦を、超ド級戦艦（super Dreadnoughts）と呼ぶ。

この砲塔は、同年度建造の前級から時期が離れておらず、開発の時間がなかったため、ほとんど三〇・五センチ連装のマークBⅪそのままといってよいほどの違いしかない。バーベットの内径も八・五三メートルで変わりがなく、砲身は三〇・五センチ五〇口径砲より二〇センチ長いだけである。それでも自由仰角装塡に必要なチェーン・ラマーの支腕を収容する

13.5インチBⅡ砲塔断面図

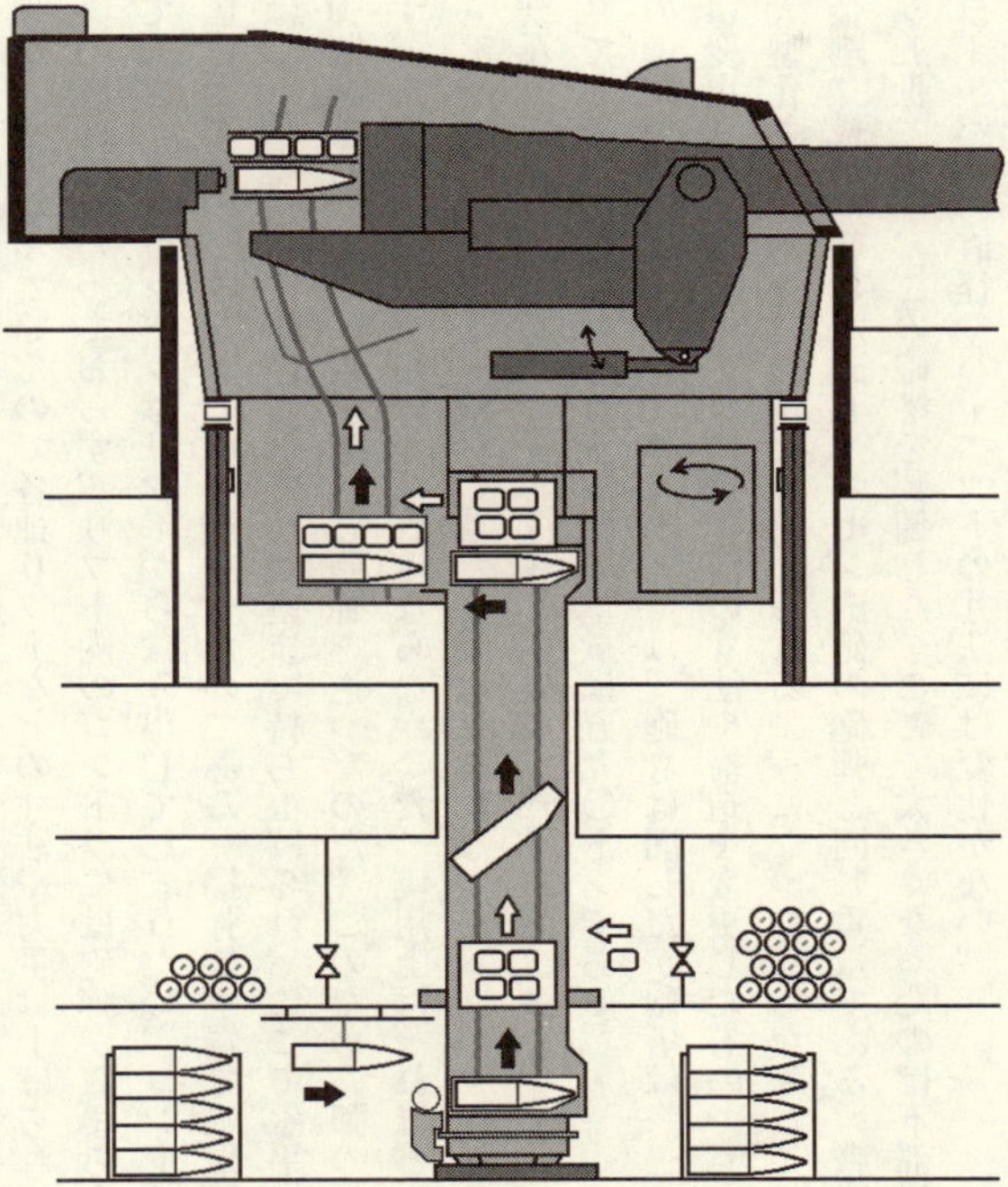

寸法が足らず、砲室後部に装塡機を置いた固定仰角装塡に戻っている。

もちろん砲弾が大きくなっているので各種リフトなどの寸法や力量は上げられているのだが、下部揚弾筒の直径は変わっておらず、リフト内のゴンドラには砲弾が収まらなかった。砲弾に合わせて大きくしたゴンドラはリフトからはみ出してしまうため、ゴンドラを斜めに傾けて、幅を広げただけのトランクの中を登らせたのである。揚弾筒下端で水平に砲弾を積んだゴンドラは、三八度斜めに傾けられて換装室まで持ち上げられ、ここで水平に戻されて待機トレーに弾薬を移し、さらに装塡箱へと砲弾を送ったのだ。このため砲弾の長さを十分に大きくできず、やや短い砲弾を用いなければならなかった。実用上はそれほど大きな問題ではなかったらしく、このことを欠陥扱いした文献は見られない。

この砲塔を装備したのは、戦艦『オライオン』級と、巡洋戦艦『ライオン』『プリンセス・ロイアル』である。戦艦における旋回部の重量は五九〇トンである。

『ライオン』の準同型艦『クィーン・メリー』では、砲身は同じだが砲塔は一三・五インチマークBⅡ＊に変更されている。これは揚弾筒の寸法や構造を変更したもので、重量六三五キログラムに大型化させた砲弾を無理なく用いられるようになった。ちなみにこの重量は、日本海軍の『金剛』級が搭載した三五・六センチ砲の砲弾と同じ重量である。戦艦では『キング・ジョージ五世』級が、この砲塔を装備した。ここで大きくなったのは下部揚弾筒だけであり、ローラー・パスの直径やバーベットの寸法には変化がない。

『クィーン・メリー』では、前檣上への方位盤設置は一九一五年十二月に実施、同時に側脚を追加しているものの、側脚は短く、ほぼ煙突の高さまでしか達していない。
重量五六七キログラムの砲弾では、仰角二〇度での射程は二万一八〇〇メートルで、重量六三五キログラムの砲弾でも同じ仰角で二万一七〇〇メートルとほぼ等しい。装薬量はそれぞれ、およそ一三三キログラムと一三五キログラムである。方位盤設置前の初期の状態では照準機側に、せいぜい仰角一五度相当程度の射程までしか能力がなく、最大仰角での照準はできなかったのだが、後に六度プリズムと呼ばれる機構を導入して、有効射程を延ばしている。

さらに後継の『タイガー』では、砲身は同じで砲塔形式の＊が一つ増えている。これも大きな変更ではなかったらしく、具体的な違いは、俯仰速度の差とか、発砲用の電気回路への供給電源などでしかない。戦艦では『アイアン・デューク』級が同じ砲塔を用いていた。装甲厚は異なるのだが、イギリスの形式名称には、この違いは含まれないらしい。

なお、形式が異なっているという資料はないのだが、外見上では『タイガー』の艦首A砲塔の左右照準装置の開口が、背負い式のB砲塔からの爆風をモロに受ける砲塔天蓋前端付近から、壁面である前盾と側盾の境目付近へ移されているのがわかる。写真で見る限りでは他の砲塔は旧方式のままなので、『タイガー』のA砲塔だけは形式が異なっていた可能性がある。初期の写真では、他砲塔と同様の照準器フードらしきものが見えるものもあるから、A砲塔だけが改造されたのかもしれない。これらの発射速度は、最速でおよそ一分に二発である。

一九一五年
一五インチ・マークI　マークI＊　マークII　三八・一センチ四二口径砲連装
『アイアン・デューク』級に続く『クィーン・エリザベス』級戦艦から、イギリス海軍は三八センチ（三八・一センチ＝一五インチ）四二口径砲を用いるようになるのだが、形式的にはそれまでの砲塔とほとんど等しく、電動化が進むくらいで大きな変化は起きていない。この砲塔から、形式名称のBがなくなっている。これに合わせたわけでもないだろうが、バーベットの装甲厚二五四ミリに対して、砲室前盾の厚みは三三〇ミリあった。ローラー・パスの直径は八・二三メートルで、旋回部重量は七五〇トンほどだが、艦によって装甲厚は異なる。

戦艦『クィーン・エリザベス』級と次の『リベンジ』（俗に『R』）級、巡洋戦艦『リパルス』が装備したのは、一五インチ砲マークI連装砲塔で、『リナウン』と大型軽巡洋艦はマークI＊を、巡洋戦艦『フッド』はマークII砲塔を装備している。マークII砲塔は最大仰角を三〇度に増して最大射程を伸ばしたので、これに応じて砲室前盾の高さが大きくなり、砲塔天蓋の高さも高くなって側面からのシルエットが変わっているが、中身には大きな差がないようだ。

マークII砲塔の装甲厚は前面が三八一ミリ、側面が三〇五ないし二七九ミリ、天蓋が一二七ミリで、当時としては重装甲に属する。旋回部重量は八八〇トンに達した。

また、この三八センチ砲は、数隻の沿岸砲撃用モニターにも装備されている。『マーシャル・ネイ』『マーシャル・ソールト』と、『テラー』『エレバス』である。前者二隻は、R級戦艦として建造されるはずだった『リナウン』『リパルス』が、巡洋戦艦として一砲塔を減じて建造されることになったため、余剰となった砲塔を利用する目的で沿岸砲撃用に建造されたものである。こちらの砲塔では、装甲はずっと薄い。

ところが、この二隻が起工から一年とかからずに完成する見通しになった時、砲塔はまだ出来上がっておらず、仕方なく戦艦『ラミリーズ』用に造られていたものが流用された。このため、本来の砲塔が余ってしまい、後者二隻が追加建造されることになった。実際問題、大陸ではフランス、ベルギーがドイツ軍の猛攻をギリギリしのいでいて、こうした支援艦への要求が強かったこともある。

主たる用途がなくなってからも、これらは巨大な砲を装備する一方で小型なため運用経費が小さく、練習艦などの任務には好適なので、かなり長生きしている。『テラー』と『エレバス』は、近代化改

フッドの主砲塔

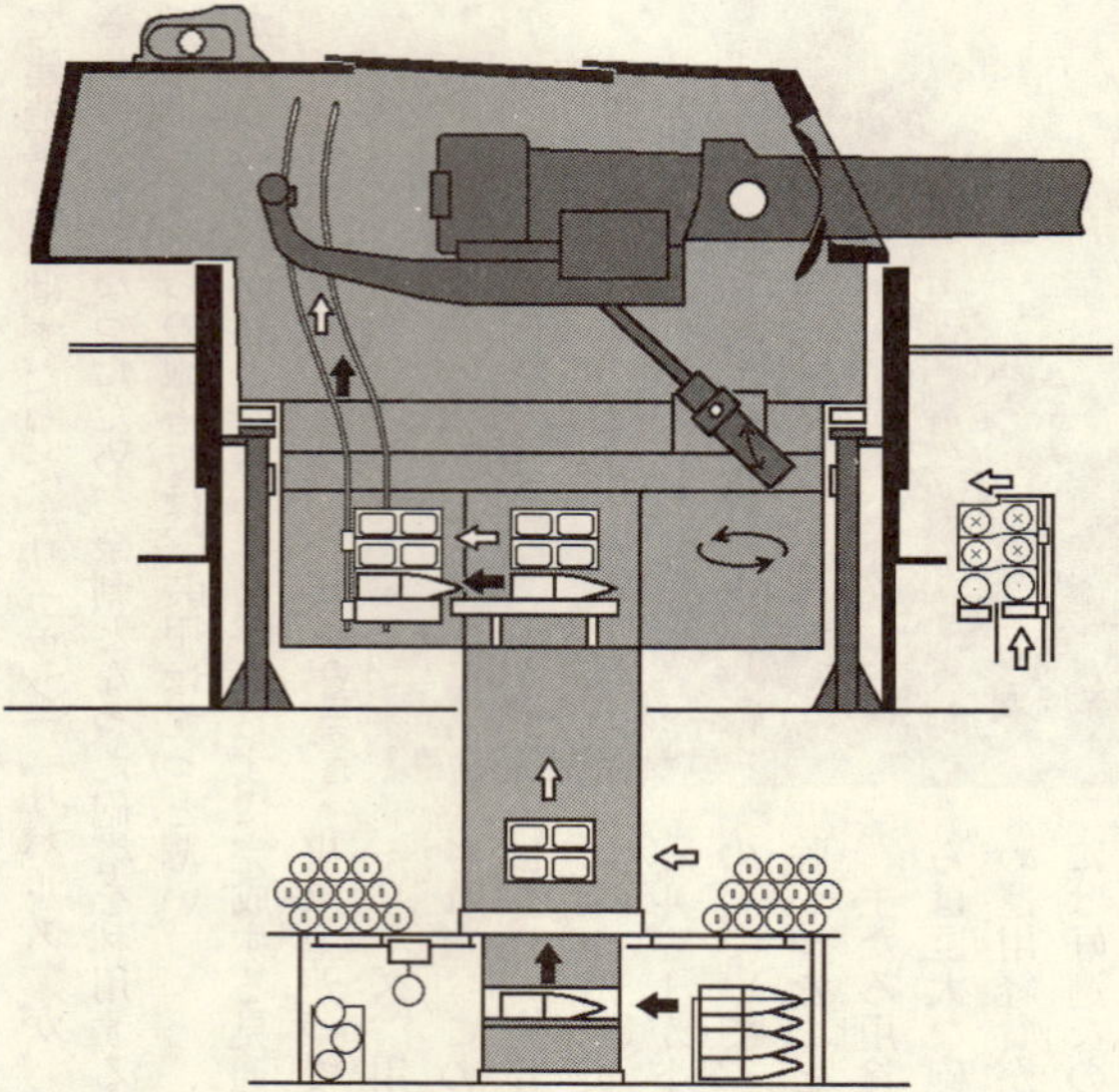

15インチ・マークⅡ砲塔断面図

装を受けて第二次世界大戦にも参加した。

　また、ギリシャが第一次大戦前に建造を計画した戦艦『サラミス』（三五・六センチ砲八門）のための砲塔と砲身が、アメリカのベスレヘム鉄工所にあり、船体の建造を請け負ったのがドイツのフルカン社だったため、これの完成見込みがなくなり、双方ともが余剰になってしまった。ドイツは自国の砲塔と規格が合わない船体を使えず、アメリカにも砲塔の使い道がない。

そこでイギリスがこの砲塔を買い取り、急速建造した『アバークロンビー』級モニター四隻に連装砲塔を一基ずつ積んで、沿岸砲撃用モニターとして完成させている。この砲塔は、アメリカ戦艦『ニュー・ヨーク』級に装備されたのと基本的に同じもので、最大仰角は一五度と、対地攻撃をするにはいささか不十分であるが、簡単には改造できなかったのだろう。砲弾を上下さかさまに格納している特徴があり、この砲塔についてはアメリカ砲塔の項で解説している。

この中の一隻『ラグラン』は一九一八年にダーダネルス近くで、当時トルコ海軍に所属していた元ドイツの巡洋戦艦『ゲーベン』と交戦し、撃沈されている。このとき、砲塔にどんな被害があったのかは判然としないが、弾薬庫の誘爆は報告されていない。

三八センチ四二口径砲は、当時の一般的な四五口径砲に比べて口径のわりに砲身が短いことになるのだが、この有効長はほぼ一六メートルで、これに尾栓部がついて一七メートル近くになる。この長さは、『金剛』などが装備した三五・六センチ(一四インチ)四五口径砲とほぼ等しく、おそらく重量バランスもほとんど変わらない。

これは、当時のイギリス国内にあった砲身製造主力設備の限界寸法でもあり、これ以上長くするには設備を更新しなければならなかった事情がある。また、『クィーン・エリザベス』級では砲身の完成を待たずに採用を決定し、その装備を前提にした建造工事を行なって

フューリアスの砲塔

いるので、万一砲身の製造に障害が発生した場合、積む砲がなくなってしまう恐れがあったから、ひと回り細く、ほとんどバランスの変わらない三五・六センチ砲に寸法を合わせておけば、最悪でも小改装だけで三五・六センチ砲を装備でき、新型戦艦が戦力にならないという体たらくは避けられることになる。いささかうがちすぎかもしれないが、前世紀には実例もあった問題であり、保険の意味があったとも考えられるところだ。

イギリスではさらなる大口径砲として、一八インチ（四五・七センチ）四〇口径砲を製造し、大型軽巡洋艦『フューリアス』に搭載した。残念ながらこれの内部構造の図面は見付けていないのだが、基本は三八センチ連装砲塔と同じで、砲身開発の失敗に備えてリング・サポートの寸法も同一とし、場合によっては装備替えすることも考慮されている。

砲は単装で装備され、最大仰角は三〇度、俯角は五度で、最大射程は三万二九〇〇メートル、砲口初速は強装薬で毎秒七三八メートル、もし四五度の仰角で発射すれば射程三万六八〇〇メートルに達するという。この砲身は、『フューリアス』の二砲塔用に予備を加えた三本が製作されたが、建造途中で方針が変わり、『フューリアス』は艦首砲塔の装備を止め、ここに陸上型航空機の発進甲板を設けることになったので、実際には後部に一門だけの装備になった。この砲塔は前面と側面に二二九ミリ、天蓋に一二七ミリの装甲を持ち、旋回部重量は八二五トンに達した。

さらに就役年の後半には、後部砲塔も撤去して着艦甲板を設けることとなり、砲はすべて陸揚げされてしまう。この砲はベルギー海岸でドイツ軍の陸上砲台とにらみ合うモニターへ転用されることとなり、既存のモニター『ジェネラル・ウルフ』と『ロード・クライブ』を改装して装備された。予備砲身を使って『プリンス・ユージーン』への装備も計画されたが、実現していない。この装備については、以前に上梓した『巨砲艦』(光人社NF文庫)に述べているので、ここでは割愛する。実際にも砲塔ではなく、露天砲架に固定シールドをかぶせただけのものだった。

イギリスの大口径砲の口径が、一二インチ、一三・五インチ、一五インチと一・五インチ刻みの一見半端な数字のように見えるのは、そもそも大口径砲の開発指標が一・五インチ刻みとされていたためである。これは一九世紀後期から、六インチ(一五・二センチ)、七・五インチ(一九センチ)、九インチ(二三・九センチだが実際には九・二インチ〈二三・四センチ〉砲が造られた)、一〇・五インチ(二六・七センチだが、ほとんど造られなかった)、一二インチ、一三・五インチ、一五インチと進んでいたもので、一六・五インチ(四一・九センチ）砲を飛ばして、一八インチ砲までが実現したのである。装薬に黒色火薬を用いていた時代には、一六・二五インチ（四一・三センチ）砲も造られている。

第一次大戦末期から戦後にかけての研究では、三八センチ五〇口径砲、四二センチ（四一九ミリ＝一六・五インチ）四五口径砲、同五〇口径砲、四五・七センチ四五口径砲の開発も示唆されているが、戦争が終わったことにより実行に移されることはなかった。これらの砲身重量は、一一〇トンから一五九トンに達すると予測されており、四五・七センチ砲の砲弾重量は一五〇六キログラムという。

こうした一連の開発は、ワシントン軍縮条約の落とし子ともいわれる『ネルソン』級戦艦が装備した四〇・六センチ三連装砲塔に結実するのだが、各国の大口径砲開発はこの軍縮条約によって停止し、すでに使用されていた四五・七センチ砲も、これといって活用されないままスクラップになっている。

第四章　ドイツ海軍の砲塔

この章では、両次大戦を通じてイギリスのライバルだったドイツ海軍の砲塔を見ていく。

ドイツでは当初、イギリス式の囲砲塔が用いられたが、後はほとんどが露砲塔で、これに比較的厚めのフードを被せる方向に進んだ。これは中小口径砲からの防御を考慮したものだが、重砲弾に対しては能力不足であり、かえって標的面積を増加している。

その延長上にあるのが次の砲塔で、フードの厚みは最大で一二〇ミリだったけれども、バーベットの三〇〇ミリと比べるまでもなく不十分である。

『ブランデンブルク』級　一八九三年
DRH LC/92　二八センチ（二八三ミリ）三五口径砲連装
装塡は固定位置、固定仰角で行なわれるが、最大仰角は二五度もあり、これはイギリス艦と大きく異なる部分である。ただしこれは陸上への曲射射撃を想定したものであって、洋上

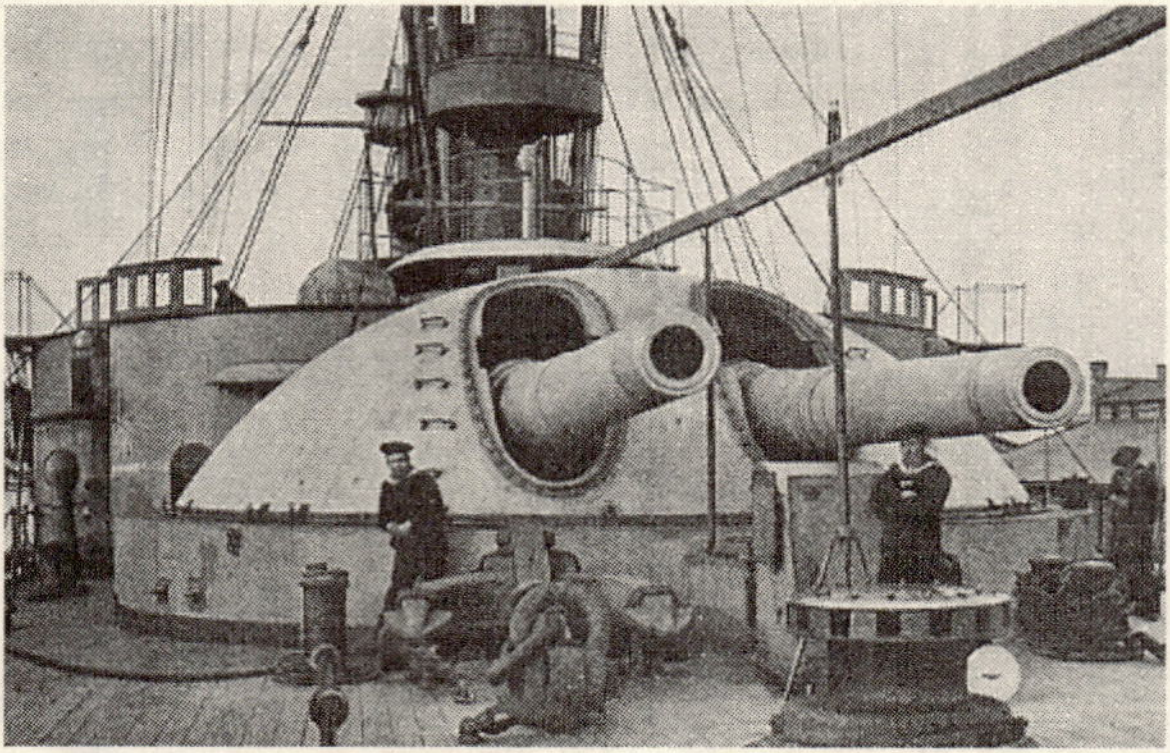

ブランデンブルクの砲塔

での遠距離射撃を考えてはいない。当時の測距技術では、この仰角で命中させるような精度での距離測定は困難だった。実際、仰角一五度以上では、減装薬でしか射撃できなかったとされる。

俯仰、旋回とも水圧駆動で、補助として人力も用いられる。旋回盤の支持は一般的なローラーではなく、ボール・ベアリングだった。これはドイツ独特のもので、第二次大戦の『ビスマルク』級まで継承されている。

一方、砲架は旧式なままで、発砲した砲は耳軸を支える砲架ごと、登り坂になったレールの上を後退する。このため最大仰角が大きいことと合わせ、砲眼孔は非常に大きくなってしまった。

この戦艦は、主砲塔を中心線上に三基装備している。通常の艦首尾中心線上と、中部に一基である。中部のものはボイラー室群と機関室の間にあり、前後を構造物で挟まれているため、首尾線方向への射界を持たない。そしてこの「挟まれている」状況の

ブランデンブルクの砲塔断面図

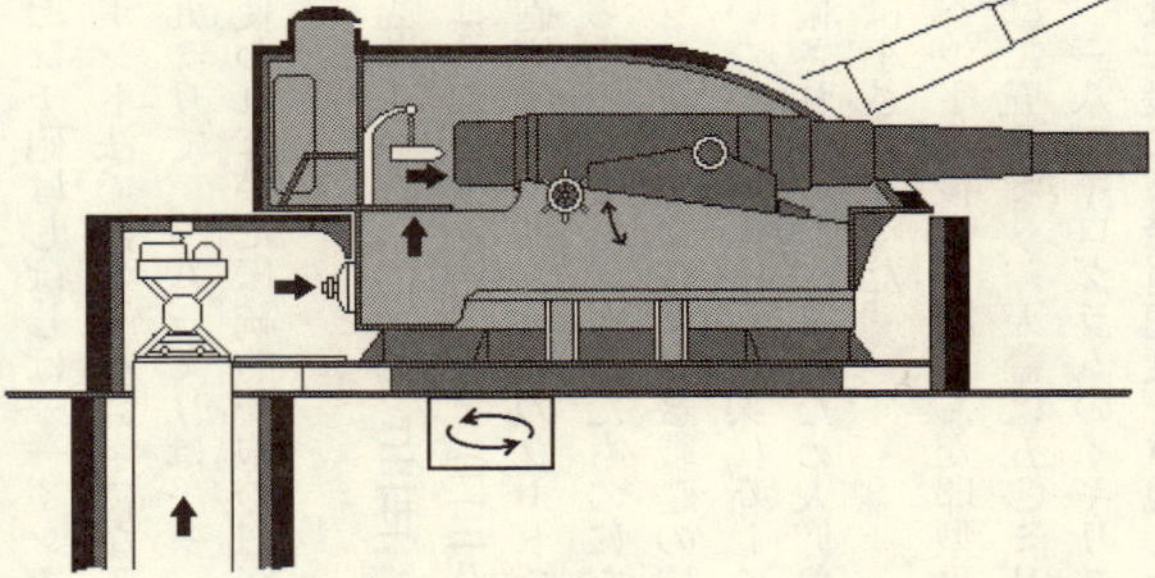

ためか、砲には口径こそ前後の砲塔と同じだが、砲身が五口径短いものが用いられ、不揃いである。後の斉射法や単一大口径砲装備艦と比較する向きもあるが、この時代には砲塔ごとの射撃指揮、照準であるし、射程は短く発射速度も遅い。第一艦『ブランデンブルク』が就役したのは、日清戦争勃発の前年なのだ。清国の『定遠』『鎮遠』より五割がた大きく、五割がた多くの主砲を積んでいる本級は、速力も一六ノットと十分で、当代一流の艦だった。

本級の船体は上部の幅が狭くなったタンブルホームの形状を持っているが、中後部では船体そのものが低く、タンブルホームはあまり目立たない。艦首砲塔の脇に張り出している部分には、先端に八・八センチ砲を装備しているものの、その後方の舷窓が並んでいる部分はトイレである。

「DRHLC」はDrehscheiben（旋回する）、Lafette（砲架）、Cは年代を示すChronik日本語で

は「年式」にあたる。

二八センチ砲はしばしば一一インチ砲という呼び方をされるけれども、これは実寸法がヤード・ポンド法では半端な数字になるため、端数を丸めて呼んだものである。正一一インチは二七九ミリで、二八三ミリは一一・一インチとも呼ばれる。口径実寸二八三ミリの砲は、昔から使われていた伝統的な砲の口径を採用しているのだ。

『カイザー・フリードリッヒ三世』級　一八九八年

DRH LC/97　二四センチ（二三八ミリ）四〇口径砲連装

この砲塔では、部分球形のフードを厚い装甲を持った砲室に変えたため、外形は整形上の問題から楕円筒を基調としたものになったが、図をご覧いただければおわかりのように、内部は『ブランデンブルク』級戦艦の砲塔と大きな違いはない。揚弾、装塡機構はほとんど変わっていないといえる。砲架は新しくなっており、俯仰する砲鞍の中にスライドを介して砲身が装備されている。このため大仰角でも砲身は砲軸にそって前後動するだけになったので、砲眼孔は小さくなった。

バーベットは後方に膨らんだ卵型平面形で、装甲厚は二三〇ないし二五〇ミリ、砲室の前面装甲は二五〇ミリ、天蓋は五〇ミリだった。二四センチ砲弾の重量は一四〇キログラムしかなく、三八五キログラムのイギリス一二インチ砲弾とでは威力に大差がある。

これは一般に、発射速度を重視したための口径とされているけれども、この砲塔を見る限

カイザー・フリードリッヒ三世の砲塔断面図

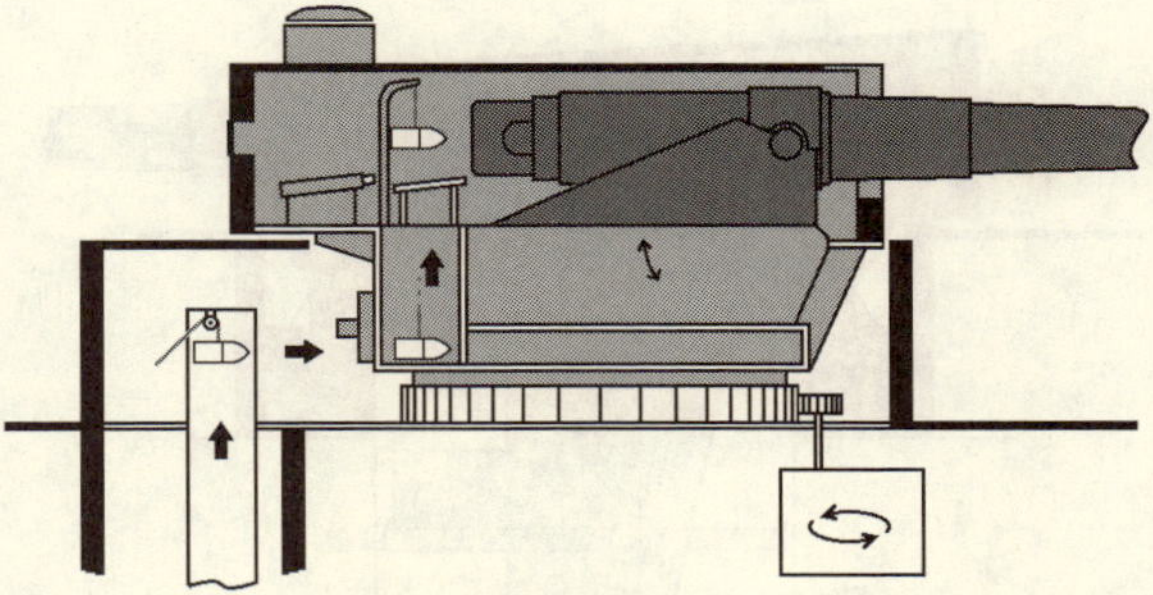

りでは、その差を克服できるほど発射速度に差がつくとは思えない。いずれ一四〇キログラムの重量は、人間が素手で扱うには重すぎるので、速射砲のような撃ち方ができるわけではない。いかにも前近代的なこの砲塔は、『カイザー』級戦艦の前期二隻が装備したにとどまり、後期艦三隻は次のC九八砲塔を装備している。

ドイツの砲は、この時代にはほとんどクルップ式の鎖栓式尾栓を備えている。一般に砲身の長さを口径との比で示すとき、イギリス式では砲口から尾栓前面までの長さを基準にするが、ドイツでは砲身の全長を基準にするため、二ないし三口径ほど大きめの数字になる。この砲でも、イギリス式の数字では三七・三口径となる。

『ヴィッテルスバッハ』級　一九〇二年　DRH LC/98　二四センチ四〇口径砲連装

ヴィッテルスバッハの砲塔断面図

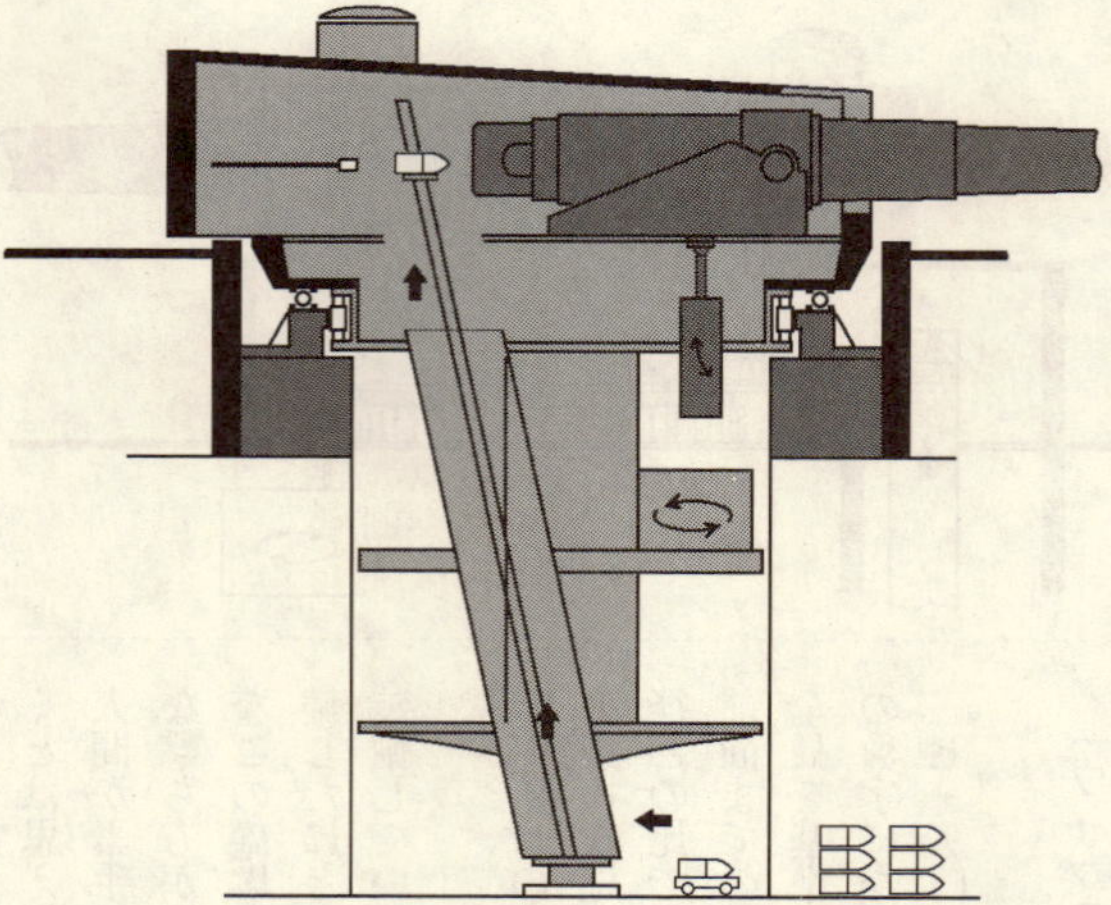

『カイザー』級の後期三艦と、次の『ヴィッテルスバッハ』級が装備した。砲は前型と同じである。この砲塔から全周旋回位置での装填が可能になり、発射速度が向上した。

この二種の砲塔の違いは、ちょうどイギリスの一二インチ・マークBⅡとBⅣの関係に類似している。この砲塔には換装室がなく、弾薬は艦底の弾薬庫から砲尾まで一気に持ち上げられる。揚弾ゴンドラはそのまま装填箱を兼ね、この点もマークBⅣとよく似ている。同じ欠点も抱えていただろう。

予備の揚弾装置は砲の左右外側に設けられ、ホイストで砲弾を持ち上げる。砲室内には砲尾まで砲弾を運ぶレールが敷かれていた。尾栓、ラマーは人力、推進は空気圧である。最大仰角は三〇度だった。

『カイザー』級と本級の艦首砲塔は、甲板上に露出したバーベットの周囲に砲廓を設け、一五センチ副砲の砲廓を配置している。バーベット装甲は砲塔直下部分だけにしかなく、外側は回廊のようになっていて、副砲砲廓には最大一五〇ミリの装甲があったけれども、その背後に主砲塔バーベットの二三〇ミリ装甲を背負う形になっている。

背負い式に近い特殊な配置だけれども、この二クラスだけで、後の艦に継承されることはなかった。

『ブラウンシュヴァイク』級　『ドイッチュラント』級　一九〇四年
DRH LC/1901　二八センチ四〇口径砲（正味三六・八口径）連装
砲は大きくなったが、砲塔はほとんど前級とほとんど同じもののようだ。砲弾は水平姿勢で格納されているが、揚弾筒内では縦姿勢である。砲室内へ上げられた砲弾は、装塡トレー上で水平姿勢に戻され、人力ラマーで装塡される。固定仰角で、装塡仰角はほぼ〇度である。
揚薬筒は、これも垂直に立てた状態でバーベット内の前後中央付近を、砲身の左右外側に火薬庫から砲室まで垂直に上げられ、水平に寝かされて砲尾へ送られ、同様に装塡される。
砲室前面の装甲は、二八〇ミリとされたが、『ブラウンシュヴァイク』と『エルザス』は二五〇ミリしかない。側面はいずれも二五〇ミリで、天蓋の厚さは五〇ミリである。最大仰角は三〇度、俯角は四度とされる。

ドイツでは大口径砲にも楔形鎖栓式の尾栓が採用されている。クルップが開発したこの尾栓は、後には速射砲に好適な構造として多くのメーカーに採用された。この尾栓は、基本形がただの四角い鉄の塊でしかないことから、ウェリン式段隔螺旋尾栓より製造ははるかに容易である。この得失を一言で言い切ることはできないが、良くも悪しくもドイツ海軍砲の特徴であった。

この尾栓は装薬の燃焼ガスの緊塞が難しく、これの対策として主装薬は薬莢に収められ、これが薬室と尾栓の隙間を塞ぐ効果が期待された。このため、射撃後に高温となった薬莢の処理が必要になり、これを砲室内に残せないので、発射ガスの高圧で薬室に張り付いた薬莢を抜き取り、砲塔から投棄する仕組みが、砲尾や装塡装置周辺に組み込まれている。

一般に袋詰にした装薬を用いる砲では、装薬包は人力での運用の利便を考慮し、一包あたりの重量を一〇〇ポンド（約四五キログラム）ほどに抑えている。大口径砲では、包みの数を増減することで必要な量を調節しているのだ。

しかし、薬莢を用いるクルップ式の砲では、口径が大きくなっても、これは主と副の二個で運用され続けた。このため主装薬は人力で扱うことができなくなり、専用のホイストや運搬装置を必要としている。『ドイッチュラント』級におけるそれぞれの重量は、七九キログラムと二六キログラムである。副装薬は他と同じ布バッグのものだが、ドイツでは専用の保護缶に入れて扱っており、剥き出しで扱っていたイギリスなどより格段に安全性が高かった。

砲弾の重量は二四〇キログラムである。

『ヴェストファーレン』級　一九〇九年　DRH LC/1906　二八センチ四五口径砲連装

前期艦『ヴェストファーレン』と『ナッソー』では全砲塔に採用されたが、『ポーゼン』『ラインラント』では舷側砲塔のみで、中心線上砲塔には、次のDRH LC/1907が用いられている。

俯仰と旋回に電気駆動を取り入れているが、どちらも人力による補助装置を持っている。俯仰装置は扇形ギアとピニオンによる。最大仰角は二〇度、俯角は六度である。尾栓とラマーは手動で、砲身の推進のみ空気圧を用いている。旋回盤はボール・ベアリングで支持され、旋回部重量はおよそ四〇〇トンである。

砲室下の換装室側面には電動の下部揚弾機が接続され、ここから弾薬が供給される。換装室脇では、砲弾は移送台のトレーに移され、換装室内へ送り込まれる。

砲弾薬は外壁に沿って巡らされているローラー・ラックに乗せられ、換装室の周囲を取り巻くように並べられた。ここからさらに旋回部に吊るされたホイストで揚弾機下部へ渡され、揚弾ゴンドラへ入れられる。換装室には八発分の弾薬が保管されており、主装薬は隔壁側に置かれていた。副装薬は容器に収められた状態で扱われる。

装填箱は三つに区切られており、上から主装薬、砲弾、副装薬の順に積まれる。砲室に到着した一セットの弾薬は、三組の電動のチェーン・ラマーで押され、装填台に移される。装

ヴェストファーレンの砲塔断面図

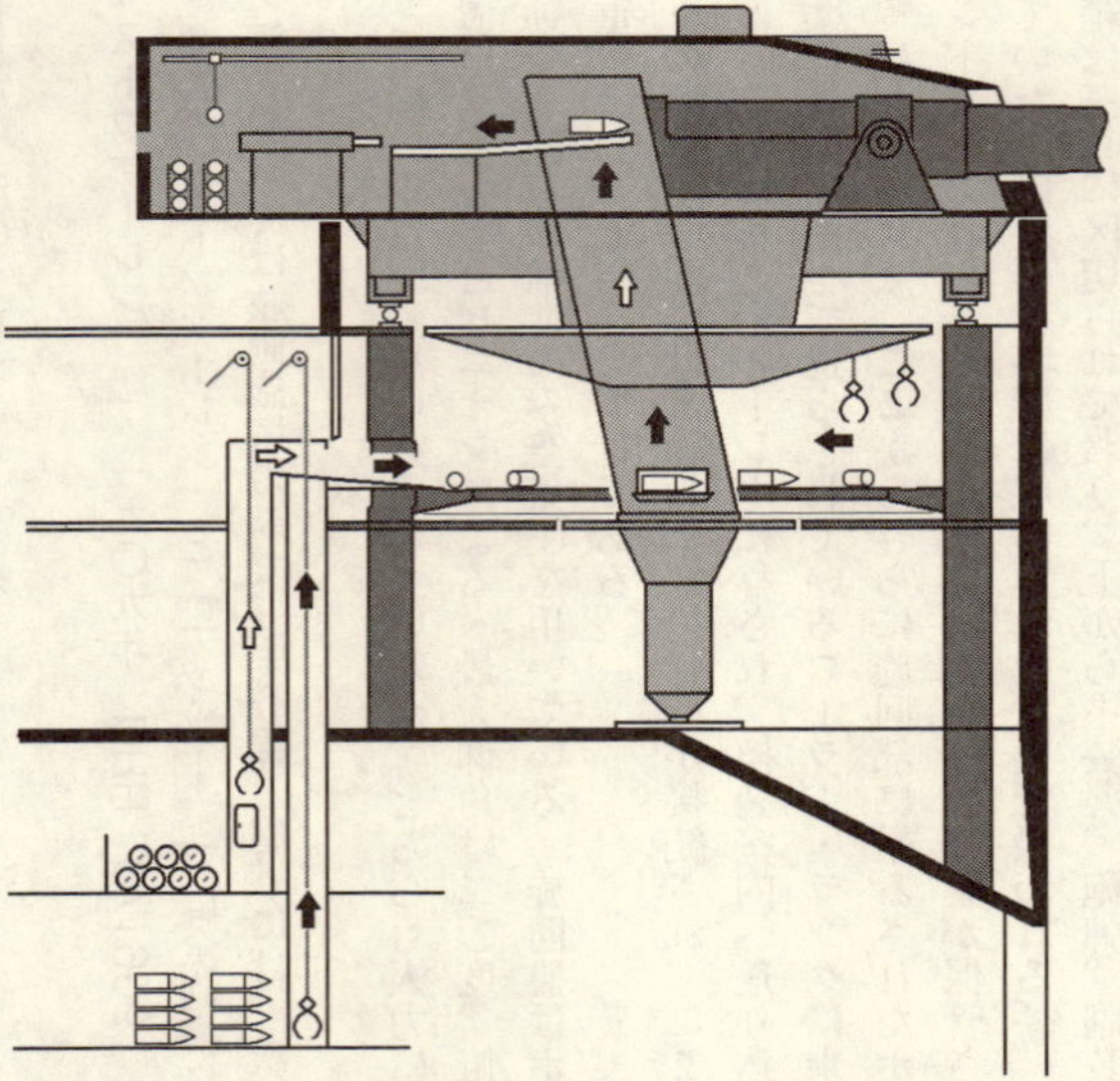

塡台は装塡箱ホイストの直後にあり、砲尾へは、砲弾、副装薬、主装薬の順に送られなければならないので、主装薬は砲尾後方のすぐ脇から横に動き、装塡トレーの横によける。

ついで砲弾が装塡位置へ動かされ、さらに副装薬がその前側に送られる。副装薬は延長トレーのひとつに乗せられて、一時脇にどけられ、ラマーによって砲弾が薬室に送りこまれると、空いたトレーに人力で移される。これも同様に装塡され、最後に大きな主装薬が横に動かされて装塡トレー

フォン・デアア・タンの砲塔

に乗る。

おそらく水中防御上の問題から、中心線上の弾庫は火薬庫の上に置かれ、舷側砲塔では逆にされている。

『フォン・デアア・タン』一九一〇年　DRH LC/1907
二八センチ四五口径砲連装

巡洋戦艦『フォン・デアア・タン』の全砲塔と、戦艦『ポーゼン』『ラインラント』の中心線上砲塔に用いられた。

旋回は前モデル同様電動だったが、俯仰には水圧が採用された。これには二門を結合して同時に俯仰させる仕組みも組みこまれている。構造は通常のシリンダー／ピストン式で、最大仰角は二〇度だった。この形式は次の三〇・五センチ、三八センチ砲塔でも踏襲されたが、最大仰角は一三・五度に抑えられている。

ラマーと尾栓は相変わらず人力で、予備の装填装置も用意されている。砲の推進には空気圧が用いられるようになった。人力といっても、砲塔員が突き棒を構えているわけではなく、装填装置にあるラマーは、固定された装置の中をラックとピニオンによって前後動する。このピニオンの駆動用ハンドルを人力で回すということだから、強力で軽量のモーターがあれば、容易に置き換えられる。
　この砲塔では、すべて弾庫は火薬庫の下側とされ、電動の揚弾機と揚薬機はそれぞれを換装室まで持ち上げる。ここで上部揚弾機に移されるが、砲弾は砲尾直後の内側へ押し上げられ、装薬は砲塔中心の真横、砲身の外側に上がってくる。手動式の移送レールは、バネで復帰するように作られており、砲弾は円弧に乗るように装塡トレーへ移される。この間、装薬はラマーに押され、砲尾の専用装塡トレーへと移動してくる。
　これらは順次、装塡台へ移されてラマーにより押し込まれるが、仰角は固定位置だった。

巡洋戦艦の砲塔　DRH LC/1908,1910　二八センチ五〇口径砲連装
一九〇八年モデルは、巡洋戦艦『モルトケ』と『ゲーベン』が積み、装甲を強化した一九一〇年モデルは、巡洋戦艦『ザイドリッツ』が装備している。
　構成はほぼ一九〇七年モデルと同じで、最大仰角は一三・五度だが、後に一六度とされている。『ゲーベン』だけは最終的に二二・五度にまで引き上げられた。

『ヘルゴラント』級戦艦　DRH LC/1908　三〇・五センチ五〇口径（正味四七・四口径）砲連装
砲弾重量は徹甲弾で四〇五キログラムと、イギリスの砲弾よりひと回り重い。装薬は一二

モルトケの砲塔平面図、断面図、正面断面図

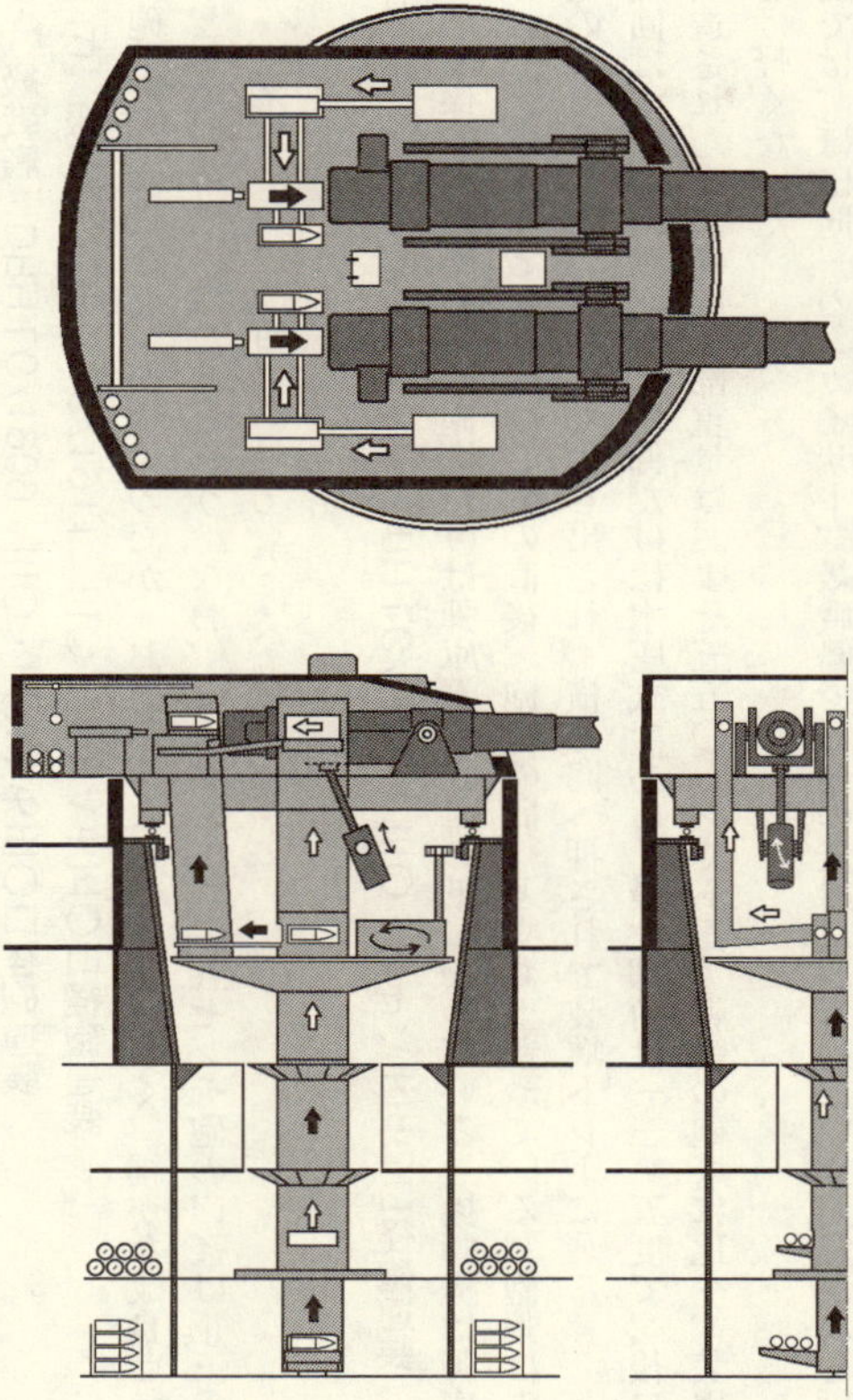

五・五キログラムで、砲口初速は毎秒八五五メートルに達した。

『カイザー』級戦艦　DRH LC/1909　三〇・五センチ五〇口径砲連装

『ケーニッヒ』級戦艦　DRH LC/1911　三〇・五センチ五〇口径砲連装

これらの砲塔には詳細な資料がないのだが、おそらく大きな違いはなく、細かな改良と装甲の厚さなどが異なっているだけだろう。なお、ドイツの三〇・五センチ砲の口径は正三〇五ミリで、一二インチ（三〇四・八ミリ）ではない。

『デアフリンガー』『リュッツオー』DRH LC/1912　三〇・五センチ五〇口径砲連装

スペースの関係で、艦尾の第四砲塔だけは弾庫が火薬庫の下になっている。揚弾機は弾庫から砲室までひと繋がりとなり、中心軸の直後、砲身の間へと立ち上がっている。砲弾はここから砲尾の待機トレーへラマーで押し出され、横方向へ押されて装填トレーに乗る。

揚弾、旋回はすべて電動だが、俯仰だけは水圧式である。最大仰角は一三・五度で、後に一六度に改造された。砲塔旋回部重量はおよそ五五〇トンである。戦艦の砲塔に比べ、装甲が薄い分だけ軽くなった。

発射速度では、ほぼ同一の『カイザー』級戦艦で三発の発射に四八秒という記録がある。これは揚弾の全行程を含めての記録とされる。

装薬は二行程となっており、下部リフトは砲弾リフトの外側に置かれている。主、副装薬

デアフリンガーの砲塔断面図

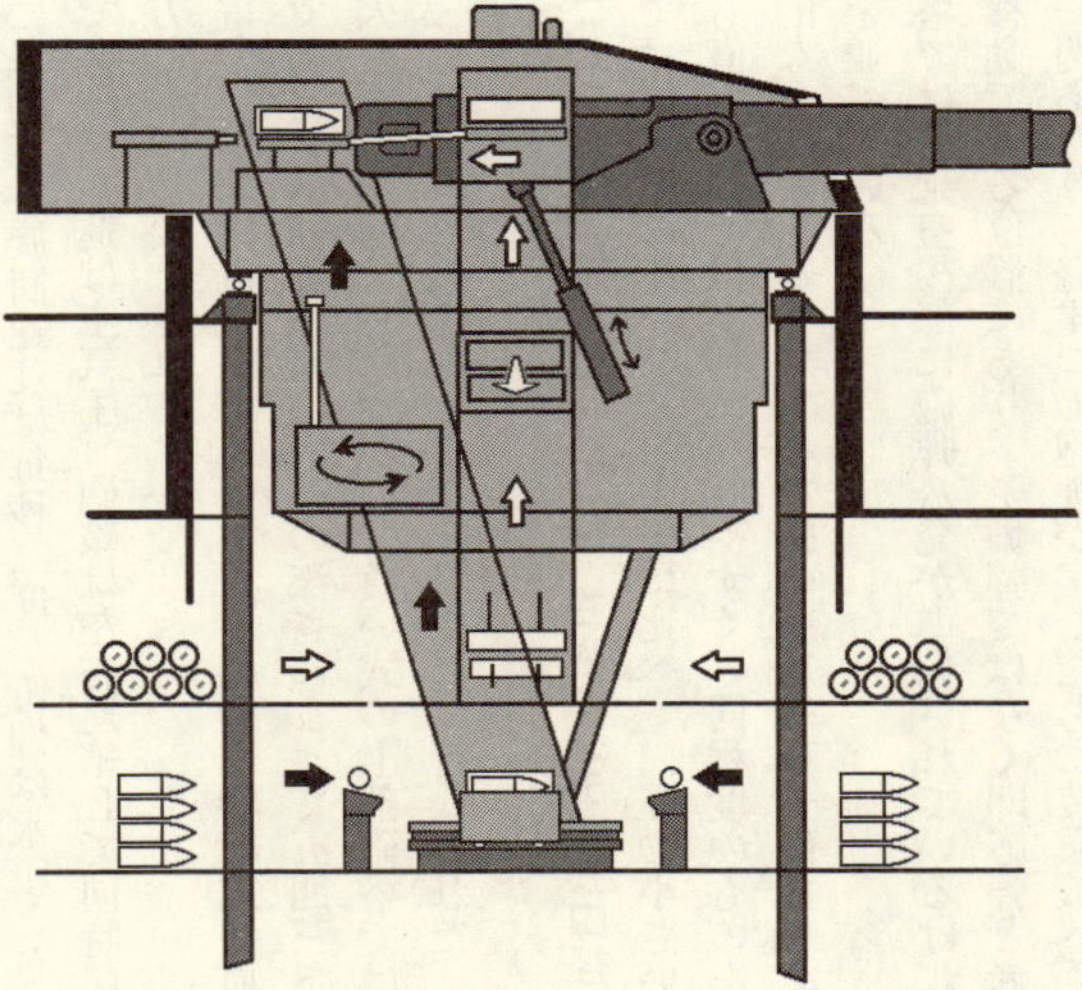

は換装室で移送車に移され、ラック上をピニオンによる駆動で移動し、外側の上部リフトに送り込まれる。まず副装薬が待機トレーに下ろされ、主装薬がこれに続くが、主装薬は副装薬とは別の専用トレーに乗せられる。

こうして三つの要素はそれぞれに砲尾の周辺に集合し、バネによる復帰装置を備えた人力の装塡トレーに乗って待機する。

それぞれの機構が次弾を用意するのには五秒しかかからず、全行程も二〇秒でしかない。

『ヒンデンブルグ』DRH LC/1913　三〇・五センチ五〇口径砲連装

基本的に電動で、旋回速度は毎秒三度。俯仰は水圧とされ、最大仰角は一六度、俯角は五・五度である。推進は空気圧。砲鞍は左右連結して同時に俯仰できたが、この場合でも俯仰機は両方ともが必要とされる。

揚弾は電力、揚薬は電力もしくは人力、尾栓、伸縮式装填ラマー、移送ラマーは水圧もしくは人力である。旋回部重量は内部の深さによって五四三トンから五五八トンとされる。

弾庫は火薬庫の下側とされたが、背負い式の上部砲塔では、これらの上に砲弾貯蔵室を設け、サブ・システムでの揚弾はここを経由して行なわれた。

『バイエルン』級　DRH LC/1913　三八センチ四五口径（正味四二・四〇口径）砲連装

ドイツでは同時期のイギリス主力艦に比べ、口径の小さい砲を装備するのが通例だったが、どうしても直接戦闘では不利になりやすく、同程度のものを採用するようになっていった。その代表的なものが『バイエルン』級の三八センチ砲で、ようやくイギリス海軍の一五インチ砲と肩を並べている。

この砲塔では、砲室後部に砲弾八発が準備されているけれども、これはかなり素早くラマーの前へ移動できる位置にあり、予備弾ではなく即応弾と考えたほうがよさそうだ。また換装室にも一門あたり三発ずつの砲弾が、ただちに装填機へ乗せられる位置に用意されており、急射撃への意識の強さが現われている。

バイエルンの砲塔断面図

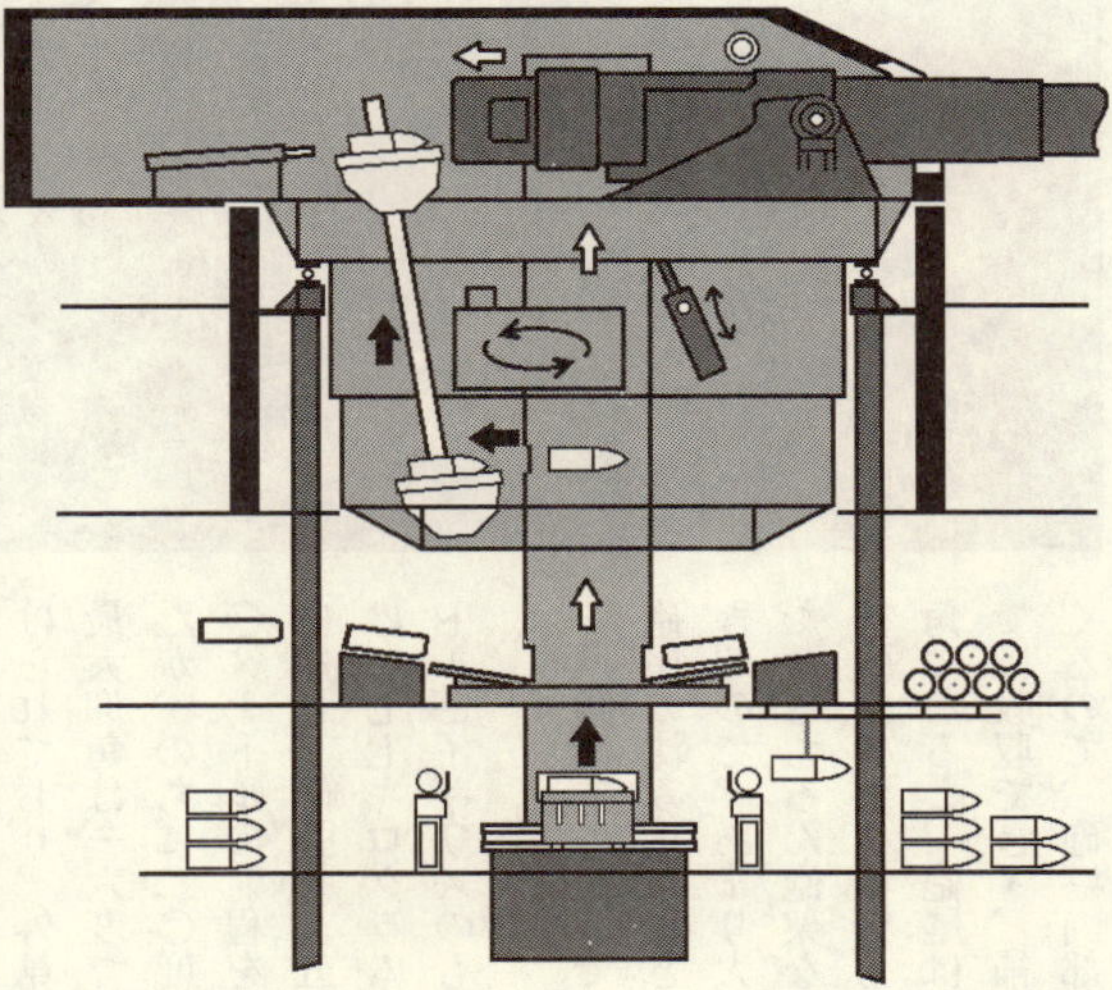

砲弾は弾庫甲板から下部揚弾機で換装室へ上げられ、ここで後方へ滑らされ、上部揚弾機へ移される。上部揚弾機のトレーは装填角度に傾けられており、砲尾へ持ち上げられた砲弾はそのまま装填される。

揚薬機は弾庫の上にある火薬庫甲板から、一気に二門の砲身の間まで垂直に上げられ、ここから後方へ送られる。砲身と砲身の間に装薬のリフトが二本あるため、この砲塔はそれまでのものに比べて左右の砲身が離れており、外見はやや間延びした印象がある。

バイエルン

砲身の上、俯仰軸のすぐ後方には砲塔測距儀が設けられており、外見からも装備位置がよくわかる。最大仰角は一六度で、射程二万四〇〇メートルだったが、のちに二〇度まで引き上げられ、二万三二〇〇メートルの射程を得た。砲身重量は七七・五トンに達し、砲弾も七五〇キログラムになった。装薬量は二七七キログラムで、砲口初速は毎秒八〇五メートルとイギリスのものよりだいぶ速い。

通常構造の砲塔では、およそ仰角二〇度までは、砲尾の沈み込む深さがほぼ換装室の床までで吸収できるので、あまり大きな改造なしに変更が可能だった。もちろん砲架などには想定外の力がかかるため、補強が必要な場合も多い。三〇度を超えるような仰角になると、砲尾は換装室の床にくぼみを作る程度では吸収できず、補機類に衝突する位置まで下りてくるので、砲塔内部の構造を大幅に見直さなければならなくなるし、俯仰機も作動範囲の大きな方式にしなければならない。

また、仰角をかけたままで砲を推進するためには、推進装置に大きな力量が必要となり、これが足らないと発射速度に影響してしまう。とくに水圧式では、全砲が斉射すると一斉に推進することになって水圧機の能力が飽和し、極端に時間のかかることもあった。このため、全砲斉射ではなく、半数ずつの交互射撃が行なわれることもあった。ただしこれは連装砲塔の左右砲が交互に射撃するとは限らず、ドイツでは四砲塔艦で二砲塔ずつが一斉射撃していた実例もある。

第五章　アメリカ海軍の砲塔

いわゆる旋回砲塔の起源は、イギリスのコールズ式囲砲塔、フランスの露砲塔とアメリカのモニター式に求められる。

これらについてはすでに解説を試みているが、アメリカのモニター式砲塔が、その後どうなっていったのかについては、何も述べていない。ここでは、アメリカで生まれた一方の始祖であり、最初に戦闘を経験した方式の砲塔が、どのように進歩していったのかを振り返ってみよう。

『モニター』の砲塔

この砲塔では、前述したように船体内部へ取り込まれている部分がほとんどない。旋回部分で船体内部にあるのは中心軸一本だけといえ、せいぜいこれを回すための蒸気機関と動力伝達機構が船体側に設けられているだけだ。旋回重量を支えるためのローラー系設備もなく、回すためには全体をジャッキで持ち上げるという、かなり乱暴な方法をとらなければならなかった。

これに対する改善は、かなり初期から考えられてはいたようだが、戦時中のことでもあり、量産が優先して根本的な改良は先送りされている。

まず行なわれた改良は、砲塔構造そのものではなく、その存在が発砲制限となった司令塔の移設だった。そして、それは間違いなく砲の射界を制限しない場所、すなわち砲塔の上に移されたのである。

モニターは、艦そのものが、ほとんどまったく砲を水面上に浮かべて、その能力を発揮するだけのために造られているので、その操縦は砲の指揮と同等か、あるいは砲指揮のほうが優先さえされる。砲塔の真上に司令塔を設けることで、これは理想的な解決を見た。しかし、すべてに有利な改変ということはめったになく、この場合にも旋回部の重量増加というマイナス面が存在している。

重装甲を施した司令塔が高い位置にあるため、全体の重心上昇という負荷もこれに加わる。また操舵の面では、砲塔の旋回によって指揮官の目の向きが変わるため、目標を見失ったり、錯覚を起こす可能性もあった。

『パッサイーク』　一八六二年　三八センチ前装砲一門　二八センチ前装砲一門

左の図は、量産型モニターである『パッサイーク』級の砲塔を示す。内部構造は、『モニ

パッサイークの砲塔断面図

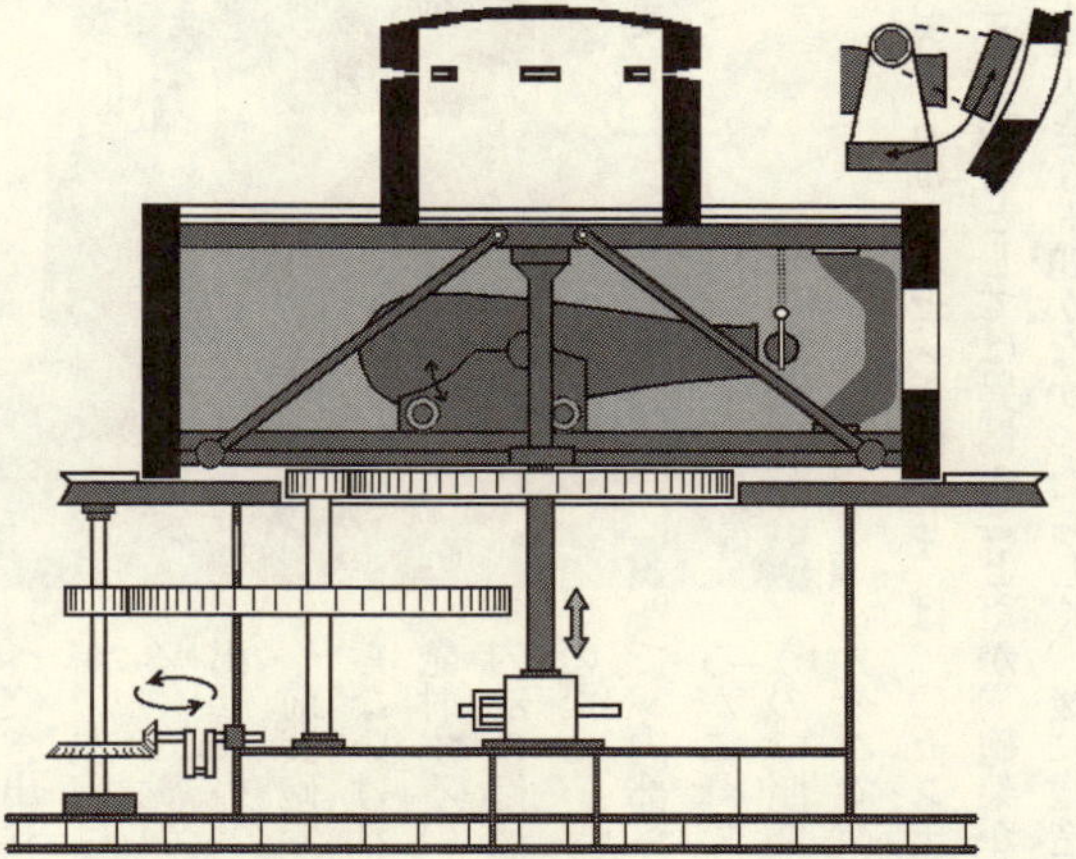

ター』のものとほとんど変わっておらず、相変わらずジャッキで持ち上げなければ旋回できない。

砲眼孔の扉は、『モニター』では涙滴型の板を上に付けたヒンジで吊り下げ、横合いからチェーンで引っ張って持ち上げるものだったが、ここでは図に示すような回転式のものに変わっている。しかし、作業効率上の問題から、あまり閉められることはなかったようだ。

砲は『モニター』の二八センチ（一一インチ）前装砲と同じだが、新開発の三八センチ（一五インチ）前装砲も導入された。このとき、すでに完成していた砲室の砲眼孔を開けなおすことをせず、そのまま大直径の砲を載せている。このため砲眼孔の直径が足らず、三八センチ砲の砲身は砲室の外へ突き出せなかった。写真はこの状態を示しているが、左砲は二八センチではなく、二〇センチ砲である。ご覧のように、三八センチ砲は砲眼孔から突き出せない。

前装砲であるので、装塡作業上は大きな障害にならないけれども、砲身の先端を砲眼孔内側に接して発射するのでは、衝撃波の一部が砲塔内へ跳ね返り、内部の砲員はとんでもないことになってしまう。そのため、三八センチ砲の砲口周辺に鉄製の箱を作って、内部への衝撃波や煙の侵入を防いでいる。ところがこれでは、砲眼孔から外が見えなくなってしまうので照準ができず、実用にならない。

パッサイークの砲塔

そこで初期の艦では、片方だけが三八センチ砲とされ、もう一方は二八センチ砲もしくは二〇センチ砲としておき、こちら側から照準したらしい。これは砲塔としては異例のことだが、砲架が原始的なので可能だったのだろう。

実用上は大きな問題がなかったらしく、後に建造された三砲塔の大型モニター『ロアノーク』では、三砲塔に三種類各二門の砲を、それぞれ左右違う組み合わせで搭載している。第一砲塔には三八センチと二〇センチ、第二砲塔が三八センチと二八センチ、第三砲塔は二八センチと二〇センチの組み合わせである。なお、三八センチ砲は一門あたりおよそ一九トン、二八センチ砲は約七・五トン、二〇センチ砲は三トンの重量がある。

これがどういう意図を持って行なわれたのか、正確なことはわからないが、おそらくは砲によって用途が異なり、それぞれを有効に使う場合には、狭い砲塔に乗員が集中しないほうがやりやすかったのではないかと考えられる。つまり、六門を同時に使用する運用法ではなかったということなのだろう。

『モニター』のものを含め、これらは一般に「モニター型」もしくは「エリクソン式」砲塔と呼ばれている。これらの時期から、一九世紀末のニュー・ネイビーが始動するまで、アメリカ海軍は長く不遇な時代を過ごしている。日清戦争のころ、極東に配備されていたアメリカ海軍の艦艇は、一八六六年（慶応年間！）の建造という一〇〇〇トン余りの外輪船と、木造の汽帆装スループだったのである。

ニュー・ネイビーの建造以降、アメリカ海軍は急速な発展を遂げていく。

装甲艦『テキサス』一八九五年　一二インチ（三〇・五センチ）・マーク1

単装砲塔を砲塔艦『テキサス』が装備した。当初は固定方位装塡だったが、後に改良されて自由方位装塡となっているものの装塡仰角は固定だった。砲は間隔螺旋式の尾栓を備え、横方向への開閉は人力で行なわれた。

次の項の砲塔と大きな違いはなく、おおよそ同じものと考えられる。ただし、改造前の固定位置装填だった状態については資料が見つからない。

『インディアナ』

三〇・五センチ・マーク2　三三センチ（一三インチ）マーク1　マーク2

モニターの『モンテレィ』『ピューリタン』が三〇・五センチ砲を、戦艦の『インディアナ』級が三三センチ砲を装備している。旋回装置は蒸気動力だが、『オレゴン』だけは水圧駆動だった。

俯仰、砲の推進機、ラマーは水圧で動作する。完成時から、装填は自由方位である。最大仰角は一五度、俯角は五度とされる。

オレゴン

アメリカ最初の本格的航洋砲塔艦が装備した砲塔で、一応世界的水準の構造を持っていた。砲身はバンドで砲鞍のスライド側へ固定され、駐退装置を介して砲鞍本体に乗っている。俯仰軸は砲鞍先端にあり、俯仰水圧機は砲鞍を下から支えている。このため発砲反動がモーメントを生み、俯仰機に過大な負荷をかける欠点が

オレゴンの砲塔断面図

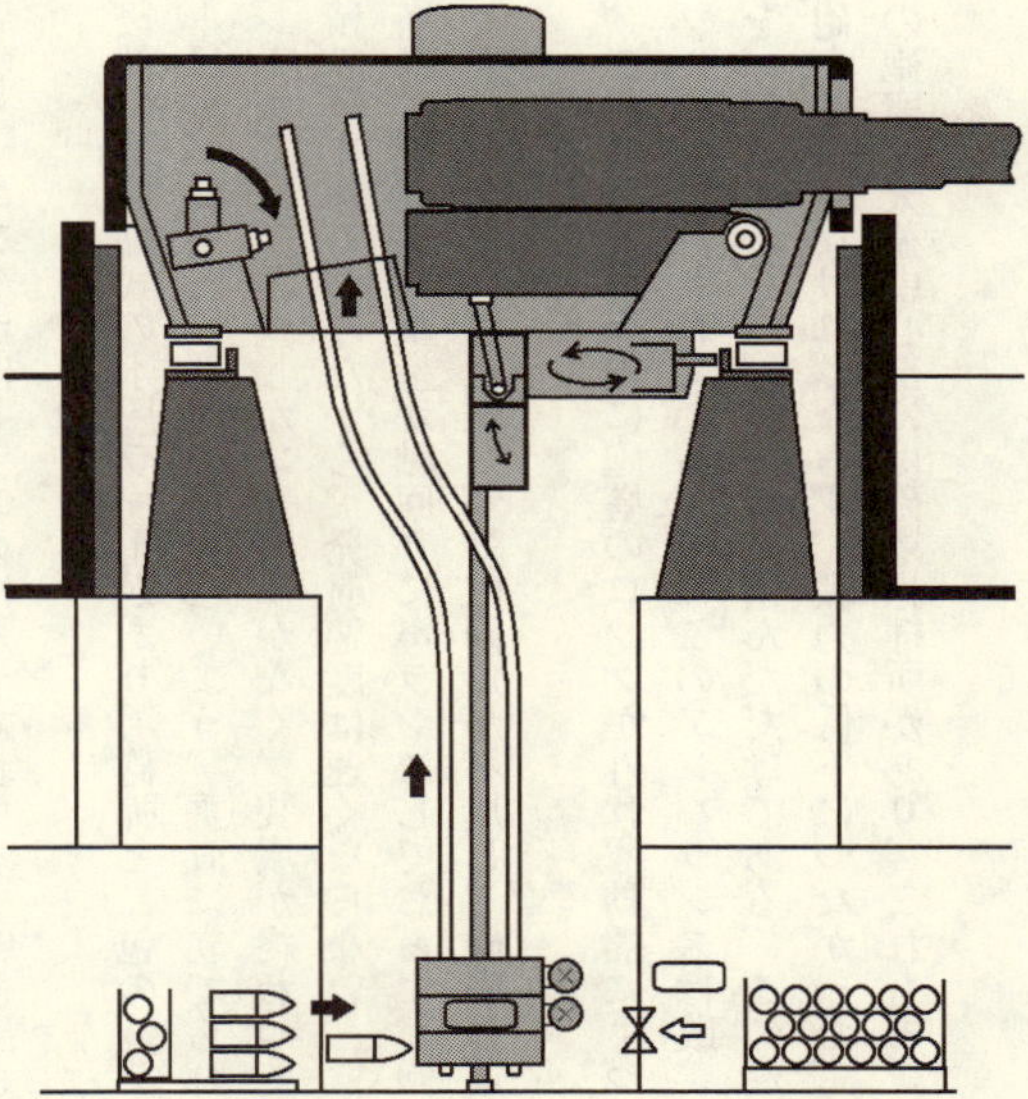

あった。
装填箱は艦底の弾薬庫から、装薬と砲弾を積んで砲尾まで一気に上る。このレールは、旋回中心から砲尾へ、イギリスやドイツ式の直線的な移動ではなく、湾曲したガイドレールに沿わされていた。しかし、これは砲塔下部の直径を抑えながら、砲室内で砲尾をかわすのが目的であり、その最上部ではレールが直線となっていて、装填仰角は一〇度固定である。

レールは砲室と一緒に旋回し、砲塔がどの方角へ向いていても装塡できた。イギリスのものなどと異なり、ゴンドラはトランクに入っておらず、剝き出しでガイドレール上を吊り上げられる。

砲室の後部には伸縮式の水圧ラマーがあり、砲弾と二包の装薬を順次砲尾へと押し込む。このラマーは、不使用時に邪魔にならないよう、垂直に立てられる構造になっている。一組のレールにはひとつしかゴンドラがなく、装塡が終わってから艦底へ降り、次の砲弾と装薬を積み込まれるわけだから、発射速度は速くならない。

この砲塔は、旋回部の重量が軸回りにバランスしておらず、砲を側面へ向けると艦が傾く傾向があった。このため遠距離射撃では仰角が不足し、砲塔の運動そのものにも障害となっている。

『インディアナ』は、荒天中に砲塔のロックが外れ、動揺によって砲塔が勝手に回りだすというトラブルにも見舞われている。後にこのアンバランスは改善されたけれども、単に二八トンの鉛をバラストとして砲室後部に積んだだけである。このために代償重量として一部の六インチ砲を降ろさなければならず、戦力の低下につながった。

円筒形の砲室の天蓋中心部には砲塔指揮所があり、これもモニターのデザインを踏襲している。

三〇・五センチ・マーク3

戦艦『アイオワ』Iowa（BB－4　一八九三年）が装備した。俯仰が人力のみとなっている。砲の推進にはコイルバネが用いられたものの不調で、以前の水圧式にもどされた。ラマーには電動機が採用されている。装塡仰角は三度固定、最大仰角は一四度、俯角は五度である。

モニター『アンフィトライト』の砲塔

一八九五年頃に完成したモニターの砲塔で、進歩した自由仰角装塡装置を組み込んでいる。装備しているのは二五・四センチ（一〇インチ）後装砲である。

乾舷の低いモニターで吃水も浅いために船体に深さがなく、基本的に『インディアナ』と同じ配置を採っているが、窮屈なのはやむを得まい。図の砲塔には甲板上に露出したバーベットがなく、写真にはこれがあるけれども、四隻の同型艦で二隻ずつが、バーベットのある砲塔とない砲塔を装備していた。内部構造の違いについてはわかっていない。

『アンフィトライト』級は、完成こそ一八九〇年代中期であるものの、計画は一八七〇年代、進水は八〇年代であって、異様に建造期間が長い。これは主に予算問題が原因で、議会が首を縦に振らないため、当初は南北戦争時代の古いモニターの修理名目で予算を獲得していた。古い艦から資材を流用したわけではなく、まったくの新造だったので、議会にこのからくりがバレたことから責任が追及され、工事中断も起こっている。この時代のアメリカ海軍予算は悲惨なもので、海軍はまったくの余計者扱いだった。

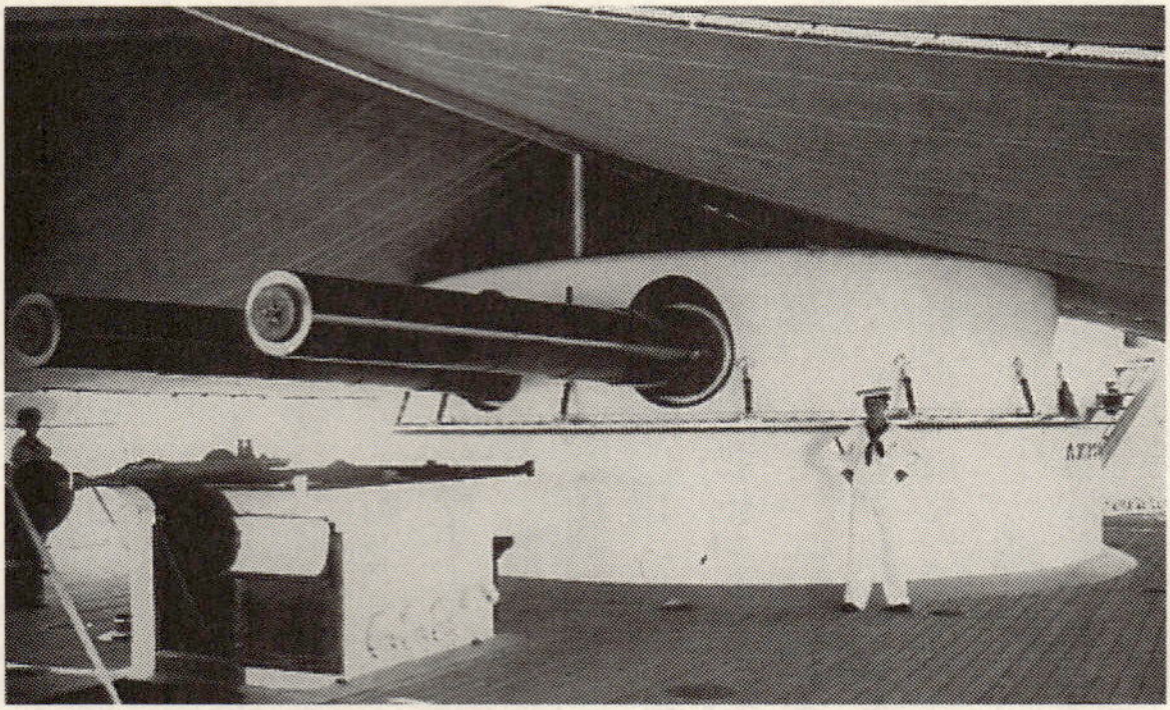

アンフィトライトの砲塔

アンフィトライト級の砲塔断面図

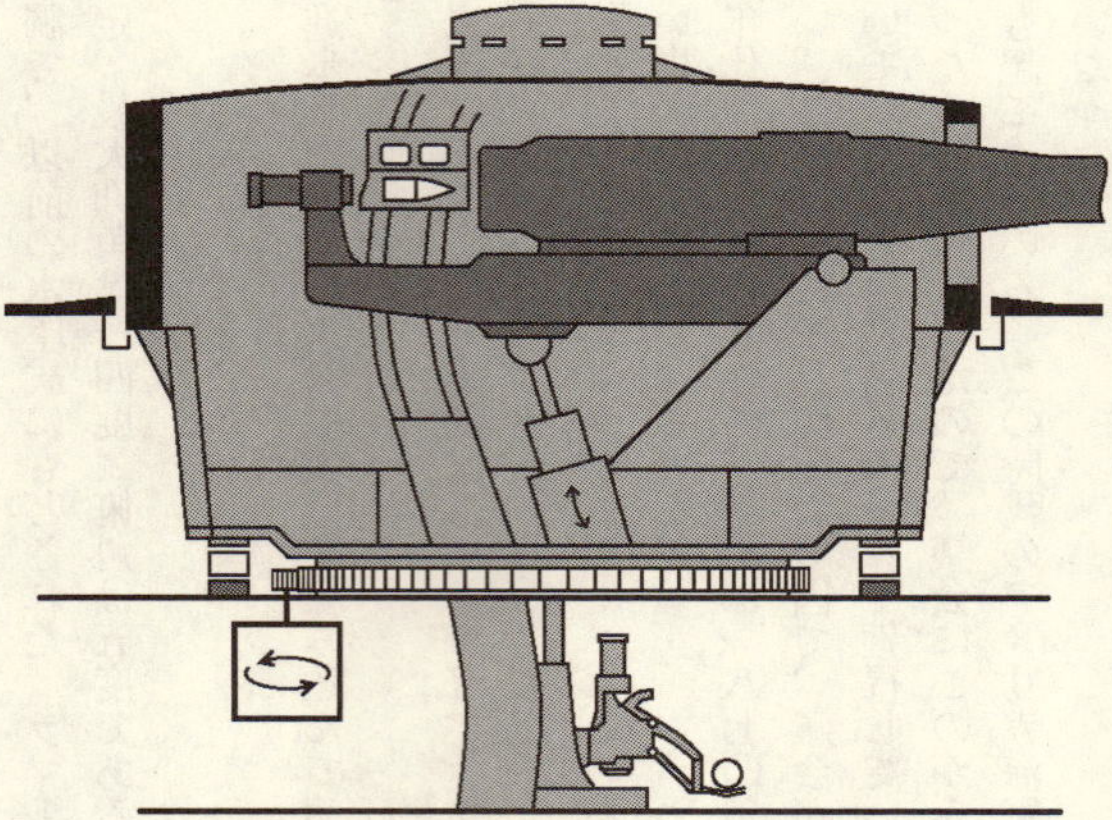

三三センチ・マーク3

戦艦『キアーサージ』級の有名な二重砲塔である。電動機が大幅に導入され、旋回には五〇馬力のモーターが用いられた。俯仰、揚弾、ラマーとも電動となっている。砲の駐退、推進は、特別に考案されたコイルバネ方式である。三三センチ主砲の最大仰角は一五度、俯角は五度だった。

基本的な構想としては、副武装の二〇センチ連装砲塔の射界を広く取り、両舷に指向できるようにすることで、それまで四基積んでいたものを半数の二基とし、なおかつ同等の片舷指向砲数を確保しようとしたものだ。これは主に予算枠から排水量を制限されたことが原因である。

このとき、主砲塔と背負い式に配置することも検討されたが、主砲塔に対する爆風の影響の他にも、艦の長さの問題で制約があり、このような積み重ね方式が採られたらしい。その長所としては、以下のような項目が指摘されている。

一、主砲塔上に装備された副砲塔の射界は広く、両舷のそれが一八〇度に満たないのに対して、二七〇度もの角度に射撃できる。（これは背負い式ではなく、それまでの配置に対する利点）

二、主砲との併用において、相互の爆風による影響が少ない。これは、『インディアナ』級で、主砲の斜め後方、一段高く設けられた二〇センチ砲が主砲塔上をかすめるような

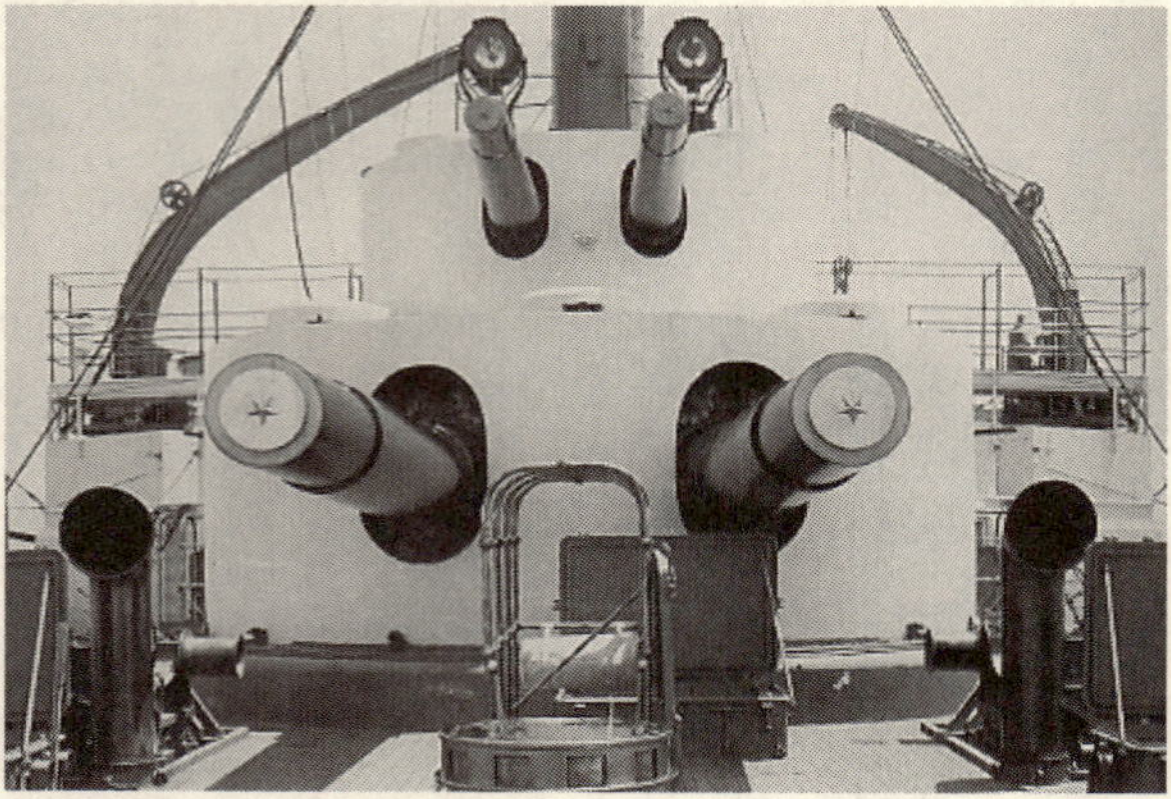
キアーサージの二重砲塔

射撃をした場合、主砲塔への爆風の影響が大きかったために、射撃角度を制限せざるを得なかったことによる。（背負い式の場合は同様の影響がある）
三、砲塔下部の防御装甲が共用されるので、重量が削減できる。
四、砲塔指揮官が一人ですむ。
などである。欠点としては、
一、同時に別な目標を射撃できない。
二、一発の命中弾やひとつの故障で、主副四門が同時に使用不能になる可能性がある。（背負い式でも接近した配置の場合には可能性が残る）
三、砲塔内部が複雑になり、主砲身の交換が容易でない。
四、主砲塔砲室が直接副砲塔の重量を支えなけ

二重砲塔の断面図

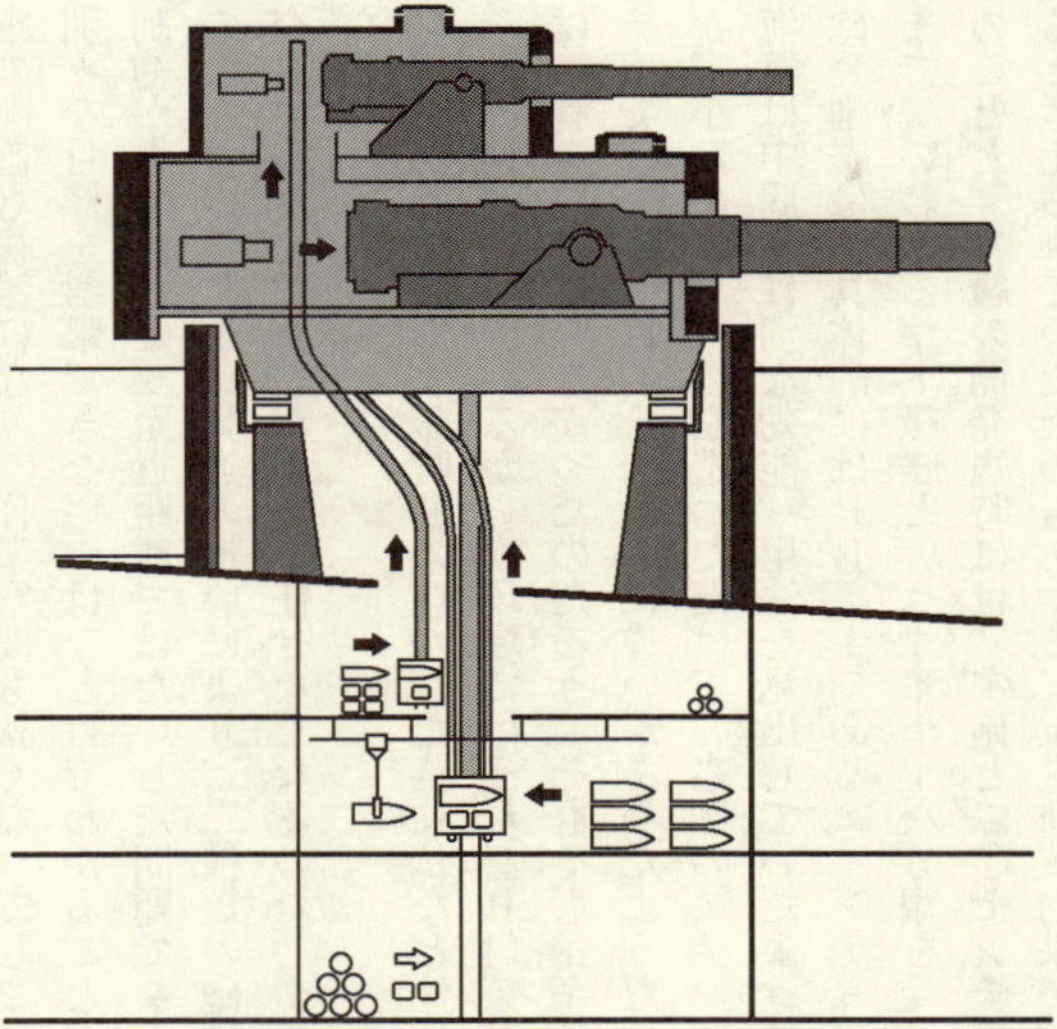

ればならないため、構造や、その支持構造を強化しなければならない。砲塔旋回部の重量は、『アイオワ』の四六三トンから七二八トンに増えている。

などが挙げられている。

実際問題としては、長所とされた爆風問題では、副砲の砲口が主砲の砲眼孔に近いため、この発砲が主砲の作業を妨害することに変わりはなく、軽くなったとはいえ、どの角度でも同じように発生するから、角度によっては影響のなかったそれまでの配置より悪くなったともいえる。砲塔内部ばかりでなく、弾薬庫の配置も複雑になり、作業空間も狭くなってしまった。

また、別々な目標を射撃できないのはひと目でわかることだが、実際には同じ目標を射撃するにも制約が大きかった。至近距離ではたいした問題でなかったものの、距離が大きくなると砲弾の大きさの差による弾道の違いにより、二種類の砲は微妙に着弾位置が変わる。その水柱が交錯するため、修整が思うに任せなくなるのだ。つまり、二隻で射撃しているような状態になるわけである。

もっとも、中間砲を装備する時期の遅かった英独仏など他列強と違い、アメリカでは一五年ほどもその装備が続いているから、現場ではそれなり対策が講じられており、後世言われるほどには不利を感じていなかったのだろう。そもそもイギリスなどの中間砲とアメリカの二〇センチ砲では、装備目的そのものに違いがあったようだ。

他列強が、小数の準ド級艦を造っただけで、当然のステップとしてド級へ進んだのに対し、アメリカ海軍は中間砲に別な効能、用法を見出していたようにも見える。それゆえ、アメリカの中間砲装備艦は、具体的にはBB－1である『インディアナ』からド級直前の『ミシシッピ』級まで、いわゆる準ド級艦というマイナーな分類を受けないことが多い。

これらのことと、本級の開発当時には、主砲と二〇センチ砲とが同じ目標を射撃することは稀であると考えられていたためもあって、重量削減効果が大きいことから、この方式が完全な失敗とは捉えられていなかった。このため、後の計画の『ヴァージニア』級で、リファインされた三重砲塔が復活したのである。

これには、砲術思想、用兵側の意見より、有権者すなわち納税者、つまり予算の金額を見ざるを得ない、政治側からの圧力が大きかったとされる。

また、この砲塔を異口径四連装砲塔と見ることもできなくはない。後に大口径砲の四連装化が研究された折、こうした二階建て砲塔も研究の対象になっている。積み重ねた二門を一体として俯仰させ、同時に装填を行なうなら、それほど難しいことではなく、バーベットも大きくならない。砲室の背が高くなるので背負い式には配置しにくくなるが、前後に並べるなら間隔を広く取ればいいだけである。

『モニター』から『インディアナ』級まで、砲室の平面形はほぼ完全な円であり、いみじくも薬缶と呼ばれたように、ひとまわり大きな直径のバーベットにはめ込まれているように見える。実際には図のように、装甲がわずかに重なり合っているだけだった。（薬缶＝円筒形の錠剤入れ＝pillbox＝円形のトーチカを意味する）

この形は、おそらくモニター時代からの形状を踏襲したものだろうが、避弾径始には好都合であり、理論上、装甲重量に対して最大の床面積を得られる。また、バーベットからはみ出しておらず、バーベット頂部が露出している部分もないので、装甲の配置としては理想的ともいえた。

しかし、実際には使えない面積が発生するし、前盾を傾けるのが難しいために、より厚い装甲鈑を用いなければならなかった。また旋回部の重量バランスを取るにも具合が悪く、バーベット直径が必要以上に大きくなる傾向がある。

これは、『インディアナ』級の次に一隻だけ建造された『アイオワ』の三〇・五センチマーク3砲塔で、若干の改善を施されている。砲室の後部が後方に伸ばされてカウンターウエイトとなり、実用上問題のないバランスとなったのだ。

それでも、これだけでは不十分だったのと、砲架が新型化して重くなったために、『インディアナ』級に比べて砲の装備位置を三五センチほど後退させなければならなかった。これにより、俯仰軸と前盾との距離が大きくなったため、同じ俯仰角範囲に対して砲眼孔を大きくしなければならなくなり、『インディアナ』より面積で三四パーセントほど広くなってしまっている。

『アイオワ』『キアーサージ』級の砲室平面形は、わずかに縦長の楕円形状となって、後部がバーベットの外にオーバーハングしているけれども、写真で見る限りでは認識が難しい程度である。

三三センチ・マーク4　三〇・五センチ・マーク4

内部は三三センチ・マーク3と基本的に同じだが、砲室上に二〇センチ砲を乗せていない。

主砲が三三センチのものは戦艦『アラバマ』級が、三〇・五センチのものは戦艦『メイン』級と、モニターの『アーカンソー』級（後に改名され『オザーク』級となった）に装備されている。やはり電動で、装填仰角は二度固定。最大仰角は一五度、俯角は五度である。三〇・五センチのものには予備装填装置があり、こちらは仰角〇度で用いられる。

この砲塔からは、曲面加工の難しいクルップ装甲鈑の採用とあいまって、砲室形状が若干変化した。楕円筒形状の砲塔正面部分を斜めにそぎ落とし、ここに平らな前盾を傾けて取り付けた形である。平面形は、砲室下端では楕円、天蓋部では馬蹄形となっている。しかし、実際にはクルップ装甲鈑製造のための技術導入が間に合わず、このクラスでは、その使用部位がまちまちになってしまった。

アラバマ級イリノイ

次の『メイン』級では、主砲が新式装薬の三〇・五センチ四〇口径砲となり、砲身が長くなっている。砲身そのものの重量バランスが砲口寄りになったため、砲塔旋回部のバランスにも影響が出ている。

この砲塔から、前ド級戦艦時代最終期までの砲塔については、図面資料が入手できていない。とりあえず写真と文章だ

ヴァージニア級の二重砲塔

けになるが、次の形式へ進もう。

三〇・五センチ・マーク5

戦艦『ヴァージニア』級が装備した二重砲塔。三〇・五センチ砲の最大仰角は二〇度。俯角は七度とされた。装填は〇度固定である。自動化された電動装填装置は、九〇秒おきの発砲を可能にしている。砲の駐退、推進は、コイルバネ方式である。

外形はリファインされているが、種々の欠点は『キアーサージ』級とあまり変わっていない。砲身が長くなった分、副砲の発砲が主砲に与える影響は軽減されている。

三〇・五センチ・マーク6

『コネチカット』『ヴァーモント』『ミシシッピ』の戦艦各級が装備している。『ニュー・ハンプシャー』のみは、マーク7を装備していたらしい。マーク5とほぼ同じだけれども、揚弾装置がホイストではなく、エンドレスのチェーン駆動となっている。

この頃までのアメリカ砲塔は、艦底の給弾薬室から砲室まで、揚弾はひとつのリフトで一気に行なわれ、換装室を持たない。また、砲室にも完全な床がないので、艦橋のウイングに立っていて自分のいる側へ向いた主砲塔の砲眼孔を覗いた士官が、その砲眼孔があまりにも大きいため、砲身の脇を透かして、砲塔直下の給薬室が見えたことに仰天したという逸話もある。もし、ここへ火の着いた何かが飛び込めば、艦は一瞬で吹き飛ぶに違いないと、彼は考えた。そして、違った原因ではあるけれども、これは危うく現実になるところだったのである。

コルダイト系の無煙火薬の導入により、砲身を長くすることができたものの、このことは訓練などで急速な次発装塡を行なおうとしたとき、砲身内に残っていた高温ガスが、砲尾から砲室内へ逆流する現象を発生させることがある。フレア・バックと呼ばれ、これが準備装薬に点火してしまう事故が起きたのだ。

一九〇四年四月十三日、戦艦『ミズーリ』の後部砲塔で訓練中にフレア・バックが起こり、装塡位置に剥き出しで置かれていた装薬に引火、一六〇キログラムほどが爆燃した。炎は開放構造の砲塔内部を駆け下り、砲塔下部にあったおよそ三二〇キログラムの装薬もが誘爆した。

幸いそれ以上の誘爆は起きず、最悪の事態はまぬかれたが、この事故により、砲室内の一八人、給薬室の一二人が死亡している。これを教訓として、砲塔には上下を分割する防炎扉が取り付けられ、尾栓開放前に砲身内へ高圧空気を噴射する噴気装置が採用された。一九〇五年には『キアーサージ』でも同様の事故があったという。

一九〇七年七月十五日、戦艦『ジョージア』の後部主砲塔上の二〇センチ砲塔でフレア・バックが起こり、装填準備位置にあった二包の装薬が爆燃した。これによって二一名が大火傷を負い、うち一〇名が死亡した。このときには、砲室内に左右を分割する隔壁が設けられている。

『サウス・カロライナ』級 一九一〇年 三〇・五センチ四五口径砲連装・マーク7

前述の『ニュー・ハンプシャー』、ド級戦艦『サウス・カロライナ』級、『デラウエア』級が装備した。図は、砲室の形状などに写真と食い違う点があり、いささか疑問なのだが、一九〇六年にイギリスで発行された「外国海軍装備ハンドブック」に記載されているという図を基にしている。

駆動には主として電動機が用いられ、旋回は二五馬力のモーター二基、俯仰は一五馬力のモーターによって行なわれる。図では旋回装置が半端な位置にあるように見えるが、これは砲室の両側面に各一基あって、連動してリングサポート内側のラックに噛み合ったピニオンを駆動するものである。

砲の最大仰角は一五度、俯角は五度である。装填はこの範囲のどの仰角でも可能となり、チェーン・ラマーは砲鞍に取り付けられている。図では装填位置の装填箱を囲むように腕が延ばされているが、上の腕はチェーン・ラマーの素子を収容していて、装填箱をかわすよう

サウス・カロライナの砲塔断面図

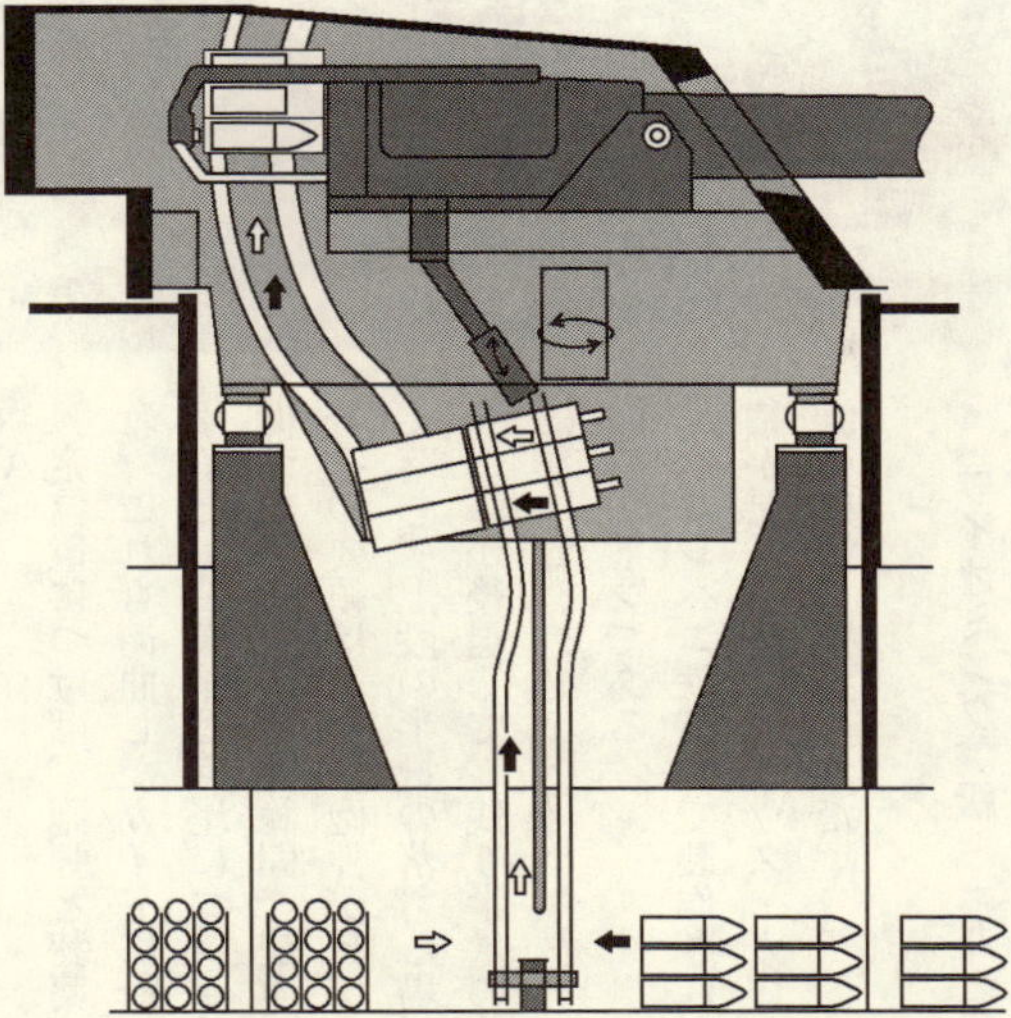

に真上より三〇度ほど外れた位置に延ばされている。下側の腕はこれの位置を支えるための支腕で、一二〇度ほどの角度を持った位置に取り付けられていた。

アメリカ戦艦としてはこの砲塔で初めて、砲室直下に換装室を持つようになり、揚弾機を上下に分けている。一発分の砲弾と装薬を積んだ下部ゴンドラは、砲塔中心線付近を垂直に持ち上げられるが、最上部でガイドレールはわずかに湾曲し、上部揚弾機の装填箱と正対するように位置と角度を整える。ゴンドラは三階建て

デラウエア級戦艦の後部砲塔群

になっていて、上二段に装薬を半量ずつ、最下段に砲弾を積んでいる。

定位置につけば、砲弾と装薬はラマーによって装填箱に移され、これも湾曲したガイドに沿って上昇する。装填位置に到達すると、装填箱は砲尾にロックされる。ラマーが砲と一緒に俯仰するので、全俯仰範囲で装填可能だった。

その要領は、まず砲弾が装填され、ついで装薬半量がトレーに落ち、上段の半量の落ちる場所を空ける位置まで押し出され、ラマーが後退して、残り半量の装薬が装填トレーに落ちるようになっていた。『サウス・カロライナ』級での旋回部重量は、四三七トンである。

ベスレヘム鉄工所で製作された『デラウエア』級のものは成績が悪く、後に『サウス・カロライナ』級と同じワシントン工廠製に置き換えられた。

『ワイオミング』級　一九一二年　三〇・五センチ五〇口径砲連装

アメリカの三〇・五センチ砲を装備した最後の戦艦『ワイオ

ワイオミング級の砲塔断面図

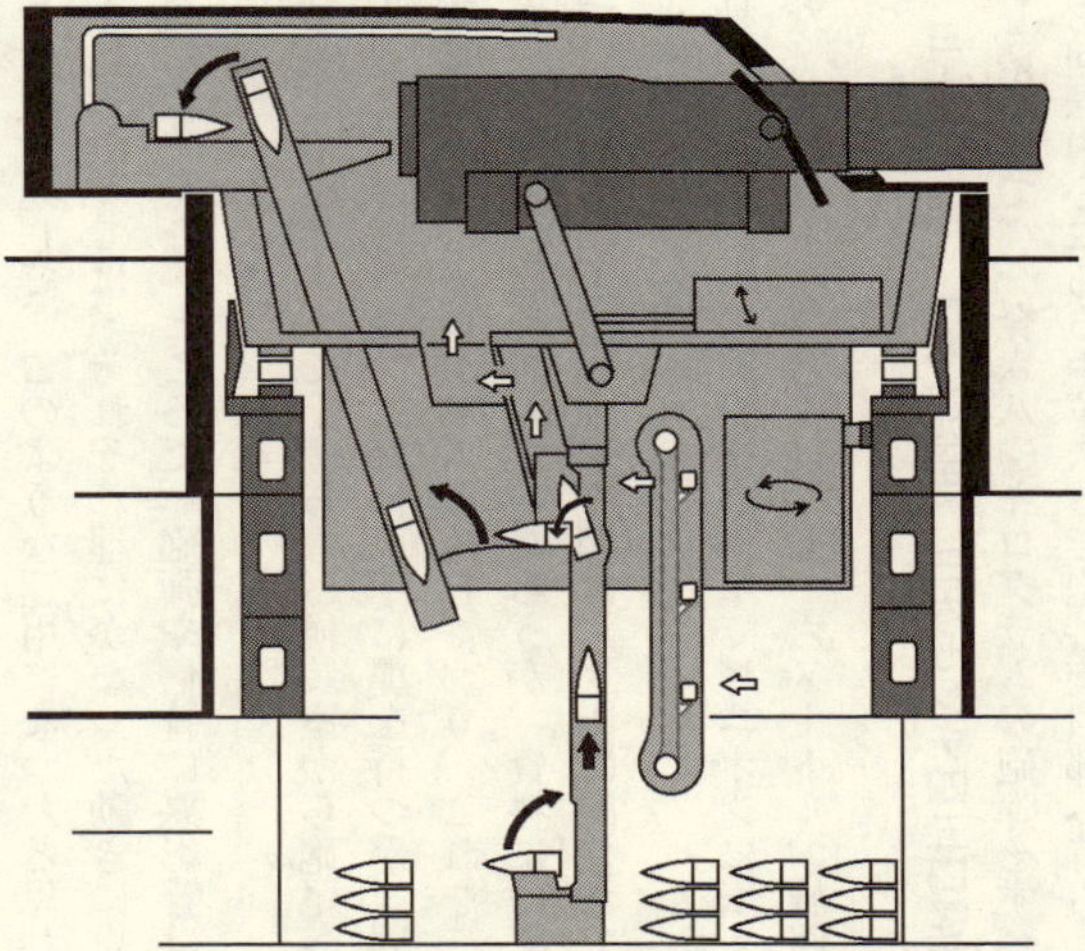

ミング』級に、一艦六基が搭載された。砲塔は二基ずつ背負い式に配置され、わが『伊勢』型に類似した装備法であるが、当初は後部砲塔群の間に構造物がなく、四基の砲塔だけが並んでいるように見える。この砲塔は、一風変わった内部構造をしていた。

図でおわかりのように、砲弾は、まるでアクロバットであるかの如く、くるくる回りながら砲塔内を上っていく。これは揚弾筒の直径を抑える目的で、砲弾を立てた状態で押し上げようとしたためだろう。途中の乗り換え部分では、垂直に立った、もしくは倒立した状態では安定が悪くて扱いにくいため、倒しては起こす繰り返しで、このような運用になったと思われる。

部分部分を見る限りでは、それぞれ理にかなった動きに思えるけれども、全体として見れば奇妙な印象はぬぐえないところだ。砲弾や信管に悪影響はなかったのだろうか。砲弾重量は三九五キログラムあった。

装薬は換装室までホイストで上げられ、換装室から砲尾へは、装薬通過箱と呼ばれる小部屋を介し、人力で上げられた。これは上下に扉を持つが、同時に両方は開かないようになっている。装薬量は一六〇キログラムに達しており、これを二包で扱うには無理があるので、おそらく三ないし四包になっていたのだろうが、資料には記述がない。装塡ラマーはチェーン・ラマーで、多数の素子を収容する鞘は、上側に出されて天井伝いに延ばされており、固定仰角（〇度）での装塡になる。

俯仰は電動で、モーターの回転を傘歯車でピニオンに伝え、砲身の下側に連結されたラックを駆動した。ローラーパスの直径は七・六メートル、旋回部重量は四七一トンである。

『ニュー・ヨーク』級　一九一四年　三六センチ四五口径砲連装

これも珍しい砲塔で、一発六八〇キログラムの砲弾をすべて倒立姿勢で搭載している。艦底の弾庫から回転中心にあるホイストで砲塔旋回部へ持ち上げられた砲弾は、倒立姿勢のまま即応弾庫に保管され、順次上部揚弾筒に移されて、やや斜めに砲尾まで持ち上げられる。

ニューヨーク級の砲塔断面図

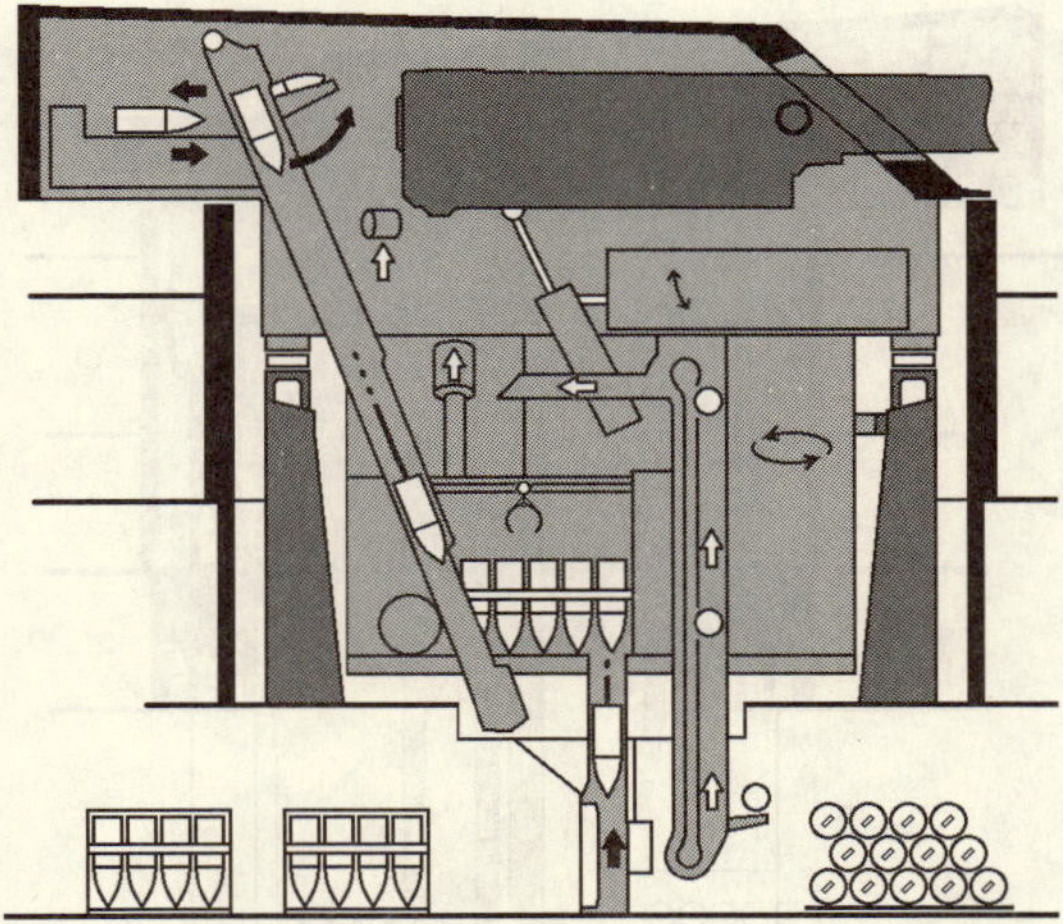

ここで先端を砲身側へ持ち上げて約九〇度角度を変え、後方の装填機に移される。ここでの姿勢はほぼ水平である。

砲側の準備が整うと、装填機の延長トレー上を進んだ砲弾は、薬室へと送り込まれる。チェーン・ラマーの素子は、天井側から装填機下へ移されたようで、それらしい構造は見られない。

装薬はエンドレス・チェーンのリフトで換装室へ上げられ、さらに短いリフトで上層の砲室内へ送り込まれる。ここから砲尾までは人力のようだ。

俯仰機の要領は前型と同様で、旋回機も同様と思われる。いずれも電動らしい。

テネシー級の砲塔断面図

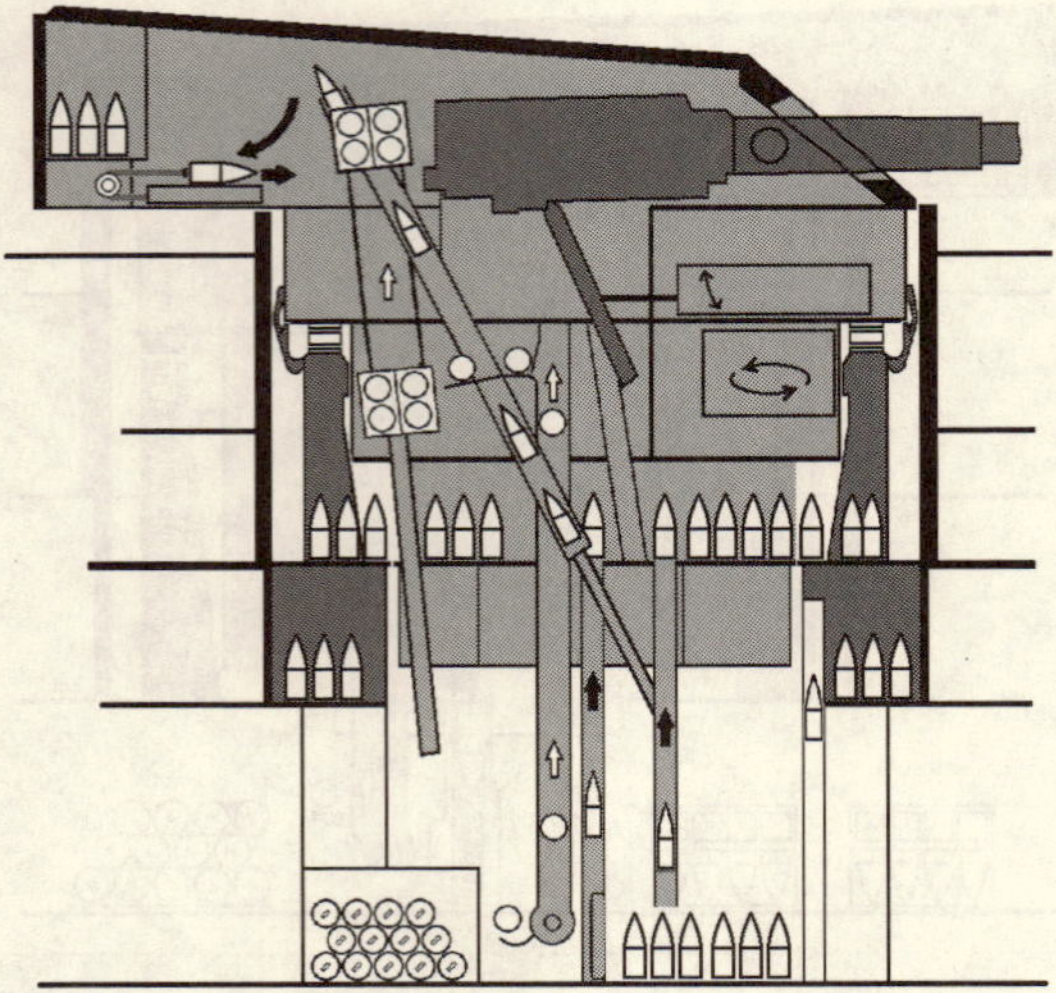

『テネシー』級　一九二〇年　三六センチ五〇口径砲三連装

アメリカ戦艦の三六センチ砲装備最終型である。砲弾はすべて正立姿勢となり、かなりの数がバーベット内の旋回部と固定部に保管されている。砲弾はやや傾けられてリフトへ入れられ、砲尾へ持ち上げたのち一二〇度ほども回転させて、ほぼ水平な装填姿勢になる。

装薬は『ニュー・ヨーク』級と同様、エンドレス・チェーンによるリフトで換装室へ送られるが、ここで専用の装填箱に入れられ、機力で一発分ずつ砲尾へ持ち上げられるようになった。三連装砲塔なので、合計六本のリフトが換装室から砲尾へ通じており、さらに予備の揚弾ルートも確保されているので、やや錯綜した状態になっているが、図面で見るから重なって混雑しているように見えるだけで、現物を扱う側では目の前の機械だけの問題だから、それほどややこしいものではない。もっとも、被害や故障を修理しようと思えば、どれがどこへつながっているのかは、かなりわかりにくいだろう。俯仰機、旋回機に大きな違いはないようだ。

『メリーランド』級　一九二一年　四〇・六センチ四五口径砲連装

『コロラド』級とも呼ばれる。船体の基本は『テネシー』級に近く、その三六センチ三連装砲塔を四〇・六センチ連装砲塔に乗せ替えただけに近い。防御はほぼそのままで、大きさもほとんど変わりがなかった。

砲塔内にも大きな変更はないが、四包だった装薬は六包に増え、上部揚薬機が大きくなっている。『テネシー』級では、リフトを押し上げる水圧ピストン棒が長く、砲室下部に大きく出っ張っていたのだが、本級では方式が変わり、すっきりと整理された形になった。

俯仰機、旋回機にも大きな変化はなく、最大仰角は三〇度である。このときの射程は三二キロメートルに達した。

アメリカ戦艦も、この段階でワシントン軍縮条約の規制を受け、以後の発展は停止される。

メリーランド級の砲塔断面図

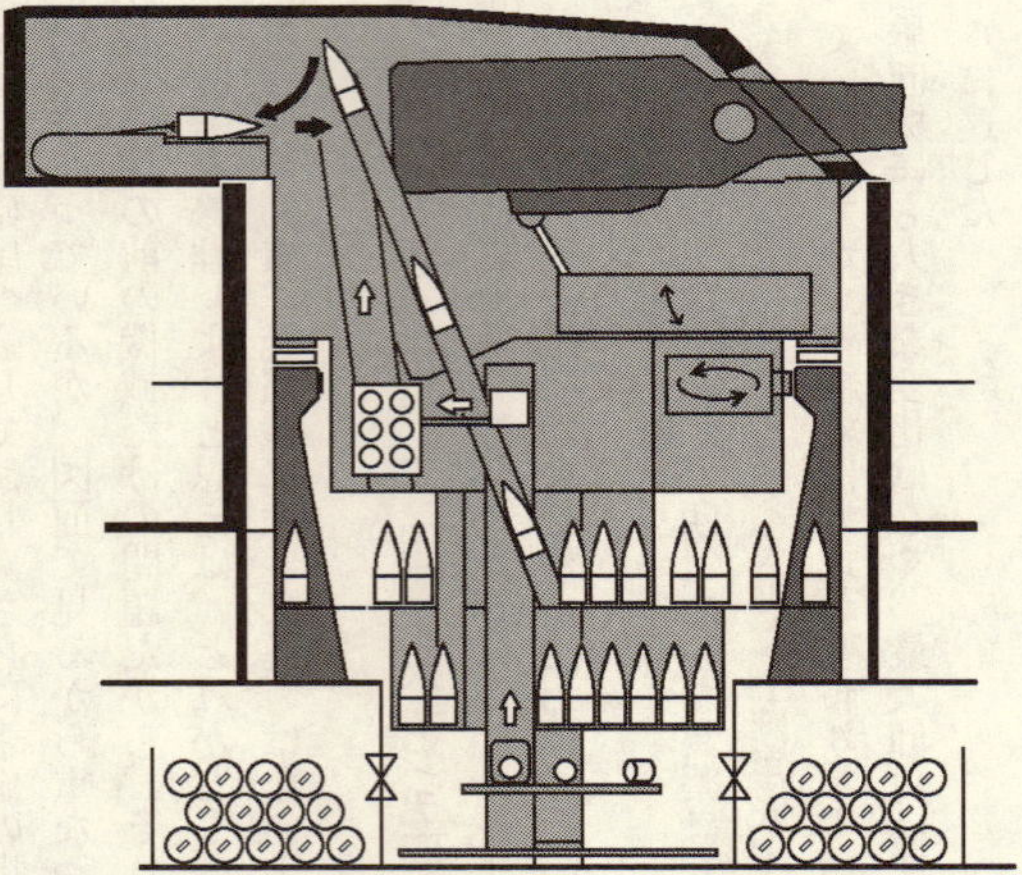

本来『メリーランド』一隻しか残らないはずだった同型艦は、日本海軍の『陸奥』を存続させる代償として建造が許可され、一九二三年に『コロラド』と『ウェスト・ヴァージニア』が完成した。

大型の巡洋戦艦だった『レキシントン』と『サラトガ』も建造が中止され、船体を利用して航空母艦に改造されている。このあたりの事情は日本の『赤城』『加賀』と同様である。『レキシントン』の主砲塔については、まだまったく存在していなかったようで、その後については情報がない。その四〇・六センチ連装砲塔は、戦艦『メリーランド』級よりだいぶん軽装甲で、砲弾も軽く、初速が速かったらしいと伝えられているけれども、実際に建造された場合、砲弾については『メリーランド』級に揃えられた可能性もある。その内部構造については、まったくわからない。

第六章　その他各国海軍の砲塔

フランス

フランスの装甲艦は、まず沿岸用の低乾舷砲塔艦と、航洋性の高い露砲塔艦から始まった。これらについてはすでに述べたので、前ド級戦艦と評価される一八九八年完成の戦艦『ブーヴェ』から見ていこう。

フランス式砲塔は、かなり独自の進化を続けており、特徴のある砲塔と船体によって独特の外観が形成されている。単装砲塔を艦首尾中心線上と両舷中央部に置き、かなりの範囲に三門が指向できるのだが、四門を向けられる方角はない。菱形配置と呼ばれるこの手法では、両舷砲塔の射界を確保するためには、重心の上昇を忍んで砲塔を上甲板の高さに上げるか、低く配置する代わりに射界を制限する船体上部を内側へ引っ込める必要があり、この時代のフランスでは後者が選択された。この形状はタンブルホームと呼ばれる。


『ブーヴェ』一八九八年 三〇・五センチ四五口径砲単装
図は艦首の単装砲塔を示している。大きな丸みを持った船体は、当時のフランス艦の特徴である。目的は船体の上部重量の削減と前述の射界確保だが、ここでは主題から離れてしまうので、これ以上は立ち入らない。図の舷側に薄いグレーで描かれているのが、中央部の二七センチ砲を装備した舷側砲塔の位置になる。

非常にコンパクトな砲塔で、標的面積という点では評価が高い。その反面、極限まで砲室の床面積を削減したための欠点も指摘されている。

まず、砲塔全体の重心が旋回中心と一致していないことがあげられる。これはただでさえ床面積が小さいため重心を調節する方法が乏しいのに、砲身の大半を砲室の外へ出したので、砲身そのものも俯仰軸が重心から離れた装備位置になっているため、そもそもバランスさせようがないのである。

これは、俯仰軸から後方の砲身を短くすることによって、仰角を大きく取った時の砲尾の沈み込む空間を小さくし、それだけ砲塔内部も小さくしようと考えられたことによる。これによって砲室は小さくなり、全体として軽くなっている。しかしながら、同じ目的で俯仰軸を高い位置に上げたので、砲塔の側面積はいくらか大きくなってしまった。

砲塔の重心が旋回部中心上にないので、砲を側方へ向けると船体を傾けようとする力が発

ブーヴェの砲塔断面図

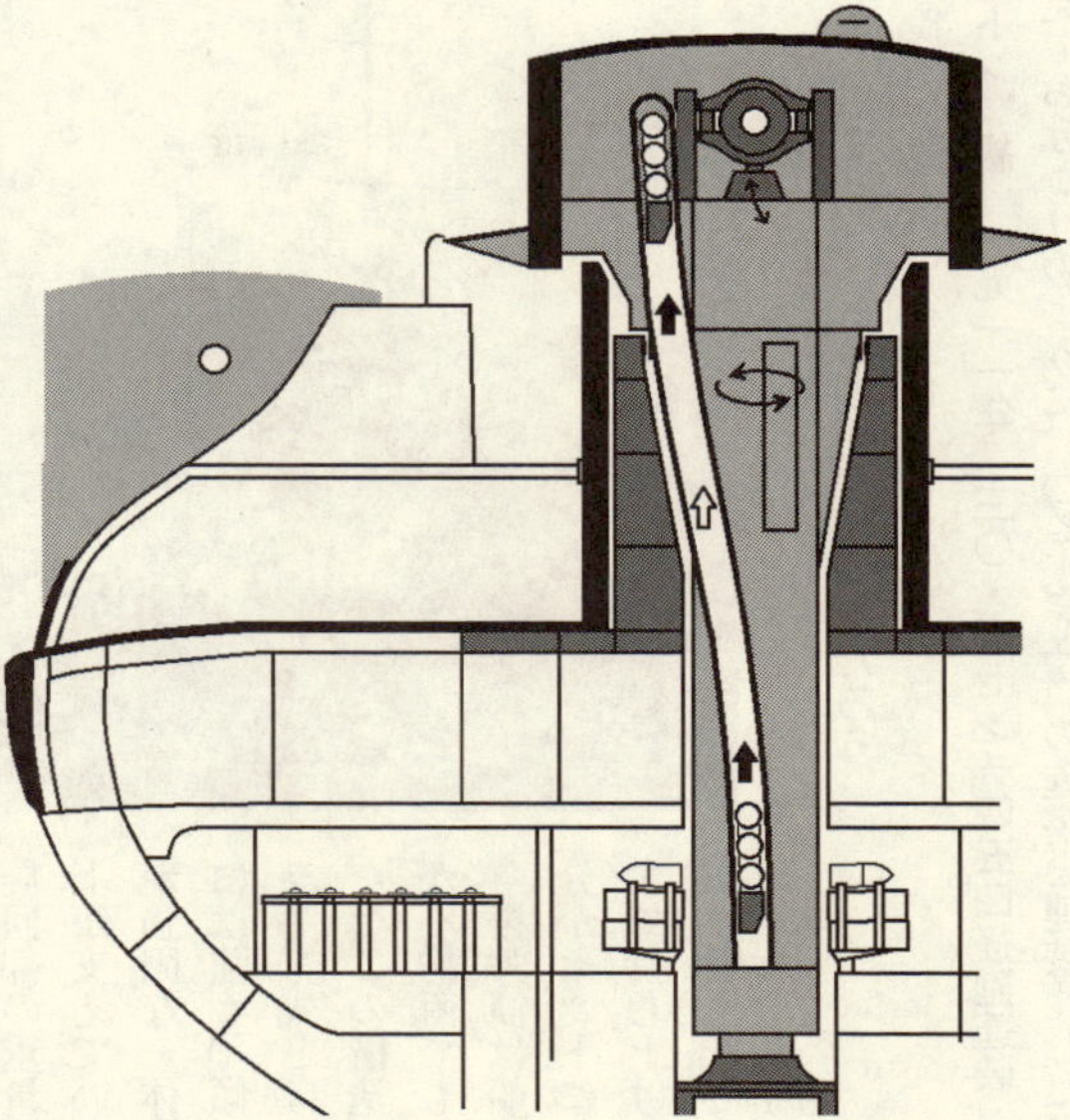

生する。しかし本艦には一万二二〇〇トンの重量があり、たかだか数百トンほどの重量がいくらかずれた程度では、たいした影響はなかっただろう。

図を見ていただくと、薄いグレーで着色された旋回部分が、濃いグレーの固定部分の中にロート状に組み込まれているのがわかる。固定部分の最上部にあるローラーは、垂直に近い軸を持っていて旋回部の傾きを抑えてはいるのだが、大重量を支えるローラーではない。この砲塔では、旋回部の重量はその最下部にあるピボットが支えていて、旋回部は上から下までが強固な一体構造なのだ。このため傾きには強く、傾斜に敏感なイギリスのローラー方式とは根本的に特性が異なっていた。この構造ゆえ、砲室の重量バランスが不均衡でも問題が起きないのである。

揚弾筒は船体下部の弾薬庫から、一発分がセットになったゴンドラで砲の右脇まで持ち上げられ、砲弾と装薬だけが後方へ押し出される。ゴンドラは一〇メートル以上の高さを一気に上らなければならないから、どうしても時間がかかっただろう。

ブーヴェ

『ダントン』級　一九一一年　三〇・五センチ四五口径砲連装

図を見てお分かりのように、『ブーヴェ』の砲塔を連装化しただけともいえる。弾薬のリフトは二本になり、砲の外側へ上がってきて、弾薬は後方へ押し出される。砲室直下の垂直

ダントンの砲塔断面図

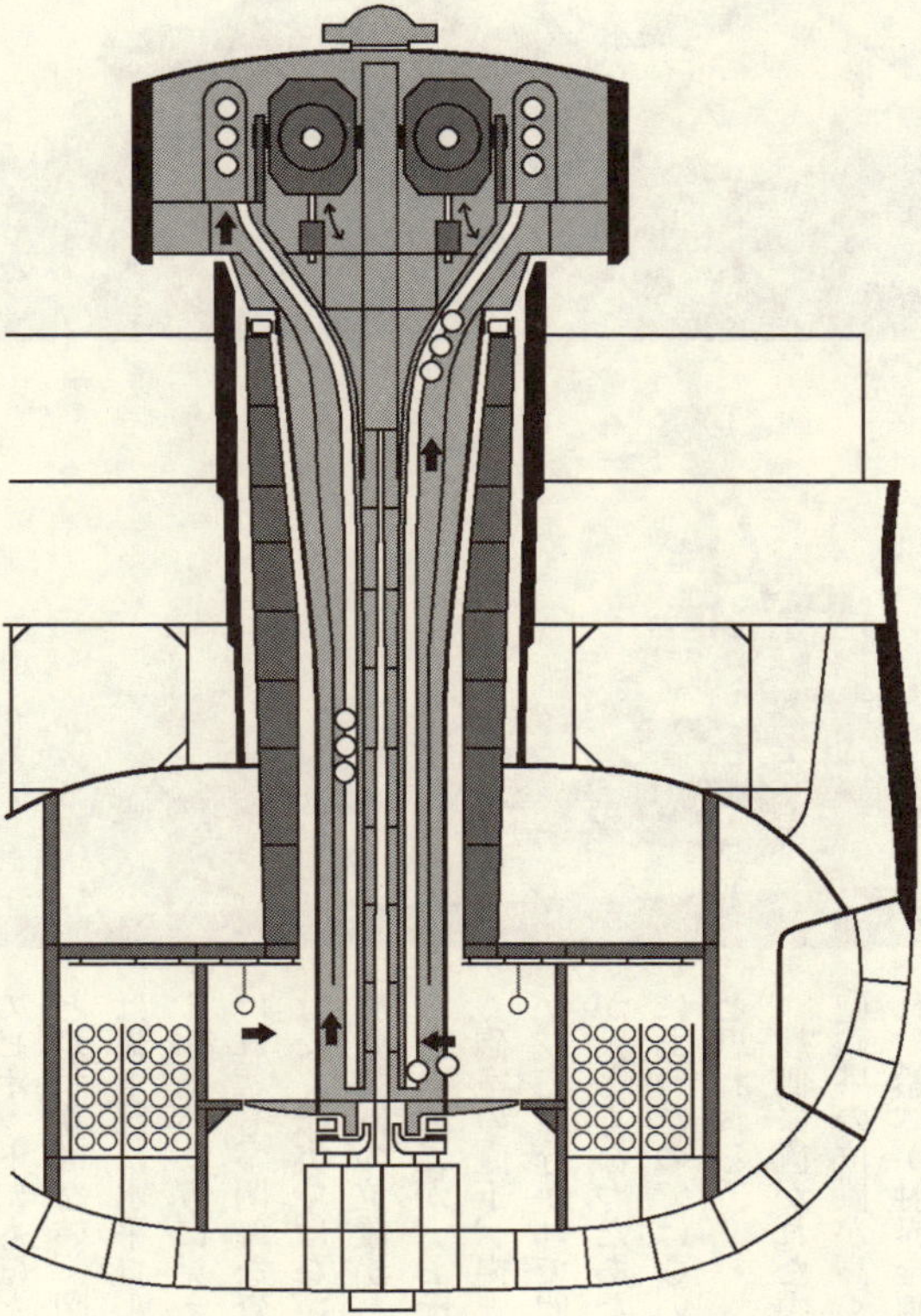

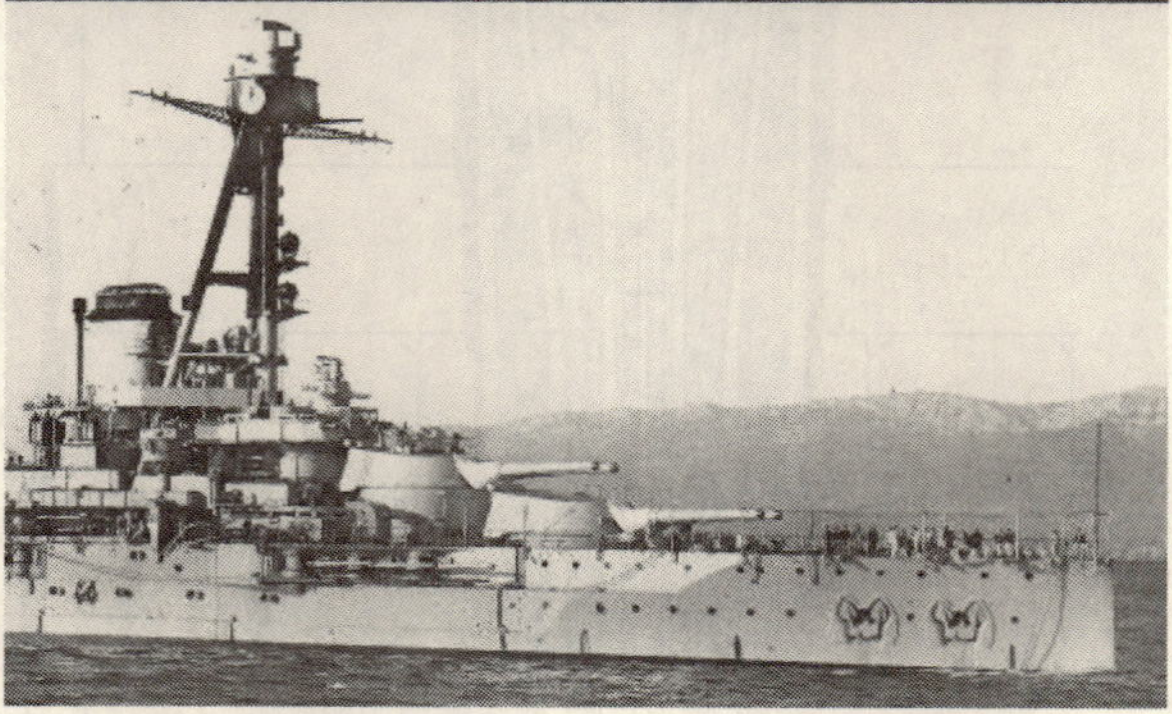

（上）ダントンの主砲塔、（下）クールベの艦首砲塔群

ローラー、砲塔最下部のピボットにもほとんど変わりはない。図では最下部に水平ローラーがあるように見えるけれども、明確な資料はなく確実ではない。旋回装置の位置がわからないのだが、おそらく砲室の直下、揚弾筒が左右に分かれて間隔が大きくなったあたりにあったのではないかと思われる。

舷側に置かれた中間砲砲塔の位置が高くされ、船体が射界を制限しなくなったので、タンブルホームはほとんどなくなった。このことからも、大きなタンブルホームの主目的は砲の射界確保で、上部重量の削減は副次的なものだったことがわかる。

この次の戦艦はド級艦『クールベ』級で、砲塔はほぼイギリス式のそれになった。砲がさらに大口径、長砲身化すると、フランス式砲塔での運用には無理があり、イギリス式の砲塔構造が導入されたようだ。『ダントン』と『クールベ』の間にある雰囲気の違いは、同じ国で数年しか離れていないものとは思えないほどである。

それでも、外見は似ていてもこの砲塔には、重量を支える水平ローラーとは別に、傾斜時にも動作を確保するための垂直ローラーが組み込まれており、古い様式を一部残してはいる。

イタリア

『カイオ・デュイリオ』級　一九一五年　三〇・五センチ四六口径砲連装　三連装
ほぼイギリス式の砲塔に準じる。下部揚弾筒下端にある砲弾の投入口が、転がしこむ形ではなく、傾斜を利用した縦方向への移動で投入する方式になっている。どちらが有利というような差ではなさそうだが、三連装砲塔では横から転がしこむ方法に無理があるので、方式を揃えているのだろう。砲弾を載せたゴンドラは、装薬のゴンドラを拾って、一緒に換装室まで上昇する。
ここで双方は上部揚弾筒の装填箱に移され、湾曲したガイドを伝って砲尾へ上昇する。装

カイオ・デュイリオの砲塔断面図

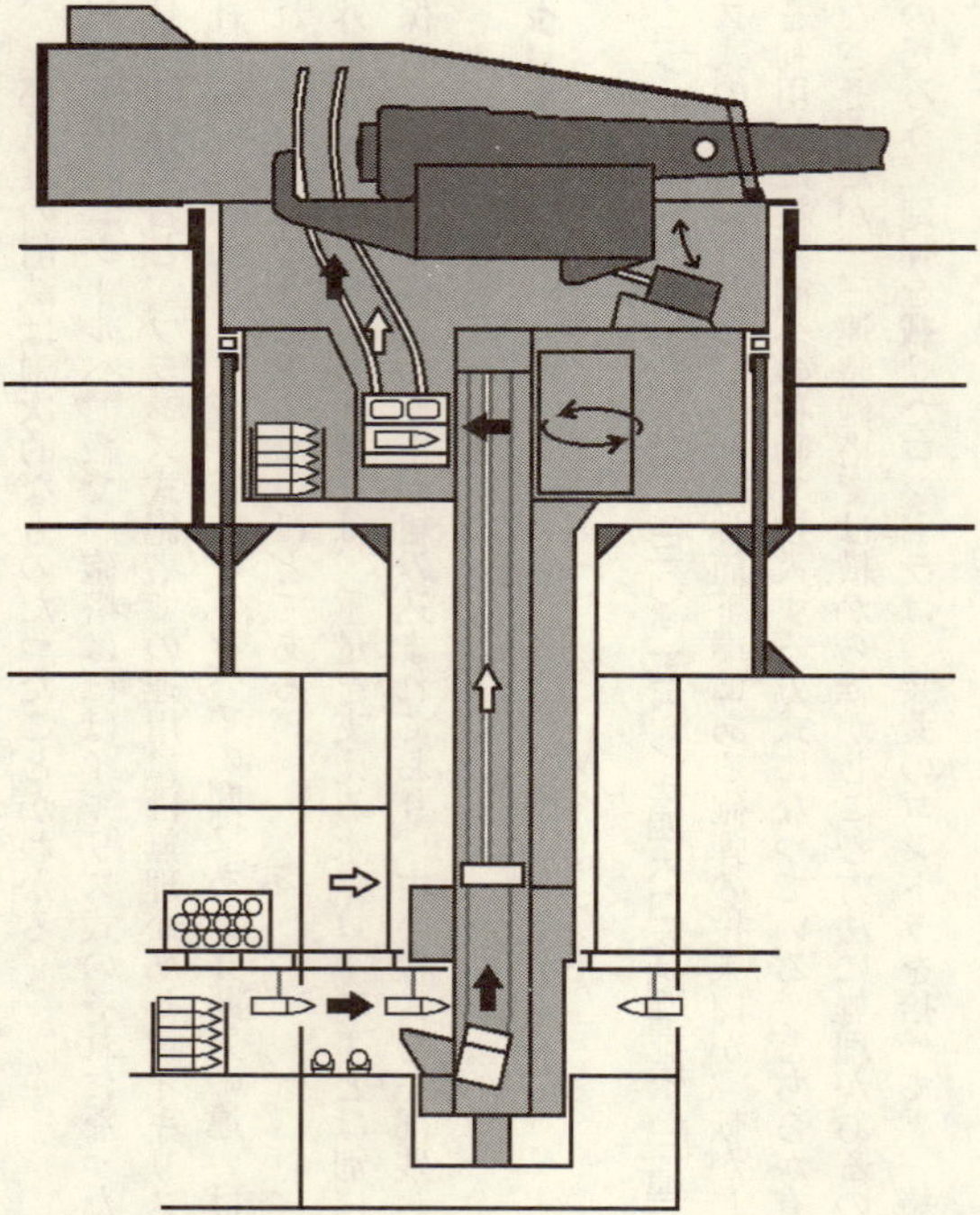

塡仰角は自由で、二〇度からマイナス五度の全俯仰範囲での装塡ができた。

この艦は軍縮条約下に近代化改装され、主砲口径は三二センチに拡大されている。このため砲弾も大型化し、砲室の寸法が足らなくなったため自由仰角装塡は諦められ、一二度の固定仰角での装塡となった。俯仰範囲は二七度からマイナス五度までに拡大されている。装薬量も増して、人力操作のため四包に分けられたから、揚弾機のゴンドラも三階建てとなり、上二層に装薬、最下層に砲弾が積まれた。

いずれにも連装砲塔と三連装砲塔があるのだが、内部についてはあまり大きな差がなかったようだ。単に装塡経路が二組か三組かというだけに近い。

ロシア・ソビエト

『ボロディノ』級　一九〇四年　三〇・五センチ四〇口径砲連装
日露戦争当時の最新鋭戦艦で、同型艦五隻中四隻がバルチック艦隊の主力として日本海海戦に参加、三隻が撃沈され、一隻が降伏、捕獲された。砲塔の外見はフランス式で、弾薬庫で砲弾と装薬二包を積んだゴンドラが曲がりくねったガイドレールに沿って砲尾まで押し上げられる。
原型となったフランス製の『ツェサレヴィチ』の砲塔は、フランスの章で解説した『ダントン』のものとほとんど同じようで、砲弾と装薬は砲身の側面へ上がってくるのだが、本砲塔では砲尾へ向かっている。

　砲室の直下には旋回部を支えるローラー・パスがあり、これを持たないフランス式砲塔とは大きく異なっている。その一層下には、だるま型の奇妙な器具が旋回部と固定部の境に設置されている。この器具はこの時代のロシア砲塔に特有のもので、何を目的にしたものか判然としない。考えられるのは電力の供給ラインだが、当時こうした方法での電力供給が行なわれていたという確証はない。

　定位置まで上昇した装填箱は、まず砲弾を砲尾に押し込み、続いてわずかに下降しつつ、二包の装薬を装填する。曲線を描くガイドレールに沿って、砲軸線と一致するように各要素が少しずつ角度を変えているのだが、固定仰角装填ならばこのようなギミックは必要なく、直線レールで済むのだから、もしかすると当初は自由仰角装填を目論んでいたのかもしれない。

オリョールの艦首砲塔

　この揚弾機のガイドレールを直線に描いている資料もあり、同型艦でも形式が異なってい

ボロディノ級の砲塔断面図

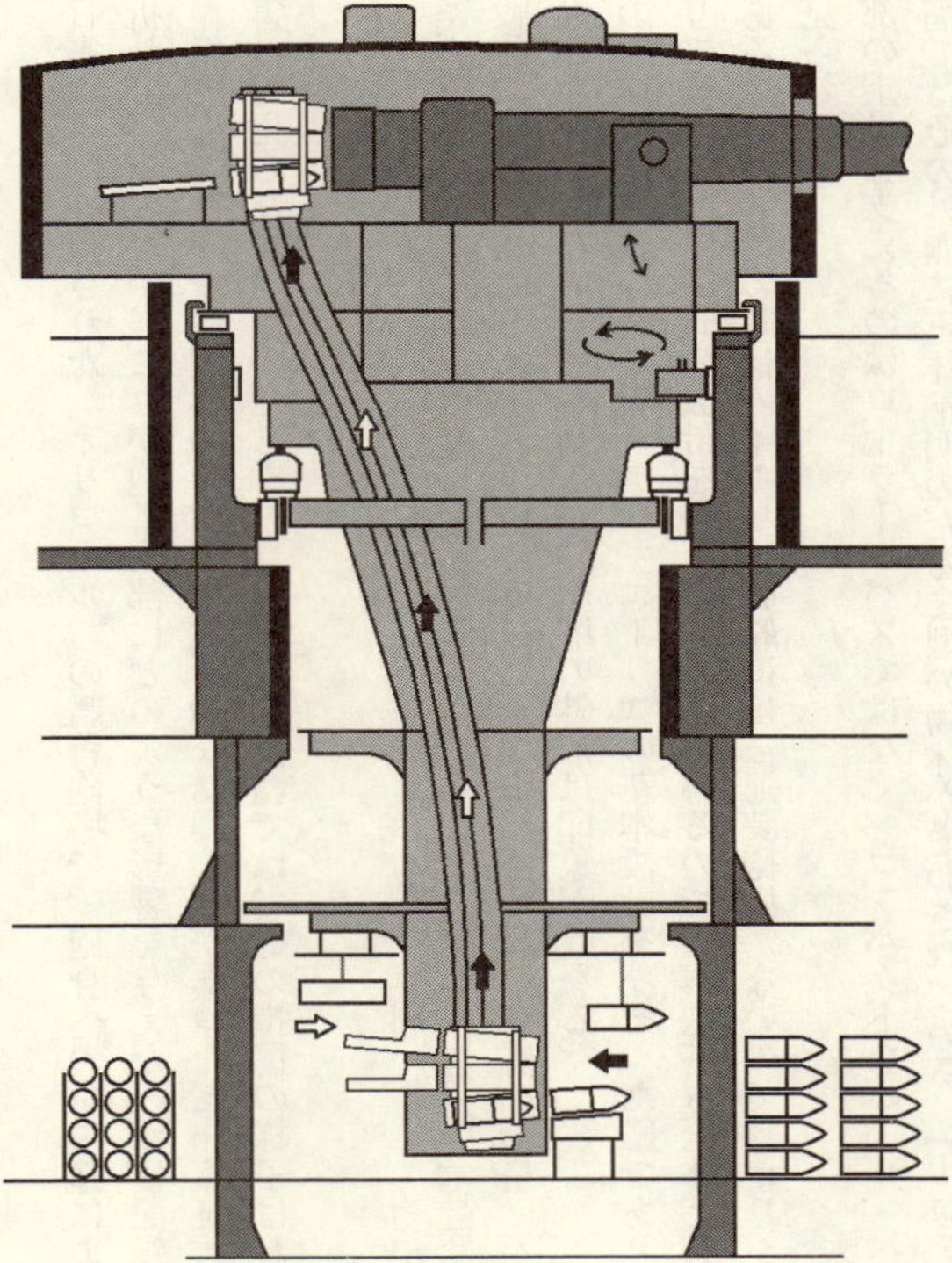

た可能性もある。戦争の影響で工事を急いだことから、簡略化した構造にしたのかもしれない。

写真は、日露戦争で捕獲された『オリョール』の艦首砲塔で、砲身への命中弾によって砲身が途中で折れているのだが、これが砲塔内部にどのような影響を与えたのかは記録がない。沈没した同型艦でも、砲塔や周辺への命中弾で致命的な誘爆などがあったという証言はなく、こうした被害は発生しなかったのだろう。もちろん沈没艦では、その損傷の様子はわからない。

『インペラトリツァ・マリア』級　一九一五年　三〇・五センチ五二口径砲三連装

第一次大戦前に建造が始められ、戦争中に完成した黒海艦隊所属の戦艦の砲塔。バルト海側の戦艦と大きな違いはないと思われるが、砲塔の外形は印象が異なる。

イタリアの三連装砲塔艦『ダンテ・アリギエーリ』の基本設計をなぞった艦であり、そもそものイタリア艦がイギリス式の設計を多く取り入れているので、本砲塔も全体としてはイギリス式である。ただ、この時代のイギリス戦艦には三連装砲塔がないので、オリジナルな部分も多く見られる。

砲塔旋回部の重量を支えるのはローラー・パスではなく、コンパクトなボール・ベアリング方式で、図ではその外側に正体不明のだるま型の物体が沿わされている。『ボロディノ』級の図にあるものと形状はよく似ており、装備方法も類似しているが、正体は不明である。

インペラトリツァ・マリアの砲塔断面図

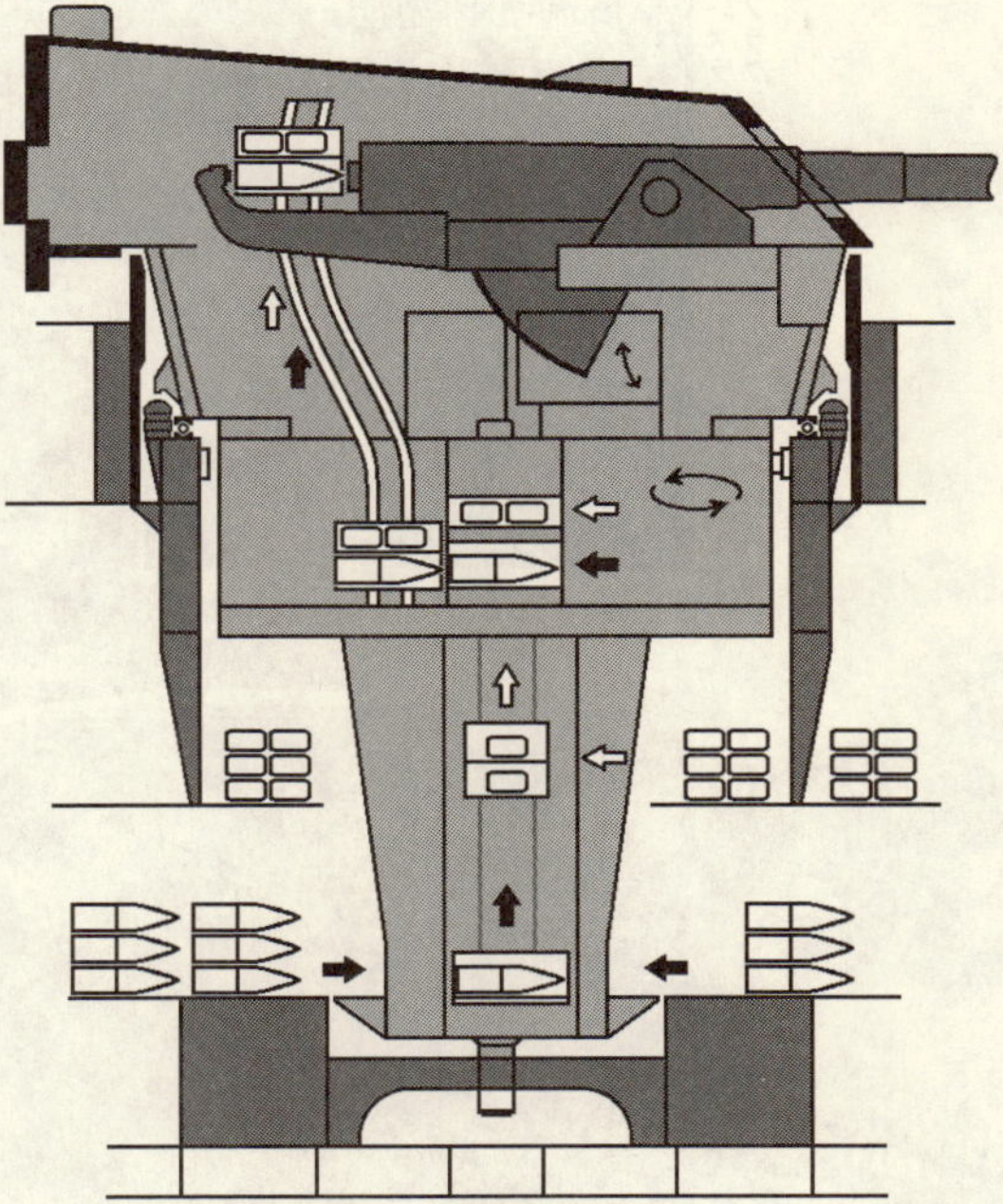

（上）インペラトリツァ・マリア級の砲塔製造
（下）アプラクシンの砲塔ダメージ

この写真は日露戦争中の日本海海戦で降伏した、ロシアの海防戦艦『ゲネラル・アドミラル・グラーフ・アプラクシン』の後部主砲塔である。この艦は艦首尾の中心線上に主砲塔一基ずつを備える標準型戦艦の配置を踏襲しているが、排水量五〇〇〇トンほどの小型戦艦で、備砲は二五・四センチ砲だった。砲塔そのものはフランス式と思われるが、内部構造は確認できていない。

同型艦が他に二隻あるが、そちらは同じ砲を連装に装備しており、最終艦である本艦だけが後部砲塔を単装にしていた。命中した砲弾の大きさははっきりしないが、砲弾は装甲の前面で命中と同時に炸裂しており、二〇三ミリの厚みを持つ装甲は、わずかに動いた程度で突破されていない。天蓋がいくらか浮き上がり、砲眼孔の上部にも歪みが見えるので、そう小さな砲弾ではなさそうだ。本級は主要装甲に複合甲鉄を用いていたが、本艦のみは新しいハーヴェイ甲鉄を用いている。爆発痕を見ると、その硬化面の効力が如実に理解できるだろう。天蓋上の照準器の装甲カバーも位置が動いているように見えるが、内部にどのような被害があったかは判然としない。いずれ、砲塔には大きな衝撃があっただろう。

日本海海戦には三隻全部が参加し、一隻が撃沈され、もう一隻も降伏している。本艦は降伏後、日本海軍に編入されて二等海防艦『沖島』となったが、大正十一年に除籍され、解体されている。このクラスは本来、自国近海で防衛用に使われるべきものであり、地球を半周以上もするような航海に適している艦ではない。

オーストリア

かつては列強の一員として、東ヨーロッパ一帯に勢力を伸ばしていたオーストリア・ハンガリー二重帝国は、イタリアの東側、アドリア海の奥に海岸線を持っており、一流の海軍を保有していた。

第一次大戦前には、ド級戦艦競争にも加わっていたくらいで、その中でも三〇・五センチ砲を三連装にし、艦の前後それぞれに背負い式配置として、合計一二門を装備する戦艦『テゲトフ』級は、二万一〇〇〇トンあまりの排水量に一五センチ副砲一二門まで装備する重武装で、防御も充実している。速力は速くないが、これらはあまり長期の行動を予定されないことによって、船体をギリギリまで詰めたことで実現できた。その分、損害に対する余裕が少なく、四隻の同型艦中二隻が水中被害によって沈没している。

主砲をはじめとする各種砲は、戦車砲で有名なシュコダ社の製造になり、砲身長は四二・四口径で、一門あたり五四トンの重量があり、四五〇キログラムの重い砲弾を、毎秒八〇〇メートルの高初速で撃ち出すことができた。チェーン・ラマーは砲身の後方に浮いているような図になっているが、これが砲身とともに俯仰できたのかはわからない。上部揚弾機の案内レールは弧を描いており、ラマーが俯仰に連動するならば、比較的浅い仰角での装填は自由にできただろう。最大仰角は一六度、俯角は四度であるが、艦や砲塔によっていくらか差

テゲトフ級の砲塔断面図

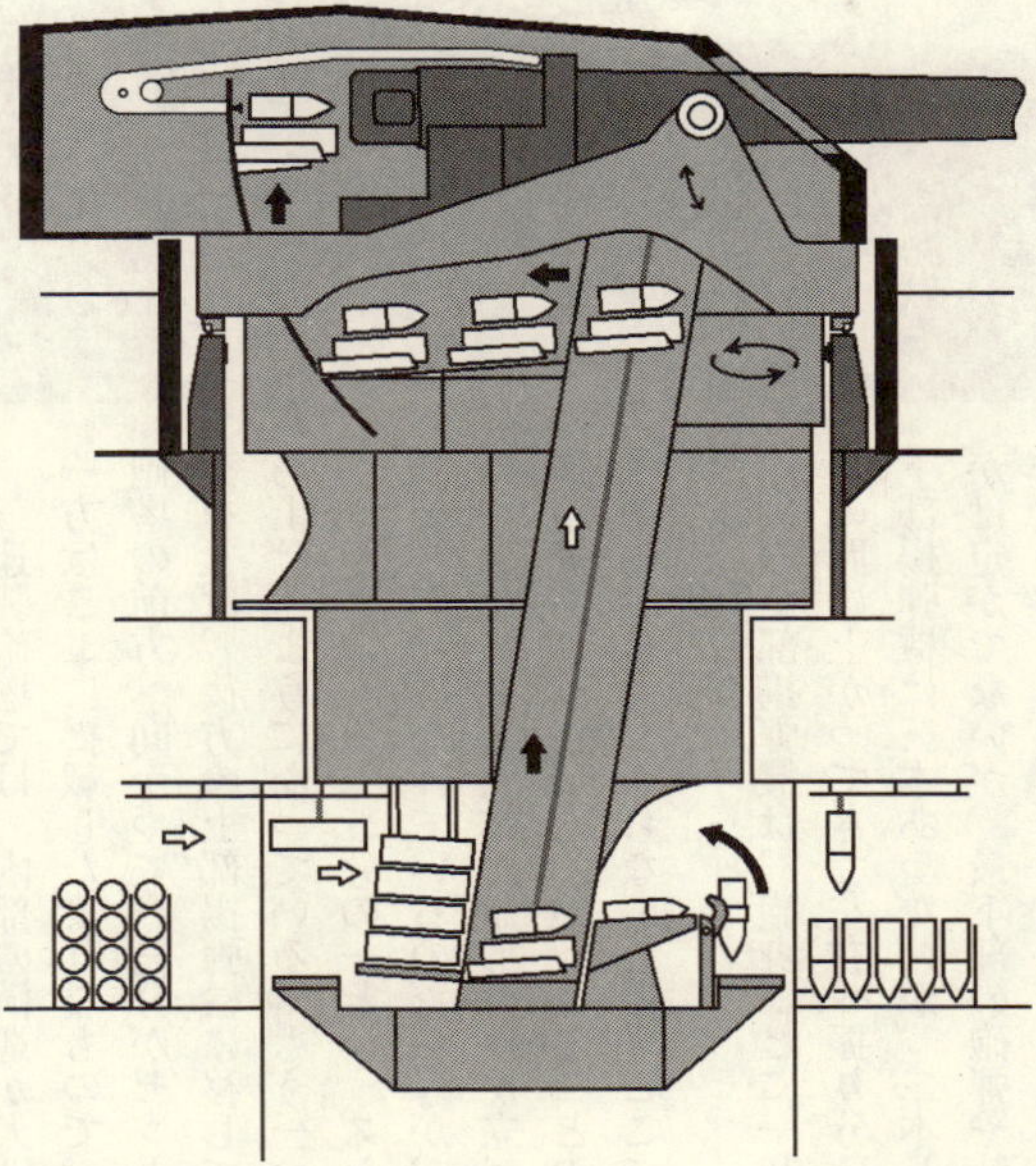

テゲトフ級戦艦

があったようだ。

三連装砲塔では、内部の構造が大別して二説あり、一方はここに掲載したようなもので、下部揚弾機は砲塔の前方へ向かって一発分がセットになった砲弾薬を上げ、後方の上部揚弾機に移して、各砲尾へ持ち上げるようになっている。もう一つは、おそらくウイーンにある二五分の一というスケールのカットモデルが元になっているのだろうが、砲塔内に垂直の、少なくとも四本の矩形の柱が立っているような構造であり、まったく他で見ることのない造形で、細部の動きもわからないため、ここでは取り上げなかった。

図の上部揚弾機は、砲身ごとに一基ずつあり、砲身の間に上がってきて左右へ振り分ける形ではない。下部揚弾機は三本あったのか、二本しかなかったのかは定かでないが、最下部の砲弾や装薬の積み込み方式からすれば、三本あってもおかしくはない。寸法的には無理とも思えないが、二本しかなく、上部揚弾機への積み替え時に、二本から三本への振り分けがあったとも考えられなくはない。

なお、同型艦 Szent Istvan の発音は、「シュツェント・イストファン」と紹介されることが多いけれども、少なくとも「シュ・ツェント」ではなく「シュ」と「ツェ」はほとんど一音で、（ス）ツェントもしくは（ス）ヅェントくらいの音のようだ。（ス）は、「ツェ」の発音の前に「ス」へ寄り道してくるくらいの軽い音という意味である。

日本

『松島』型海防艦　一八九一年　三二センチ三八口径後装砲単装
日本軍艦で最初に装甲砲塔を装備したのは戦艦ではなく、防護巡洋艦とも分類される海防艦『松島』型である。これ以前にはやはり防護巡洋艦に類別される『浪速』型などもあったが、いずれも旋回砲座ではあっても砲塔ではない。
戦艦では、最初の『扶桑』（初代）は全砲が砲廓または露天装備で砲塔がなく、日清戦争での鹵獲艦『鎮遠』が、天蓋付きの露砲塔を持っていた。戦争後に完成した戦艦『富士』が装備したのは、イギリス式のマークBⅡ砲塔に近いもので、砲身のみオリジナルの三五口径ではなく、四〇口径砲を積んでいた。
『松島』型は、海軍としては必須の装備であり、まだ数がまったく足らなかった航洋力の大きな巡洋艦を建造するにあたり、当時最大の脅威だった清国海軍の『定遠』『鎮遠』に対抗

松島型海防艦の砲塔断面図

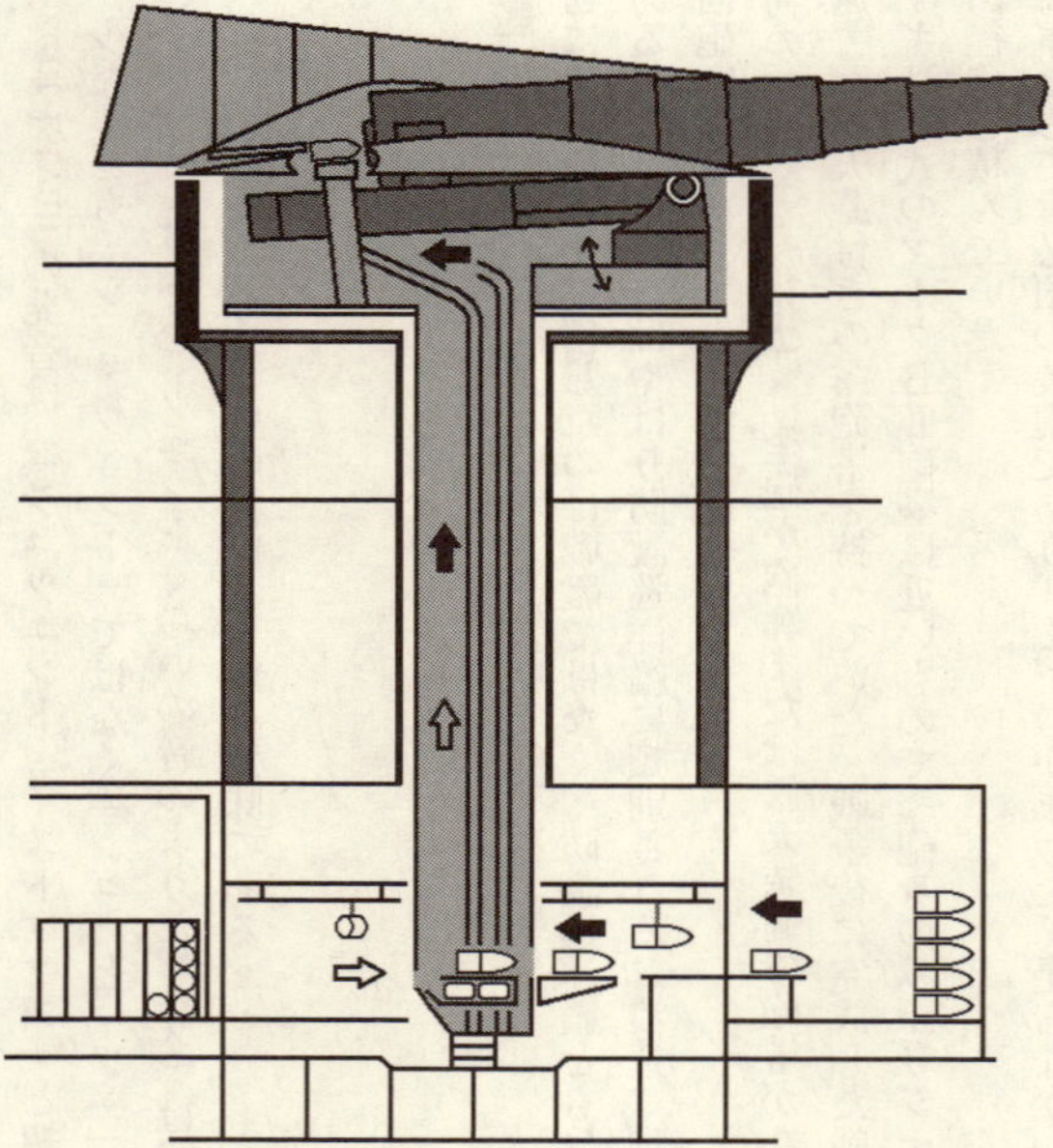

橋立の主砲塔

できると位置づけるために、フランスに発注して無理矢理に近い三二センチ砲の装備を強行したものである。

わずか四〇〇〇トン台の船体に、不十分とはいえそれなりの防御を施した砲塔を載せたのだから、「子供が大刀を振り回しているようだ」と揶揄されるほど不釣り合いだった。

図は、これの内部構造を示したものだが、十分な資料がなく、とくに揚弾筒頂部から装填装置に至る部分の砲弾の動きは判然としない。それ以外にも、おそらくよく似ていたと思われる、同時期にフランスがスペイン向けに造った戦艦『ペラーヨ』の砲塔を参考にしている。

分類上は露砲塔であり、装甲されたバーベットを持つが、砲室の装甲はほとんどない。俯仰軸を露出させせないため、俯仰軸は砲鞍の先端に設けられてバーベットの陰に位置している。また砲身は砲塔から大きく突き出していて、重量的には重心が旋回中心から大きく離れていた。このため、砲を側面に向けると艦が傾く傾向があったとされるが、静止状態ではそれほど大きく傾いたとは思えない。ただ、側面へ向けた状態で航走時に舵を切ると、奇妙な癖のある動きになったかもしれない。

この砲は軽量化のためか故障が多く、日清戦争での黄海海戦（鴨緑江海戦）では、三隻合計で一三発しか発射できず、命中は確認されていない。

この砲についての当時の論評には、いささか過大評価の雰囲気はあるものの、こうした大口径砲がなければ過大評価すらできず、明らかに小さな砲しか持っていない軍艦ばかりだったら侮られてしまう。そうなれば指をくわえてされるがままになりかねないわけで、たとえ看板倒れにせよ、シンボルとしての存在には意味があった。

この後、イギリスに発注していた戦艦『富士』『八島』が完成し、さらに『敷島』以下の戦艦が建造されるわけだが、『富士』と『八島』はイギリス式一二インチ（三〇・五センチ）マークBⅡ砲塔を装備し、『敷島』『朝日』『初瀬』は同じくマークBⅣ砲塔を、『三笠』はマークBⅥ砲塔を採用している。ただし、砲室の外見や砲身には、イギリスのオリジナルとは異なる部分もある。

『香取』『鹿島』はマークBⅦS類似の砲塔を積み、以後はマークBⅧとマークBⅪ砲塔が採用されている。これらについてはイギリスの項で解説しているので重複は避ける。

『ドレッドノート』の出現に数年遅れて、やっと『河内』型戦艦が起工されたものの、これの同族が戦力化するころには、列強は超ド級戦艦の数を揃えてくるに違いないと推測され、日本海軍はせっかく建造している『河内』型も含め、それ以前の艦すべてを新艦隊から外してしまうことを決定した。ド級戦艦艦隊の整備を飛び越え、一気に超ド級戦艦の建造へ進もうとしたのである。

そこで最新の造艦技術を学ぶ目的もあって、巡洋戦艦『金剛』をイギリスに発注した。ここで注文を受けたヴィッカーズ社は、当時のイギリス式一三・五インチ砲の連装砲塔を土台にした、一四インチ（三六センチ）連装砲塔を『金剛』用に設計した。

この砲塔はしかし、ほとんど一三・五インチ・マークBIに等しく、窮屈な同砲塔をやや拡大し、余裕を持った一四インチ砲装備砲塔として完成させたものである。日本で建造された同型艦や、同じ砲を装備した戦艦『扶桑』型や『伊勢』型も、基本的に同型の砲塔を用いている。

『金剛』型　一九一三年　三六センチ四五口径砲連装

当時のイギリス式砲塔ほとんどそのままの設計であり、一三・五インチ砲で諦められていた自由仰角装塡を、バーベットをやや拡大することで実現している。最大仰角は二五度だが、国産された同型艦では機構上の問題から二〇度に抑えられた。図中にあるグレーの線で描かれた砲尾の後退位置は、仰角二〇度のときのものである。

本砲塔では火薬庫が最下層にあり、四包を積んだゴンドラが一層上の下部揚弾筒の下端へ上げられ、四包が一列に並んだ装薬をそのまま下部揚弾機のゴンドラに移している。これは

金剛の砲塔断面図

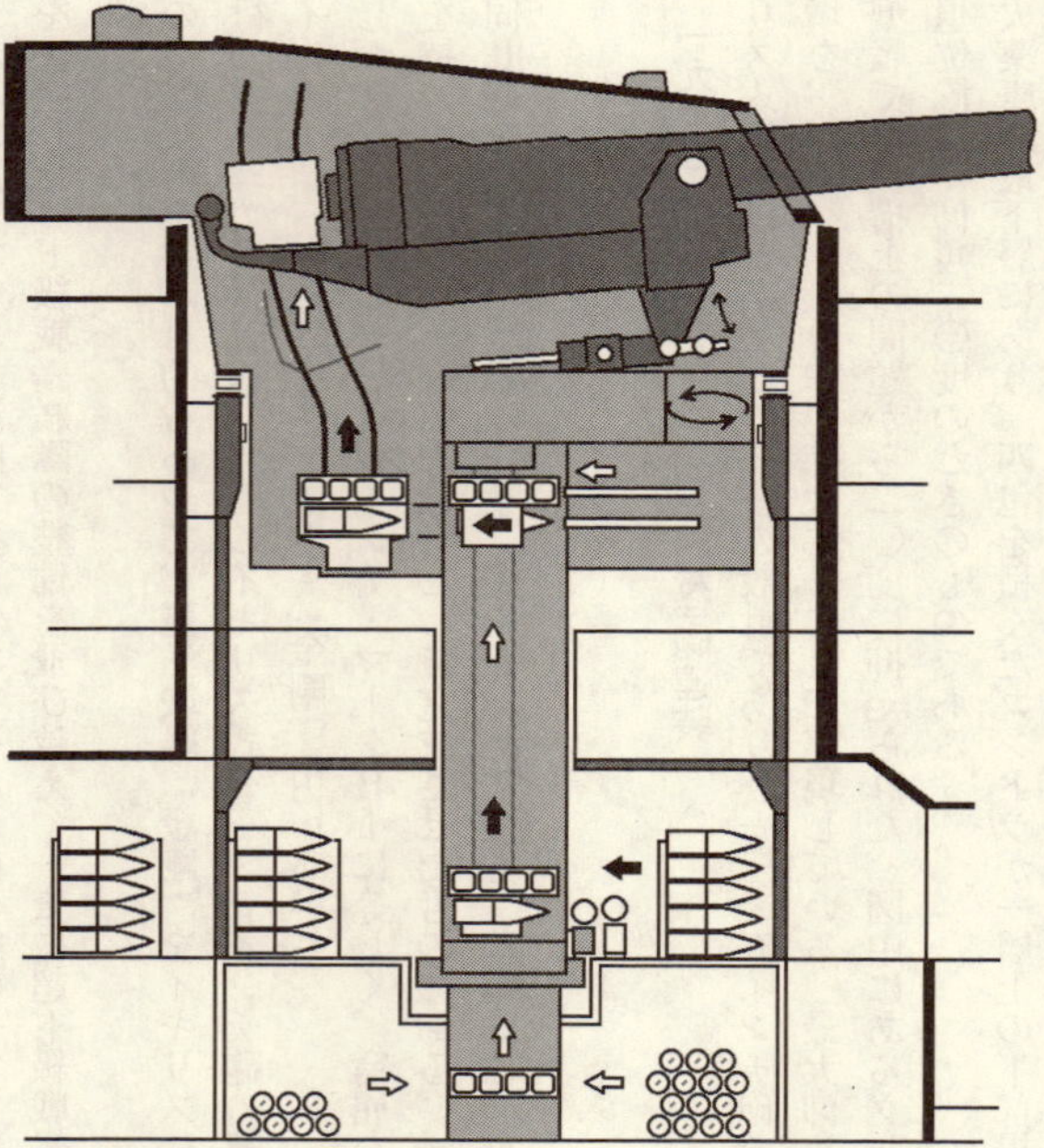

比叡の主砲塔

砲弾とともに換装室へ上げられ、ここで上部揚弾機の装塡箱に移され、砲尾へ持ち上げられる。砲弾を押し込むラマーは、砲鞍に収容されたチェーン・ラマーで砲身と一緒に俯仰するから、湾曲したレールに沿わされた装塡箱から任意の仰角で装塡できた。

『比叡』を除く同型艦三隻は、昭和初期に第一次大改装を受け、主砲の最大仰角を三三度に向上しているが、この時の砲塔内部の改装要領にはまったく資料が見つからず、何が行なわれたのかはわからない。第二次大改装については後述する。

『扶桑』型　一九一五年　三六センチ四五口径砲連装

基本形は『金剛』型と同じだが、装甲は相応に厚くなっており、その重量を捻出するために主砲塔のバーベットをひと回り小さくして、代償として自由仰角装塡が放棄された。

これを見ても、その利点がそれほど大きなものではなかったとわかるわけだが、少なくとも攻撃力が向上することはない。

残念ながら、内部の詳細は資料を入手できておらず、『金剛』型との相違点ははっきりしない。この型ではとくに、四番砲塔のバーベット部が高く、もし後部艦橋がなければ、五番砲塔の頭越しに射撃するのは難しくないと思わせるほどである。これはおそらく『金剛』の三番砲塔と同様に、一部が機関室の上にのしかかるような配置になっているためと思われる。三六センチ砲で連装砲塔六基を一列に並べた例は他になく、長さ方向に対する寸法の不足は、かなり厳しいものだった。

『伊勢』型　一九一七年　三六センチ四五口径砲連装

『扶桑』型で主砲配置に問題が出たため、中央部二砲塔を背負い式に配置することで寸法を節約している。三、四番砲塔と五、六番砲塔がそれぞれ、ほとんど同じ高さに装備されたため、重心の降下も実現している。その一方で、船首楼甲板が四番砲塔までで終わっているので、艦内容積が不足気味になっている。さらに副砲を日本人の体格に合わせた一四センチ砲として、火力不足を補うために数を増したことから乗組員数が増え、いっそう手狭になってしまった。

主砲塔のバーベットは、寸法をもどして『金剛』型と同一にし、このため自由仰角装塡も復活している。本型と『扶桑』型の近代化改装においては、主砲仰角が最終的に四三度まで上げられているのだが、『伊勢』型の六番砲塔だけは、内部構造の問題から仰角を上げきれず、三〇度までとなった。

『長門』型　一九二〇年　四一センチ四五口径砲連装

残念ながら内部の構造を示す資料は見つからず、おそらくは『金剛』の砲塔と略同型のイギリス式砲塔だったと思われる。最大仰角は三〇度、俯角は五度で、自由仰角装塡が可能だったけれども、通常は仰角七度で装塡していた。これは大仰角の場合、砲弾や装薬が滑落してくる危険性があるためである。

砲身重量は約一〇一トン、全長は一八・八四メートルあり、ほぼ一トンの重量がある徹甲弾を、四包に分かれている二一九キログラムの装薬を用い、砲口初速毎秒七八〇メートルで発射できる。最大射程は三万二五〇〇メートルだった。一般には一六インチすなわち四〇六ミリの口径を持つ英米の砲と同等に扱われているが、実口径は四一〇ミリである。

この砲塔はのちの大改装時に、八八艦隊の新型艦用に製造されていた砲塔と交換され、このときに防御を強化し、最大仰角を四三度まで拡大している。

この時に撤去された『陸奥』の四番砲塔は、広島、江田島の海上自衛隊第一術科学校内に保存されているが、外見は見学できるものの、内部がどうなっているのかは見られない。バーベットごと保存されているので、当初は内部構造もしっかりしていたようだが、終戦による連合軍の進駐にともなって破壊されたそうだ。

装薬が四包というのはいささか腑に落ちないところで、これでは一包あたり五五キログラムほどにもなり、重すぎるとして砲弾を小さくした一五センチ砲の四五キログラムよりずっと重いことになる。英米の四〇・六センチ砲ではいずれも装薬を六包に分けており、なぜ四包にしなければならなかったのだろう。

第七章　第一次世界大戦

こうした砲塔の進歩は、実戦の洗礼を受けて問題点が洗い出され、さらなる改良が続けられていく。しかしながら戦闘における被害の検証では、重大な損傷を受けた艦が沈んでしまい、多くの例で詳細は不明なままである。その一部では沈没にあたって弾薬庫の爆発がともなっており、状況を目撃したであろう砲塔員は生存が望めず、たとえ海底の船体を引き揚げても、破壊の実際を検証するのは不可能に近い。事故による弾薬庫の爆発では、艦が沈んでも浅海にある場合が多いけれども、この場合は問題が弾薬庫側にあり、砲塔の様式とは関係が薄いのだ。これは機雷や魚雷のような水中兵器による被害の場合でも、同様のことがいえる。

第一次大戦中に起きた数度の主力艦同士の海戦では、イギリスとドイツ双方に砲塔被害が発生しており、その一部では弾薬庫誘爆が起きず、艦が生存している。以下に例を引き、被害を受けた砲塔内でどんなことが起こるのかを紹介しようと思う。

ドッガー・バンク海戦　一九一五年一月二十四日

北海南部の有名な漁場であるドッガー・バンク付近で発生した、イギリスとドイツの巡洋戦艦同士の追撃戦。逃げるドイツ艦隊をイギリス艦隊が追い、ドイツ艦隊最後尾にいた大型装甲巡洋艦『ブリュッヒェル』が撃沈されている。

この過程で、ドイツ艦隊旗艦の巡洋戦艦『ザイドリッツ』後部甲板に命中弾があり、この砲弾が甲板を突き抜けた後、最後尾砲塔のバーベットに当たり、ここで爆発した。砲弾は装甲を貫通しなかったが、被害は砲塔内部に及び、塔内にあった準備装薬が誘爆して後部砲塔を完全に破壊している。

『ザイドリッツ』は海戦中、イギリス巡洋戦艦『ライオン』ならびに『タイガー』と交戦している。これらに対して二八センチ徹甲弾三九〇発を発射し、八発を命中させたと見られる。被命中弾は三発で、船首楼に当たった一発目と、最も装甲の厚い部分に当たった三発目は、大きな損害にならなかった。しかし、射程一万五五〇〇メートルで発射された『ライオン』の三四センチ砲弾は、もう少しで本艦を吹き飛ばすところだった。

ドイツ艦では、舷側に砲塔がある場合、並列か梯形配置かにかかわらず、艦首砲塔をA砲塔と呼び、以下時計回りにB、Cと文字をふっていくので、本艦の場合、右舷の舷側砲塔がB、艦尾の背負い式配置の上側がC、下側の最艦尾砲塔がDとなり、左舷の舷側砲塔がE砲

ザイドリッツ

塔と呼ばれる。
この砲弾は右舷後方から飛来して、最後尾D砲塔の直後で甲板に命中し、甲板下バーベットの二三〇ミリ装甲に食いこんだところで爆発した。砲弾は貫通しなかったけれども、装甲鈑の破片は砲塔内換装室へ飛びこみ、炸裂の火炎はここにあった装薬を誘爆させた。この炎は砲室に侵入し、装填機にあった装薬が引火している。さらに下へ向かった炎は、揚弾筒内、艦底の装薬操作室内の準備装薬を順次誘爆させ、砲塔内を焼き尽くした。
この誘爆は比較的ゆっくりとしたものだったため、炎に巻かれる砲塔員の一部は直前のC砲塔に通じる連絡口を開き、災厄から逃れようとしたらしい。その瞬間、誘爆した装薬の火炎は、この通路を通ってC砲塔へ侵入し、こちらにあった装薬をも誘爆させてしまう。
こうして両砲塔で、間欠的にではあるが合計六二発分、約六トンの装薬が燃焼し、砲塔内部は完全に

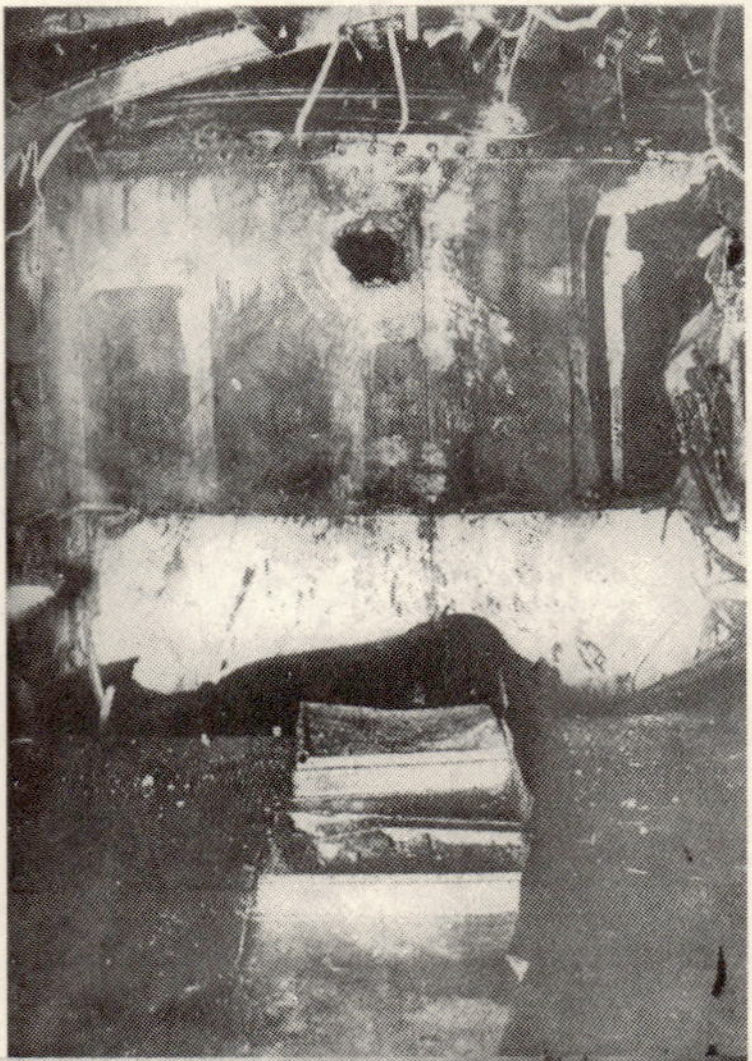

（上）ザイドリッツ後部砲塔下被害
（下）戦闘後のザイドリッツ

焼き尽くされた。

しかし、弾火薬庫に注水されてそれ以上の誘爆が起きなかったことと、個々の爆発が小規模で、爆燃ともいえる状態で緩慢に繰り返されたために船体は破壊されず、直下の推進軸も損傷しなかった。

照準孔や砲眼孔など両砲塔の外部への開口からは、爆発のたびに火柱が噴き上がり、これは敵味方の視界内全艦から目撃されている。当時『ライオン』艦上にいた従軍記者は、「あの下ではどんな地獄が展開しているのだろう……」というレポートを残している。濛々たる煙の中、いつ大爆発となってしまうか状況は予断を許さなかったが、ようやく燃えるものがなくなって鎮火した。

換気装置が破壊されたため、一時艦尾部分にはまったく近付くこともできず、舵機室は三〇分にわたって放棄されたものの、舵の遠隔操作機能は失われなかった。浸水はなかったが注水のために艦尾は大きく沈み、艦尾吃水は一〇・五メートルに増大している。

写真で見る限り、すでにイギリス艦隊の追撃を振り切り、本国近くの安全水域まで到達しているらしく、速力はかなり低い。まだ砲塔内の誘爆は終わっていないようで、艦の後半部は煙に包まれている。

この写真には、ほとんど煙しか写っていないものから、かなり艦容を摑めるものまでさまざまな状態のものがあるが、一部ではジュットランド海戦時の写真とされていることもある。しかしながら、後部が沈下していることや主砲塔の向きなどから見て、ドッガー・バンク海

ライオン

戦時のものと判断される。

イギリス巡洋戦艦『ライオン』の被害

『ブリュッヒェル』の二一センチ砲弾が、艦首A砲塔の天蓋に命中。天蓋が凹んで、左砲が二時間ほど使用不能となった。砲塔天蓋の内側には、さまざまな機器が吊り下げられるように取り付けられることがあり、これが砲弾命中の衝撃で叩き落とされると、機能しなくなることが多い。装甲外壁に直接、物品を取り付けるのは慎むべきなのだが、狭い砲塔内ではどうしても起こりがちなことである。

もう一発、ドイツ巡洋戦艦の発射した砲弾が、船首楼の側面に命中。厚さ二五ミリの上甲板上、A砲塔バーベット直前で爆発した。バーベット装甲の厚い部分だったこともあって損害は小さく、砲塔内部に小火災が発生したものの、直ちに消しとめられている。

このようにバーベット外で砲弾が爆発した場合、バーベットの分厚い装甲は、その破片や衝撃をほとんど完全に遮って

タイガー

しまう。

イギリス巡洋戦艦『タイガー』の被害

二八センチ砲弾が射程一万六〇〇〇メートルでQ砲塔天蓋の装甲鈑継ぎ目付近に命中、炸裂した。

砲弾の破片のほとんどは外部に飛び去ったが、装甲鈑の破片が砲室内へ飛び散り、旋回装置を故障させている。左砲の尾栓機構にも損害があったものの、誘爆などの二次被害は発生していない。

実際に発生した命中弾はもっと多いが、砲塔周辺に命中したのはここに挙げたくらいでしかない。このことは砲塔への直撃弾に対する、油断につながっている可能性もある。

この海戦の結果として、間一髪で生還した『ザイドリッツ』被害の調査、研究から、ドイツ海軍は砲室と下部弾薬操作室との間に防炎扉を設置する必要があると認め、各艦に順次、この扉を装着している。イギリスではこうした危機的状況がなかったことから、主力艦の砲塔に大規模な改良が加えられず、基本構造には手が付けられないままになった。

ジュットランド海戦 一九一六年五月三十一日〜六月一日

世界史上最大規模の戦艦同士の海戦である。航空機は、ごく初期に偵察用の機体が空中にあっただけで、戦闘にはまったく関係していない。付近に潜水艦もおらず、その影に怯えたという点はなくもなかったが、実戦闘上はこれもまったく関わっていない。

北海に面したイギリス海岸へ時折ちょっかいを出していたドイツ海軍だが、このときには高速の偵察部隊ばかりでなく、主力艦隊のほぼ全部が出動している。イギリス側もこの出動を諜報活動によって捉え、やはり修理中のものを除く全艦隊を出撃させた。

作戦の目的地を、当初のイギリス海岸からスカゲラック海峡方面に変更したドイツ艦隊は、ヤーデ湾を出撃して北へ向かっており、その先鋒であるヒッパー提督率いる第一偵察部隊が、ロサイスから出撃したビーティ提督の率いる高速艦隊と遭遇し、大海戦が始まった。その顚末はここでの主題ではないので他日に譲るが、両艦隊にかなりの被害が出て、とくにイギリス艦隊では巡洋戦艦三隻が弾薬庫の爆発によって轟沈している。

この他にも大型の装甲巡洋艦三隻が沈没しているけれども、爆沈してしまった艦では被害の詳細が判明しておらず、ただ弾薬庫に被害が及んで砲弾薬の誘爆を起こし、船体が破壊されて沈没したとわかっているだけである。公式には、砲塔頂部などの水平装甲が、遠距離射撃による大落角の砲弾によって撃ち抜かれ、砲塔内での爆発の影響が弾薬庫にまで及んだということになっているが、これにはいくらか牽強付会の匂いもするところだ。

巡洋戦艦の防御力には出現以来、疑問が呈されていたところだから、その通りの被害だと認めてしまえば、海軍や政府首脳の責任問題になってしまう。戦闘が想定外の大遠距離で行なわれたため、落角の大きな命中弾に対する備えが不十分だったのだということになれば、そこまで大事にしないで済むかもしれない。

しかしながら、爆沈したうちの一隻である巡洋戦艦『インヴィンシブル』は、ドイツ艦との距離一万メートル程度での撃ち合いで致命傷を受けており、これは十分に戦前の想定戦闘距離内だったのだ。『インヴィンシブル』の右舷側にあったQ砲塔は、ドイツ巡洋戦艦の三〇・五センチ砲弾によって大被害を受け、その砲塔天蓋が吹き飛ばされている目撃情報はあるけれども、それが砲弾の命中そのものによる出来事なのか、砲塔内で誘爆が起こり、その結果として天蓋が吹き飛ばされたのかは判然としない。海底の残骸への調査も、どこまで行なわれたのか発表されていないようだ。

ここでは、砲塔に大被害があって、それでいて弾薬庫の致命的な誘爆が起きずに艦が生存した例を拾い、その状況をできるだけ細かに書き出している。解説は艦ごとになっているから、時系列的には前後している場合もある。

ドイツ巡洋戦艦『リュッツオー』
ドイツ第一偵察部隊の旗艦として参戦。常時艦隊の先頭にあった。そのためイギリス艦隊

リュッツオー

の主たる目標にされたが、海戦前半の対巡洋戦艦艦隊との戦闘では、大きな被害は受けていない。日没が間近になったころ、予想していない方角に現われたイギリス巡洋戦艦の射撃を受け、大被害となって航行できなくなった。

本艦は最終的に被害の累積で行動不能となり、放棄され、自沈処置を受けて沈没してしまったが、砲戦直後には生存しており、比較的詳細な記録が残っている。

イギリス戦艦『モナーク』または『オライオン』の三四センチ砲弾が、射程はおよそ一万六九〇〇メートルでA主砲塔右砲砲身、砲室を出たところに命中した。砲身は破壊されたものの、砲弾は二七〇ミリの砲室前盾に跳ね返された。砲室内にはわずかな数の破片が飛び込んだだけだが、右砲はまったく使用不能になった。内部では右照準装置が破壊され、二名が負傷している。

もう一発がB砲塔の右側盾二二〇ミリ装甲に命中。砲弾は貫通しなかったけれども、装甲鈑の破片が砲塔内を破壊し、右砲は装填箱、装填装置、俯仰装置を破壊されて使用不能となった。

左砲も発砲不能になっている。副装薬一包が誘爆して近くにいた砲塔員が戦死したものの、防炎扉に遮られて換装室への被害拡大はなく、さらなる誘爆は避けられた。

砲塔員の一部は砲塔から脱出しているが復帰し、伝声管から煙が流入した通信中継室もほどなく機能を回復している。砲塔全体も一時戦闘不能となったけれども、左砲は三〇分後には戦闘力を回復している。

ドイツ巡洋戦艦『デアフリンガー』

第一偵察部隊の二番艦として参戦。八門の三〇・五センチ砲は、徹甲弾二九八発、弾底信管付き通常弾八七発を発射している。推定で一六発の命中弾を得ており、内訳は『プリンセス・ロイアル』に六発、『クィーン・メリー』におそらく三発、『バーラム』に四発、『インヴィンシブル』におそらく三発とされる。

それ以外に目標となったのは、『ライオン』『ヴァリアント』『インフレキシブル』と第二軽巡洋艦戦隊の各艦だが、命中弾の確認はできていない。『クィーン・メリー』の撃沈には大きな力があり、おそらくはこれを撃沈したと考えられている。

一五センチ砲は、弾底信管付き通常弾一一七発、弾頭信管付き通常弾一一八発、合計二三五発を、『プリンセス・ロイアル』と『インヴィンシブル』、数隻の駆逐艦に対して発射している。また魚雷一本も戦艦群へ向けて発射しているが、命中はしていない。

被命中大口径砲弾は二一発である。（異なる数字もある）

（上）デアフリンガー
（下）デアフリンガー後部砲塔の被害

十九時十五分頃、D砲塔天蓋の前方傾斜部、右砲のさらに外側に命中。装甲鈑を変形させ、これを押し下げる形で前進した砲弾は、水平部との継ぎ目から天蓋の下へ入って一・二メートルほど前進、右砲揚薬機付近で爆発した。砲弾の侵入口以外に砲塔天蓋が破壊されておらず、砲室も変形していないから、おそらく砲弾は不全爆発したと思われる。

爆発によって砲塔内にあった主装薬七個、前装薬一三個が誘爆したものの、砲室内の二五ミリ中央隔壁は破壊されず、左砲付近にあった二発分の装薬は誘爆しなかった。七五名の砲塔員中二名が薬莢の投棄口から脱出したけれども、一名は重傷を負っており、直後に死亡している。

伝声管から右舷の通信中継室へ煙が侵入し、八分間ほど要員が室外へ退避している。この命中弾の衝撃により、左舷後方を指向していた砲塔は左舷前方の制限位置まで動かされ、ストッパーに衝突して、そこで止まったままとなった。砲塔の機能は完全に失われている。

その一分後、C砲塔のバーベットに命中した砲弾が二七〇ミリの装甲を貫通、砲室内で爆発した。砲塔内にあった装薬の一部が誘爆し、砲塔員は六名のみが脱出している。

このとき、C砲塔は左舷後方、二二一度の方向を指向しており、砲弾はおよそ二一三度の方向から飛来して、ほぼバーベットの真ん中に当たっている。高さはバーベット上端から四五センチほどで、完全に貫通した砲弾はそのまま前進し、砲塔長席の直下で爆発した。これは、この海戦において、ドイツ主力艦の主要垂直装甲鈑を貫通した砲弾が、完全に炸裂した唯一の例とされている。貫通穴はバーベット内側で四五センチほどの直径を持ち、周囲の装甲の硬化面には顕著なひび割れが見られた。

右砲の装塡装置にあった一発分の装薬と、換装室に下りていた揚弾リフト上の一発分、さらに換装室内の一発分が誘爆し、火炎は砲塔下部の弾薬操作室に及んで、ここから左砲の準備装薬にも引火、合計で七発分が誘爆した。それでも砲室左砲側にあった一発分、操作室にあった二発分が誘爆をまぬかれている。この誘爆からわかるように、揚弾経路にあった防炎扉は被害の波及を防げていない。弾薬操作室と火薬庫の間にある隔壁と防炎扉が破壊されなかったため、誘爆が止まったのだ。

生存した六名の砲塔員は、使用済み薬莢の投棄口や、左舷側の出入り口から砲塔を脱出した。この砲塔の弾薬庫の周囲は機関室や発電機室であり、そのすべてに煙が入ったけれども、各員が装備していたガスマスクが功を奏して能力は維持され、乗員が一時的にも退避しなければならなかった区画はわずかだった。

弾火薬庫には直ちに注水され、それ以上の誘爆は未然に防がれたけれども、この水は発電機室へ漏水し、一部の配電盤がショートしている。

ドイツ巡洋戦艦『ザイドリッツ』

十五時五十七分頃、射程一万三三〇〇ないし一万三七〇〇メートルでイギリス巡洋戦艦の三四センチ砲弾が、C砲塔のバーベット右舷側、上甲板から二メートルほどの高さで装甲鈑の継ぎ目近くに命中し、貫通はしなかったものの二三〇ミリの装甲に食いこんで爆発した。大半の弾片は舷外に飛んだが、装甲鈑には直径三五センチほどの穴が開いて弾片の一部とスプリンターが砲塔内へ飛びこみ、換装室にあった二発分の装薬が誘爆している。

旋回装置、俯仰、揚弾装置が破壊され、砲塔は右一〇〇度方向を向いたまま動かせなくなり戦闘不能となったが、防炎扉が功を奏して下部弾火薬庫への誘爆はまぬかれ、損害は砲塔一基にとどまった。この砲塔は前述のドッガー・バンク海戦でも、乗員がほとんど全滅する被害を受けており、海戦後に修復されたものの、かなり気味悪がられたようだ。

このときドイツ艦隊は、右舷やや後方のイギリス巡洋戦艦と並行しつつ砲撃戦を行なっており、この直後にイギリス艦列最後尾の巡洋戦艦『インデファティガブル』が艦尾弾薬庫の爆発を起こし、沈没しているけれども、その詳細はまったく不明であり、ここで紹介できる事実はない。

十七時十分頃、右舷側にあるB砲塔の前盾右側、二五〇ミリの装甲鈑に三八センチ砲弾が直撃した。射程は一万七四〇〇メートルとされる。砲弾は貫通せず、鈑面で爆発して大半の弾片は舷外へ飛んだが、装甲鈑に穴があいて破片と一部の弾片は砲室内へ入り、右砲の俯仰装置を壊した。これは、左砲と連結することで俯仰が可能となっている。爆煙が砲塔内へ侵入したため、乗員は一時砲塔外へ退避したが、機関室からの圧搾空気の供給により砲塔内を換気して戦闘を続行している。命中場所の至近にいた砲塔員一名が戦死しただけだった。

十九時十四分頃、イギリス戦艦『セント・ヴィンセント』の発射した三〇・五センチ徹甲弾が、使用不能となって右真横方向を向いていたC砲塔の背面装甲鈑下端に命中した。装甲鈑は半円状にかじり取られ、爆発の影響は砲塔内に及んで、装填準備位置にあって露出していた装薬に引火した。破片はさらに砲塔外側の上甲板を貫いている。これを『バーラム』もしくは『ヴァリアント』の発射した三八センチ砲弾だとする資料もある。

（上）ザイドリッツ後部砲塔、（下）ザイドリッツのB砲塔

（上）ザイドリッツのC砲塔
（下）ザイドリッツのE砲塔

十九時二十三分頃、イギリス戦艦『ロイアル・オーク』の発射した三八センチ砲弾が左舷E砲塔右砲砲身に命中した。砲身が破損し、衝撃で砲塔の照準装置が壊れ、破片で左舷第五副砲も使用不能となった。資料には砲塔全体が故障したかの記述はないのだが、しばらくは砲塔が横を向いたままになっているから、戦闘できない状態だったのだろう。さらに後の写真では定位置に旋回しているので、応急修理によってある程度は回復したと思われる。

この砲身は前後部を切り落とした状態で記念品として保存され、ヴィルヘルムスハーフェンの海事博物館前庭に展示されている。

ドイツ巡洋戦艦『フォン・デア・タン』

十六時二十分頃に巡洋戦艦『タイガー』が発射した三四センチ砲弾は、艦首砲塔のバーベット頂部に命中し、大穴を開けて破片が砲塔内部を破壊したため、艦首砲塔は右一二〇度付近で旋回不能となり、戦闘できなくなった。

その三分後に同じく『タイガー』からの砲弾が命中し、これは『フォン・デア・タン』の弱点を突いている。砲弾は後部砲塔直前の舷側無装甲部分に命中し、二五ミリの甲板装甲を突破、さらに二枚の薄い隔壁を破ってから甲板の下一メートルの位置で爆発し、三メートル×二メートルの大穴を開けた。

その位置は後部砲塔のバーベット直前だったのだが、この場所では装甲が薄くて三〇ミリしかなく、バーベットは内側に変形して砲塔のリング・サポートへ食い込み、これを損傷さ

インデファティガブルの沈没

せて砲塔の運動ができなくなった。さらに貫通した破片が内部装置と下部揚弾機を破壊したので、砲塔が応急修理によってようやく三時間半後に機能を回復しても、揚弾は人力、旋回も俯仰も人力という始末だった。この一発で六名が戦死、一四名が負傷している。

周辺構造の破壊も激しく、後部砲塔弾薬庫の非常注水バルブは瓦礫によって接近不能となり、火災のため艦は危機に瀕している。舵機室も二〇分にわたって接近不能となったが、舵は壊れなかった。主砲塔換装室には二発分の装薬があったのだが、爆発点から二メートルほどしか離れていなかったにもかかわらず、容器が破壊しなかったために誘爆をまぬかれている。前部砲塔の被害ともども、誘爆を防止するための運用が功を奏した形だ。

砲弾の命中被害ではないのだが、両舷の砲塔では激しい砲戦で砲身の推進機構がオーバーヒートし、十六時三十五分頃から左舷砲塔の左砲以外は推進が

フォン・デア・タン

できなくなって発砲不能に陥った。つまり、発砲の反動で後退した砲身を元の位置にもどせなくなったため、装塡作業ができなくなったのである。単純に見れば、砲塔機構が連続射撃を持続できるだけの能力を持っていなかったということなのだろう。

この砲塔内部故障のため、『フォン・デア・タン』は一時全主砲の発砲ができなくなり、夕方以降はほとんど戦闘力を失っていた。十七時以降の北上戦では、左舷前方を逃げる『マレーヤ』や駆逐艦へ向けて最大射程に近い距離から一六発を発射できたに過ぎない。左舷砲塔の右砲は一時故障を回復したが、ほどなく左右とも相次いで同じ症状により発砲不能となり、主砲戦闘力をまったく喪失することになった。

この状態を誤解し、全主砲が破壊されてもなお、被害吸収のために戦列にとどまったとする記述を見ることがあるけれども、四発の命中弾で都合よく四基の砲塔がすべて破壊されるなどという偶然はあるはずもなく、単なる故障で戦闘力回復の可能性があったからこそ戦列にとどまっていたのである。副砲は健在だったし、主砲の攻撃力がない間はもっぱら避弾に専念していたから被命中弾が少なかったのは確かだが、夜に入って機能を回復した主砲は九発を発射したと記録されている。『フォン・デア・タン』からは、この海戦全体で二八センチ砲弾一七〇発、一五センチ砲弾九八発が発射され、二八センチ砲は六ないし七発の命中弾を与えたことになっている。副砲の戦果ははっきりしないが、『インデファティガブル』を撃沈したのは間違いないところで、本艦以外にはこれを射撃した艦がいない。なお『フォン・デア・タン』では、一一名が戦死し、一五名が負傷した。

イギリス巡洋戦艦『タイガー』

十五時五十三分頃、『モルトケ』の発射した二八センチ砲弾が、真横やや前方から船首楼舷側を貫通。上甲板上でA砲塔バーベットの二〇三ミリ装甲鈑の下端から四五センチほどの場所に接して爆発し、装甲鈑を厚さ六センチほど抉り取ったが、貫通していない。装甲鈑には同心円状のひびが入り、下端が一五センチほど押し込まれている。直下の一〇二ミリ装甲鈑には影響が出ていない。砲塔内に若干の破片とガスが侵入したものの、機能は損なわれなかった。

十五時五十四分頃、中部Q砲塔の天蓋に命中弾があり、砲塔中心線付近の主指揮塔が吹き飛ばされている。八九ミリの天蓋装甲鈑に、相対角およそ二三度の角度で命中したもので、やはり『モルトケ』が発射した二八センチ砲弾は、命中点で炸裂した。天蓋の装甲鈑はいく

タイガーのQ砲塔

らか押し込まれ、後端部が五センチほど浮き上がっている。取り付けボルトなどにも相応の破断などがあった。

装甲鈑は砲弾の侵入を食い止めたものの、一メートル×一・四メートルほどの穴が開き、砲塔内では三名が戦死、五名が負傷している。ただし、この穴の大きさの大半は照準器フードが吹き飛ばされたためのもので、砲弾による穴は幅の三分の一程度でしかない。

弾片は砲室の床に達し、旋回装置と中央、右の照準器、砲塔測距儀が破壊されている。左の照準装置にも故障があり、発砲電路はすべて切断された。左砲では推進用の水圧機にも損傷があり、装塡用の揚弾機も故障している。このため補助揚弾機が使用されたので、発射速度は大幅に低下した。発砲電路が機能しないため、発射は他砲塔の発砲音を聞いて衝撃装置による点火で行なわれている。これによりQ砲塔の発射数は、海戦を通じて三二発にとどまった。（最大はB砲塔の一〇九発）

さらに十五時五十五分頃、射程一万二三〇〇メートルで後部X砲塔のバーベット、一二九ミリの装甲鈑と七六ミリの装甲鈑、二五ミリの上甲板の取り合い部に二八センチ砲弾が命中した。二二九ミリ装甲鈑は、幅七〇センチ×高さ四〇センチほどが半円形に破壊された。砲弾は砲塔内へ侵入したが破損したため炸裂せず、信管が作動して炸薬に着火したものの不全爆発しただけである。炸薬の燃焼ガスが砲弾の割れ目から噴出したので、ジェットで主照準手が吹き飛ばされ、天蓋に叩きつけられて死亡した。砲塔内にはガスが充満したけれども、防毒マスクの装着によって乗員の被害は最小限にとどまっている。戦死者はこの一名だけだった。

タイガーのX砲塔バーベット

この衝撃で主旋回装置のシャフトは破壊され、左砲の俯仰機、方位盤からの指令装置、発砲電路も破壊された。応急修理が行なわれ、七分後に砲塔は射撃を再開したけれども、方位盤でコントロールできたのは旋回だけで、俯仰、発砲は砲側で行なっている。やはり衝撃発火装置が使われた。

このため、戦闘を通じてX砲塔は七五発しか射撃を行なっていない。しかも砲弾命中から二時間以上も後、十八時十一分にな

マレーヤ

って、砲塔の旋回位置が被弾の衝撃でずれており、方位盤の指示と一九度も食い違っていることが判明した。この間、ずっと見当違いの場所を射撃していたことになる。これらの被害が出るまでに、Q、X砲塔は左右砲とも各一発程度を発射したに過ぎず、緒戦期における重大な戦力低下になった。

十七時十分頃、イギリス側の戦艦『バーラム』の艦首砲塔近くにも命中弾があったものの、こちらは主砲塔バーベットの手前で船体に当たり、バーベット装甲へ達する前に爆発しているので、致命的な損傷にはならなかった。

イギリス戦艦『マレーヤ』

十七時二十七分頃、後部X砲塔の天蓋に三〇・五センチとみられる砲弾が命中した。落角は浅く、やや前傾している天蓋の一一四ミリ装甲鈑とはおよそ二〇度の角度をなして命中し、その場で炸裂している。装甲鈑はいくらか変形したけれども、側壁との間に小さな隙間が開いた程度で内部への影響は小さかった。砲塔測距儀は故障したが砲塔の機能には影響がなく、方位盤の指揮下に戦闘は続行できている。

イギリス巡洋戦艦『ライオン』主に巡洋戦艦『リュッツオー』『デアフリンガー』、『ケーニッヒ』級戦艦、軽巡洋艦『ヴィースバーデン』『ピラウ』と交戦している。射程は一万二八〇〇メートルから一万九二〇〇メートルだが、一万メートル以下にまで接近したこともあった。

合計三二六発の徹甲弾を発射しているけれども、命中が確認されているのは五発だけである。四発が『リュッツオー』に、一発が『デアフリンガー』に命中したとされる。五三センチ魚雷も七本が発射されたが、命中したものはない。

被命中弾は、『リュッツオー』からの三〇・五センチ砲弾九発を左舷に受け、『デアフリンガー』などからの四発を右舷に受けている。一五センチ砲弾一発も右舷に命中している。このうち深刻な被害となったのは一発だけだが、これによって中央部Q砲塔は完全に破壊され、あわや爆沈するところだったといわれている。

十六時ちょうど頃に『リュッツオー』が発射した砲弾は、射程およそ一万五一〇〇メートルでQ砲塔左砲の砲眼腔右肩部、二二九ミリの前盾と八三ミリの天蓋との接合部へ命中した。落角はおよそ二〇度と見られる。破壊された前盾装甲鈑の一部と砲弾は砲室内へ侵入し、砲弾は左砲に当たって跳ね返ると、命中点から一メートルほど前進した左砲真上で炸裂している。

この衝撃と爆発によって砲室前盾と最前部の天蓋は吹き飛び、天蓋は四メートルほど離れた甲板上に裏返しになって転がった。前盾も五メートルほど飛ばされている。砲室内の全乗組員は死傷して、炎が砲塔内に充満した。

このとき右砲は装塡作業中で、砲弾が定位置へ送り込まれ、ラマーが後退して装薬を押し込もうとしているところだった。操作員は爆発で即死し、その瞬間に装塡箱の操作レバーを押したらしく、箱は装薬を乗せたまま換装室へ降下して、床から一・二メートルのところで止まっている。

左砲の装塡箱は換装室にあり、やはり砲弾薬が積まれていた。さらに換装室の待機トレーに各砲一発分ずつがあり、弾火薬庫内に降りていた揚弾筒内のゴンドラにも一発分ずつが収まっている。その外側、バーベット底の装薬操作室にも一発分ずつがあり、合計八発分の装薬、およそ二・三トンが露出していたことになる。このうちまず、砲室と換装室内にあった装薬が誘爆した。この爆発でQ砲塔は完全に機能を失い、戦闘不能となっている。

命中から数分後、状況の調査に向かった『ライオン』の砲手長グラントは、船体下部からQ砲塔の弾火薬庫へ入ろうとしている。彼はここで、装薬操作室に乗組員が生存しているのを発見し、給弾ドアが閉じられ、火薬庫に注水する命令が出されていることを聞いた。このときにはすでに、消火班が砲塔下部（固定部）へ入っている。砲室や直下の換装室はまだ燃えていたはずだが、砲塔下部への延焼は確認されていない。本艦の火薬庫は弾庫の下にあり、すでに内部には水がたまり始めていた。

ライオンのQ砲塔

さらに数分後、グラントが主甲板へ上がると、突然爆発が起こって炎が巻き上がり、消火班の数人を打ち倒した。残った者を率いたグラントは、高圧空気で煙が排出されるとすぐに砲塔下部へ入り、自分が出てきたばかりの砲弾操作室の数人が焼き殺され、さらに下の装薬操作室でも全員が焼け焦げているのを発見する。スイッチ盤なども真っ黒に焼けていたが、まだ機能するものもあった。

炎は換装室からの電路を伝わって下部へ入ったらしく、揚弾筒内で露出していた装薬に点火し、揚弾筒を破壊して操作室内の装薬にも誘爆したと思われる。電線の絶縁被覆は可燃性で、真っ黒に焼け焦げていた。

これについては、『ライオン』艦長のチャットフィールド大佐の残した記述もあり、それによると後から起きた砲塔下部での誘爆は、砲弾命中から二〇ないし三〇分後、艦隊がシェーア提督のドイツ戦艦艦隊を発見して一八〇度まわり、北へ向かって撤退を始めた後に起きたとされている。二度目の誘爆火災が起きたのは十七時頃とする資料もあり、いずれにせよ砲塔下部で起こった致命的な誘爆が、砲弾命中からそれなり時間を経過した後に起こったことは間違いなさそうだ。

砲塔内部で火災があった場合、そこにまだ燃えていない装薬があっても、これを安全に外へ出す方法はなく、危険すぎて装薬庫へもどす作業もできないから、誘爆を防ぐのは容易なことではない。ましてや揚弾筒内にある装薬を抜き取るのは困難を極める。途中位置に止まっていたら、まず手は出せない。

この砲塔下部装薬操作室での爆発により、火薬庫の隔壁は途方もない圧力を受けて大きく膨らみ、内部に注水された水圧がなければ破壊されていただろう。そうなれば火炎は火薬庫へ侵入し、全体の誘爆を招いて、『ライオン』は爆沈していたに違いない。

命中直後、砲弾の炸裂で両脚切断の致命傷を負っていた砲塔指揮官のハーヴェイ海兵隊少佐は、最後の力をふりしぼって各扉の閉鎖と弾火薬庫への注水を命じており、その実行と効果の発揮が二度目の誘爆より早かったため、火薬庫内側の水が爆圧を支える形になって隔壁は破壊されなかったのだ。彼は直後に絶命したが、後にその行為を讃えられ、ヴィクトリアクロスを授与されている。

この状況を見れば、もし砲塔下部にあった装薬の誘爆が砲弾の命中直後に起きていた場合、火薬庫への注水は実行されていても間に合わず、全体への誘爆は防げなかったと思われる。

最終的な破壊は食い止められなくても、揚弾経路にある装薬の誘爆を遅らせる手段には、大きな意味があると考えられた。このため、揚弾筒などにはスプリンクラーの設備が追加されることになった。

イギリス巡洋戦艦『プリンセス・ロイアル』

ドイツ戦艦『マークグラーフ』の三〇・五センチ砲弾が、X砲塔のバーベット露出部に命中している。上甲板から六〇センチほど上で、中心よりやや艦首寄りに当たった砲弾は、跳ね返って下へ向き、二・五メートルほど前進して二五ミリの上甲板を貫通すると、その下へもぐりこんだところで爆発した。

バーベットの円筒形に湾曲した装甲鈑は、長さ一・八メートル、幅五〇センチほどが円弧状に引きちぎられ、砲室左側床下から内部へ突入している。この大破片は砲室内を飛んで左砲後方に置かれていた予備砲弾にぶつかり、砲室後部に転がった。この大鎌の一撃により、左砲の要員は全員が戦死し、尾栓と圧力パイプが破損している。右砲は発砲可能だったが、ローラー・パスが損傷したために砲塔は旋回できず、戦闘不能となった。

砲弾の炸裂は上甲板にも多大の損害を発生し、炸裂点の甲板には二・七メートル×六〇センチほどの穴が開き、バーベットとの接続部分は取り付けボルトが引きちぎられて二〇センチ以上も変形している。甲板は直下のフレームからも引き剥がされ、弾片は周辺を大きく破壊した。これによりX砲塔弾薬庫の冷却装置吸気口も破損している。

イギリス巡洋戦艦『ニュー・ジーランド』

本艦は第二巡洋戦艦戦隊の旗艦としてビーティ提督麾下の第一巡洋戦艦戦隊に続き、ドイツ巡洋戦艦と砲火を交わしている。本艦のものと特定されている大きな戦果はなく、その代償としてこうむった大口径砲弾の命中弾は一発だけだった。

主砲は徹甲弾一七二発、被帽弾七六発、通常弾一七二発、全イギリス主力艦中最多の合計四二〇発を発射したが、ドイツ艦に与えた命中弾は推定四発と少なかった。内訳は『ザイドリッツ』に三発、前ド級戦艦『シュレスヴィヒ・ホルシュタイン』に一発である。

一発だけの被命中弾は、『フォン・デア・タン』の二八センチ砲弾を後部X砲塔バーベット、上甲板上に露出している部分に受けたもので、砲弾は装甲の外で爆発したものの装甲鈑の破片がバーベット内部に侵入し、短時間だが砲塔の運動が阻害されている。時刻は十六時二十六分頃で、射程は一万三七〇〇メートルとされる。

命中位置は上甲板の上三〇センチないし四五センチほどの一七八ミリ装甲鈑であり、砲弾はその場で炸裂している。この衝撃によって装甲鈑は損傷し、とがった側（砲弾が命中した側）で直径二八センチ、底の部分で七五センチほどの円錐形に抜け落ちて旋回部に当たり、ローラー・パスの運動を阻害したけれども、致命的な破壊にはなっていない。ローラー・パス上に散らばった破片を除去された砲塔は、ややぎこちなくはあったが旋回が可能だった。

上甲板には九〇センチ四方程度の穴が開き、小さな火災が発生している。その下の二五ミ

ニュー・ジーランドの艦首砲塔

りの厚みがある主甲板にも破片による被害があった。乗組員に死傷者はない。

この海戦では、前述のようにイギリスの大型戦闘艦五隻が弾薬庫の爆発によって沈没しているが、もちろんその詳細は分かっていない。最初に沈没した『インデファティガブル』では、後部弾薬庫の爆発によって艦尾から沈没しているのははっきりしているが、沈没途上で艦首砲塔付近にも命中弾が目撃されており、こちらの弾薬庫も爆発している。しかしながら、最初の命中弾は確認されておらず、この爆発が単なる事故だったことも完全には否定できない。

二隻目になる巡洋戦艦『クィーン・メリー』では、中後部の砲塔から脱出した生存者がおり、こちらの砲塔にも命中弾があって砲身が俯仰軸受から脱落したなどと証言されている。致命傷となった艦首砲塔付近への命中弾は、後続艦から火花や煙という形で目撃されているだけで、実際に何が起きたのかはわかっていない。沈没の途中で後部砲塔も爆発しているが、これも直接の原因はわからない。戦記では、真っ二つになって沈んだという記述を多く見るけれども、後の調査では海底の船体は分断されておらず、ひとつながりになったままだったそうだ。

三隻目の装甲巡洋艦『ディフェンス』では、主砲塔の爆発後、舷側にずらりと並んだ副砲塔が次々に爆発したらしく、そうした目撃証言がある。この艦では、舷側砲塔下の弾薬庫が独立しておらず、集中弾薬庫と水平の弾薬通路によって結ばれていたから、ここで大きな爆発が発生すれば、各砲塔直下の準備装薬が次々に誘爆する可能性は高い。

四隻目は前述の『インヴィンシブル』で、五隻目は夜間に爆沈した装甲巡洋艦『ブラック・プリンス』であり、これの状況はまったく不明である。生存者もいない。

ドイツ側では旧式戦艦『ポーゼン』が弾薬庫爆発で沈没しているが、原因は魚雷の命中であり、古い戦艦の水中防御は不十分で、弾頭が大きくなっていた新型魚雷の爆発が、弾薬庫まで達してしまったのだろう。

これらの状況と、不完全もしくは都合に合わせた解釈などによる被害状況の推定は、後の戦艦の性格付けに大きな影響を与えている。

日露戦争までは、戦艦は砲戦によってでは容易に沈没しないといわれており、日本海海戦で純粋に砲撃による沈没艦が発生して、この常識は覆されたのだが、弾薬庫爆発によるいわゆる轟沈は起きておらず、こちらの危険は看過されている。ジュットランド海戦の爆沈多発は、比較的軽防御の巡洋戦艦や装甲巡洋艦に起きたわけだが、戦艦には起きないと証明されたわけでもないので、より重厚な防御と被害の波及をコントロールする仕組みが求められ、さらにそれらを突破する大破壊力の砲弾が求められることになった。

こうした経験を踏まえて建造されたのが、次章で紹介する新型戦艦の砲塔である。

第八章　軍縮条約後の砲塔

『ネルソン』級　一九二七年　四〇・六センチ四五口径砲三連装

ワシントン軍縮条約が一九二二年に発効したとき、日本の『長門』『陸奥』、アメリカの『コロラド』級三隻の四〇センチ級主砲搭載艦と戦力の釣り合いを取るため、イギリスに特例として建造を認められたのが『ネルソン』級の二隻である。一〇対一〇対六という海軍力の比率からすれば、イギリスには三隻目がなければならないが、これには建造中の巡洋戦艦『フッド』が充当される形になった。これは主砲こそ三八センチだが、常備排水量四万二六七〇トン、速力三一ノットという破格の存在であり、十分に対等以上の実力と考えられたのだ。

『ネルソン』級の砲塔では、初めて四〇・六センチ砲を三連装に配置した砲塔が採用され、これを三基、すべて艦橋より前に配置するという斬新な設計で、三万三〇〇〇トンあまりの基準排水量の中で九門の装備を実現した。砲塔の中を見ると、三本並んだ砲身へ砲弾を送る

ネルソンの主砲塔

リフトは、砲弾を直立姿勢で扱うことで断面積を小さくし、せり上げ式にすることで発射速度を維持しつつも、途中位置での積み替えの手間を減らしている。砲弾の格納は相変わらず水平姿勢なので、砲弾をせり上げリフトへ移す直前に、砲弾の姿勢を変える装置が組み込まれた。

一発あたり二二五キログラムほどにもなる装薬は六包だが、三包一組で扱われ、砲弾とは別リフトで砲尾へ上げられた。これらの揚弾ルートが、主たるものだけで六本、他に故障に備えた予備ルートもあるので、弾薬庫から砲尾へのルートが錯綜している。砲の最大仰角が四四度になったため、発砲反動で沈みこんでくる深さも大きくなり、直下のフロアだけでは収容しきれず、さらに下のフロア天井部分にまで食い込んでいる。この砲塔では砲塔内の甲板面が少なく、縦方向には斜めになったリフトのトランクが、それぞれ微妙に角度をたがえて走っている

ネルソンの砲塔断面図

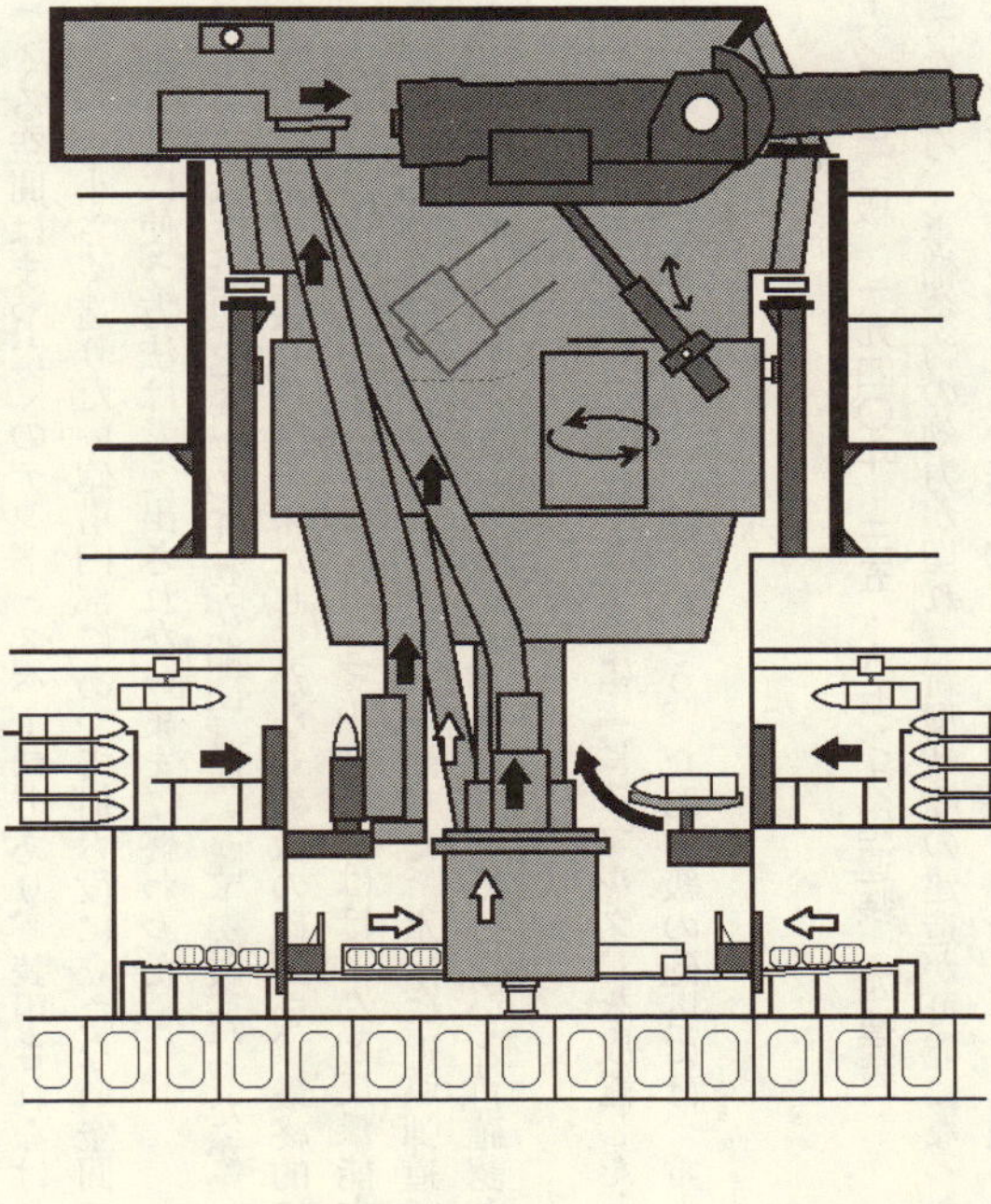

ので、全体を見通すとかなり異様な光景だっただろうと思われる。

砲尾の沈み込んでくる空間はまったくのデッド・スペースであり、装甲されなければならないがゆえに、できるだけ小さく造りたい砲塔内部にあって何も役に立たない空間になってしまうのだが、これを有効に使う方法は考え出されないままに終わった。

実戦においては、低速なゆえにほとんどの任務が船団護衛か陸上砲撃だったが、『ロドネー』は『ビスマルク』追撃戦で主要な役割を果たし、かなりの数の砲弾を、最終的には相当な近距離から撃ち込んでいる。この段階では、『ビスマルク』にはほとんど反撃能力がなくなっていたのだが、なかなか致命傷を与えることができなかった。水平に近い弾道では、吃水線付近に分厚い装甲を持っている艦を撃沈するのが容易なことではないと再確認されている。

もっとも、『ロドネー』が接近したころの状態で仮に『ビスマルク』を放置したとしても、味方の港まで航海できるような状況ではなかっただろう。なお本級の砲塔には、重大な被害が発生したことはない。

『キング・ジョージ五世』級　一九四〇年　三五・六センチ砲連装　四連装
第二次大戦を控えたころ、軍縮条約の効力が切れ、新型戦艦の建造が可能になったけれども、イギリスではなお三万五〇〇〇トンの基準排水量と、一四インチという主砲の口径制限を遵守したため、一四インチ砲一〇門を装備した『キング・ジョージ五世』級が建造される

キング・ジョージ五世の前部砲塔

ことになった。そもそもは四連装三基一二門の装備を計画したのだが、排水量が過大となるために一砲塔を連装に抑えている。

この艦は主砲の大半を四連装砲塔に装備したため、主砲塔下部はさらに複雑な構造を持つようになった。バーベット直径を抑えるため、砲の機関部はコンパクトにまとめられ、俯仰軸から砲尾まではかなり短い。砲弾と装薬はワンセットになって砲尾へ持ち上げられ、固定仰角の装填装置で砲へ送り込まれる。

図では、砲身の後方にかなり大きな空間があるように見えるが、四連装という特性上、中心に近い位置の砲の後方には大きな空間があっても、舷側側の砲ではバーベットの内壁が接近しており、それほどの空間はない。砲身は四門がそれぞれ独立して運用され、横一列に等間隔で配置されている。

問題は砲塔下部の揚弾筒下端で、四門分の砲

キング・ジョージ五世の砲塔断面図

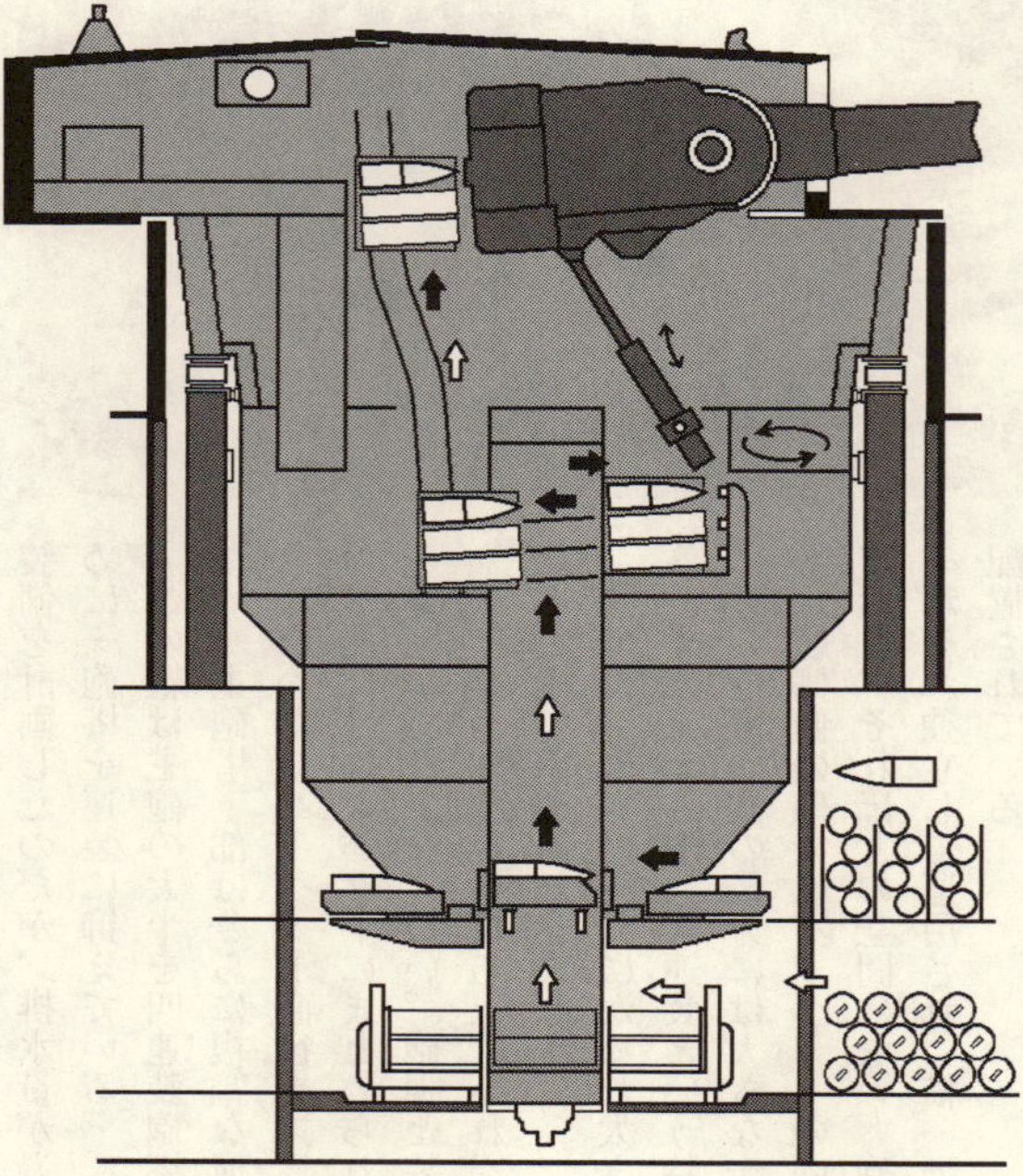

弾と装薬を同時に扱うことは難しく、この砲塔では一発分ずつが二つの下部揚弾機によって換装室まで垂直に押し上げられる。これらの頂部は左右にいくらか離れていて、弾薬はここで前方へ押し出され、移送装置がこれを状況に応じて左右に振り分け、それぞれを後方の四基並んだ上部揚弾機に送り込む。弾薬は湾曲したレールに沿って砲尾へ上り、固定仰角での装塡が行なわれる。

制式名称は、四連装砲塔が一四インチ・マークⅢ、連装砲塔がマークⅡである。この戦艦に続いて、砲塔を四〇・六センチ三連装砲塔三基とした『ライオン』級戦艦も計画されたが、戦争が始まったため実現はしなかった。これの砲塔については、尾栓が上へ開くウェリン式であることと、砲弾が直立姿勢で格納されるはずだったことがわかっているものの、揚弾、揚薬の具体的な構造は判明していない。

同型艦中、『プリンス・オブ・ウエールズ』はビスマルク追撃戦に参加した後、極東に回航され、日本海軍の基地航空隊に撃沈されている。『デューク・オブ・ヨーク』は、一九四三年にノルウェーの北でドイツの『シャルンホルスト』を捕捉し、大破させている（北岬沖海戦）。本級の主砲塔も、重大な損害を被ったことはない。

『シャルンホルスト』級　一九三八年　二八センチ五四・五口径砲三連装

直前に建造された『ドイッチュラント』級装甲艦の砲塔とよく似ているが、砲身は異なり、内部も同一ではない。

シャルンホルストの砲塔断面図

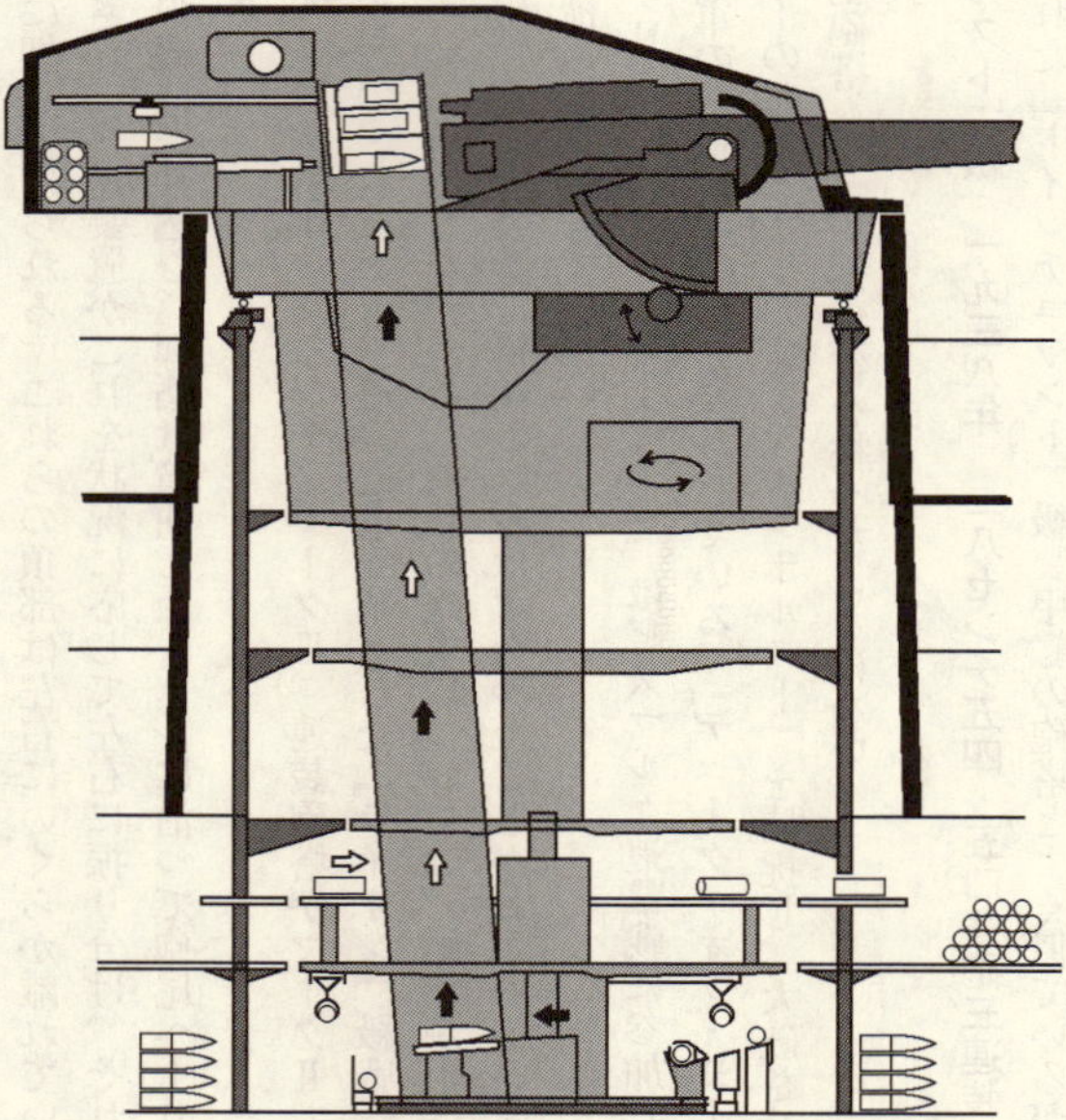

グナイゼナウ

列強の三連装砲塔に比べ、砲弾が小さいのでスペース的には余裕があり、揚弾機構は比較的オーソドックスである。前盾から天蓋へかけての立ち上がりが大きいけれども、この砲塔では砲の機関部が砲身の上側に多く装着されており、そのクリアランスが必要なためだ。俯仰はピニオンと扇形ギアの組み合わせで、俯仰範囲は三〇度からマイナス二・五度で、この時代の艦としては比較的小さい。装塡仰角は固定式である。

弾薬庫はやはり弾庫が下で、艦底部に位置する。バーベットは円筒基調だが、やや下側が広くなっており、なぜこのように造られたのかは判然としない。内部容積を有効に使っている形跡もなく、これといって利点はないように思える。逆に下側がすぼまっている構造の砲塔ならば、複数の例がある。

ドイツではずっと、砲弾と装薬が別ルートで上げられていたが、本砲塔ではゴンドラに砲弾と装薬を一発分ずつ、同時に積載している。ゴンドラは三階建てになっていて、下から砲弾（三三〇キログラム）、主装薬（七七キログラム＋薬莢）、副装薬（四一・三キログラム）の順になっているから、おそらく砲弾の装塡中に副装薬は人力で取り出され、砲弾を装塡した後の装塡トレーに移されるのだろう。

『シャルンホルスト』は前述の北岬沖海戦で撃沈されているが、このとき『デューク・オブ・ヨーク』の射撃を受け、早い時期に第一砲塔が直撃を受けて沈黙したとされる。詳細は伝わっていないようで、内部の被害は知られていないけれども、誘爆なども報告されていない。

『グナイゼナウ』は砲を三八センチ砲に積み替える予定で工事が始められたものの、旧砲塔をはぎ取られただけで工事は中断され、船体は沈められてしまっている。この砲塔はノルウェーなどの防御のために陸上で活用され、現存しているものもある。

『ビスマルク』級　一九四〇年　三八センチ四七口径砲連装

図で見る限り、内部構造は第一次大戦時の戦艦『バイエルン』の砲塔によく似ている。砲弾は、最下層の弾庫から砲尾まで一気に持ち上げられ、装薬は旋回部中央付近の揚薬機で砲身の間までやはり一気に持ち上げられてくる。ここでコンベアに移され、砲尾へと送られた。これも砲の機関部が砲身の上側に取り付けられているので、天蓋へ向けての立ち上がりが大きい。

『バイエルン』では俯仰軸の近くにあった砲塔測距儀は、一般的な砲室の後方に移されている。主砲仰角は最大で三五度とされ、砲室内には後退してくる砲尾を収容するための大きなくぼみがあるものの、本砲塔には換装室がないし、連装なので空間は大きく、揚弾、揚薬機

ビスマルク、背後に見える橋はキール運河にかかるレンツブルク鉄道橋

ビスマルクの砲塔断面図

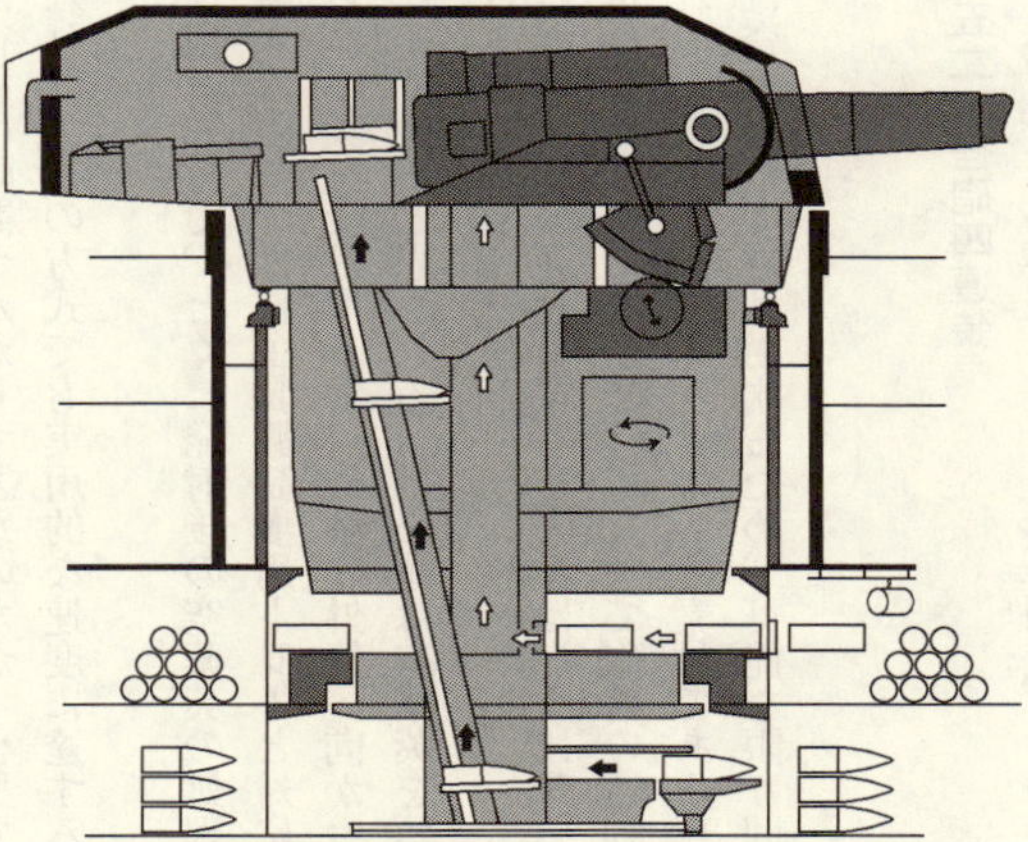

のルートと干渉しなければどうということもない。

四〇年ほど前には、同様の揚弾システムでは行程に時間がかかりすぎたのだが、小型で強力なモーターが作られ、十分な電力が供給されれば、この方式でも実用的な速度に達するようになっている。

クルップ式ともいえる薬莢を用いた装薬の運用は独特で、とくに発射後の空薬莢の処理が、薬嚢砲には存在しない運用になる。図から判断する限りでは、主装薬装塡用トレーと対になった空薬莢用のトレーがあり、発砲後の砲から空薬莢を受け取ると、砲塔の外側へ向かって横方向へ移動し、後方の排出機に渡すようになっていると思われる。排出機は空薬莢を傾け、砲室の後部張り出し部床下の排出口から砲室外へ投棄するようだ。

当然、甲板上にはこの空薬莢が散乱するわけだが、艦の運動によって大半は海中に落ちただろう。空薬莢でも一個七〇キログラムもの重量があり、これが妨げになって砲塔の運動が阻害される可能性はあるから、対策が講じられていたと思われる。とはいえ素材である真鍮はそれなり貴重な資源であり、一次大戦時には資源として再利用するため、可能な限り回収しようとした逸話も残されている。

『ダンケルク』級　一九三六年　三三センチ五二口径砲四連装

ドイツがベルサイユ条約の間隙を突いたような『ドイッチュラント』級装甲艦（ポケット戦艦）を整備したため、既存の艦では対応ができないとして、三三センチ砲装備で計画された。アメリカの二重砲塔を異口径四連装砲塔と見ないのならば、大口径砲を装備した初めての四連装砲塔になる。

ここでは側面図と正面半図を見ていただけるのだが、砲弾と装薬は船体内部でそれぞれ二層に配置されていた。旋回中央にある下部揚弾機は、二本のエンドレス・チェーン駆動のリフトであり、多数のゴンドラが取り付けられている。二層の弾火薬庫はそれぞれに左右二門ずつへの給弾を担当しており、一方のゴンドラ列は下のフロアまで下りていない。

砲弾と装薬は、ゴンドラに一発分ずつ載せられて換装室へ上昇し、ここで二手に分かれ、それぞれ右二砲、左二砲へつながる上部揚弾機に渡される。上部揚弾機は湾曲したガイドに沿って持ち上げられ、砲尾へ送られて、自由な仰角で装填される。旋回部の重量を支えるのはボール・ベアリングであり、ドイツ式の匂いもする。

正面半図を見ていただくと、下部揚弾機に多数のゴンドラがあるのがおわかりいただけるだろうが、実際にこうした多数が数珠つなぎになっていたようだ。一本の揚弾筒で二門の砲に供給しなければならないのだから、ゴンドラの数を減らすと追いつかなくなるのだろうが、これではもしゴンドラ内の装薬に引火した場合、隣接したゴンドラへの誘爆は必至であり、この多数が誘爆したのでは、下部の火薬庫もとうてい安全とは思えない。一応、揚弾筒上部には自動開閉式の防炎扉が用意されているのだが、ゴンドラ自身が扉を押し開く構造だったため、当然下り側の筒内にある扉は下向きに開くので、効果は疑問というしかない。

『ダンケルク』と同型艦『ストラスブール』では、主砲塔の装甲に相違があり、一〇ないし三〇ミリ、『ストラスブール』のほうが厚い。四連装にしたことで重量は削減され、連装砲塔四基と比べて四分の三程度の重量で装備できている。また、後部の航空艤装にも好都合で、偵察任務が重要となるだろう艦としては好適な配置だった。

第二次大戦中に完成した三八センチ砲を装備する『リシュリュー』級の四連装砲塔も基本は同じであり、ボール・ベアリングがローラーに変更され、下部揚弾筒の下り側防炎扉が、方式は不明だが上側へ開くように改良されていたらしい。どちらも最大仰角は三五度、俯角は五度である。自由仰角装塡だが、大仰角での装塡は、ラマーの後退とともに砲弾や装薬が落下する危険が大きく、制限があっただろう。

この二クラスの砲塔では、左右二門ずつが極端に接近して装備されており、俯仰は二門同時に行なわれる。しかしながら故障時などには一門を切り離して運用できたらしく、『リシュリュー』には並んだ二門が別々の仰角をとっている写真が残されている。おそらく片方を格納位置に固定して俯仰装置から外し、一門だけで運用したのだろう。

ストラスブール

ダンケルクの砲塔断面図横

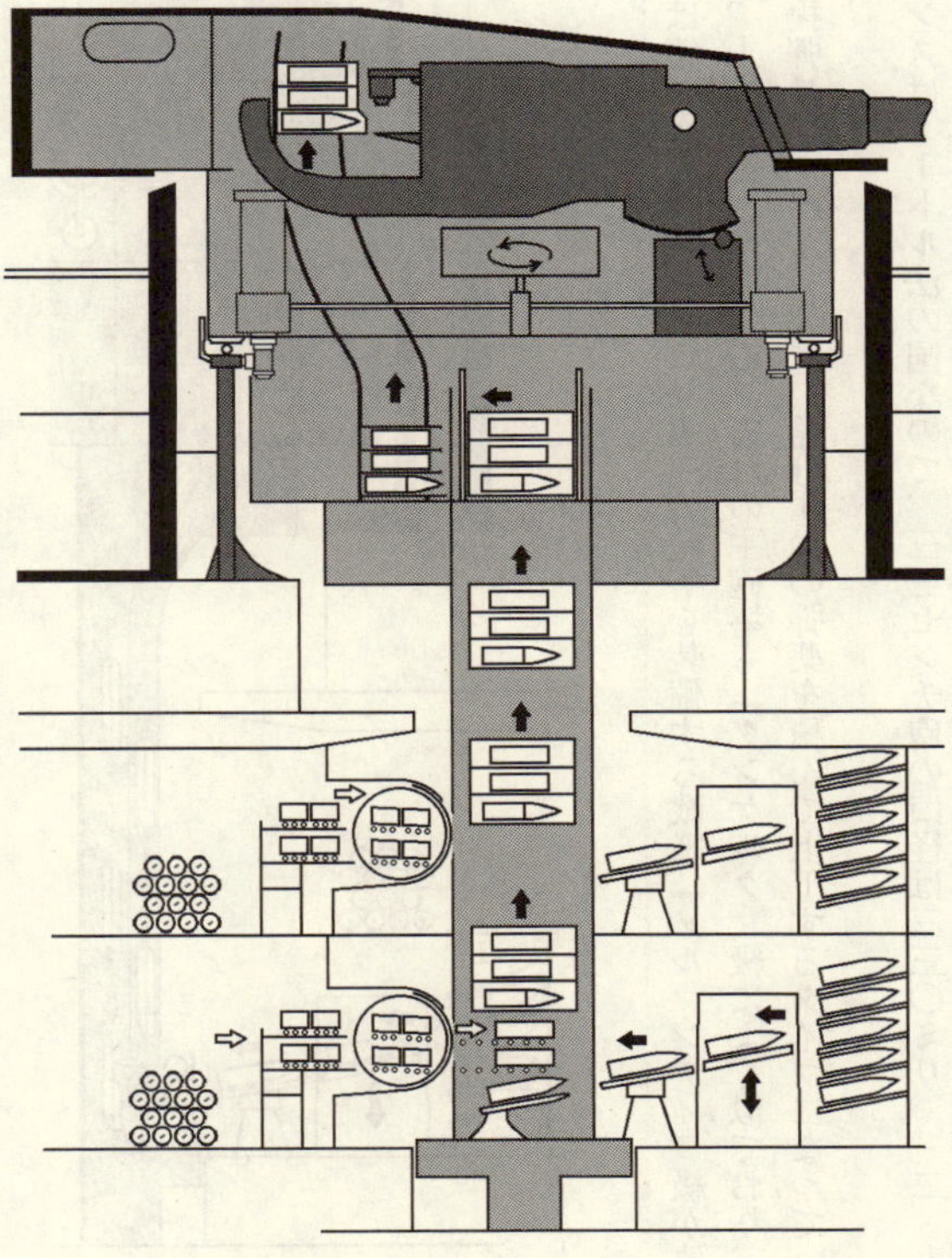

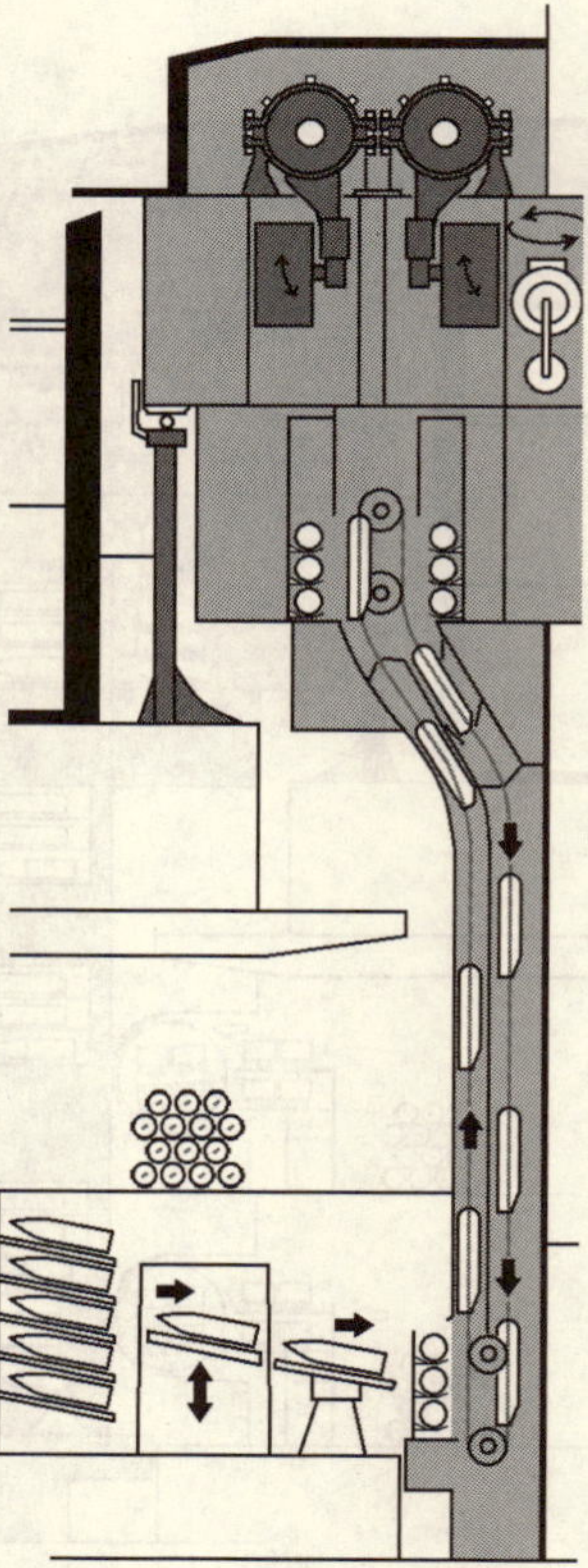

ダンケルクの砲塔断面図前

フランスでは第一次大戦時、やはり四連装砲塔を装備する戦艦『ノルマンディ』級が建造されていたが、未成に終わっている。これの主砲塔も『ダンケルク』級によく似ており、こちらでは下部揚弾リフトが、一度に二発分ずつの弾薬を積んで上下するタイプになっていたようだ。

なお、フランスはメートル法の国なので、三三センチ砲の口径は三三〇ミリ、一二・九九インチであり、三八センチ砲は三八〇ミリ、一四・九六インチの口径を持っている。第二次

ヴィットリオ・ヴェネト級リットリオの後部砲塔

世界大戦時、『リシュリュー』は未成状態で本国を脱出しており、最終工事をアメリカで受けたので、砲弾供給の関係から主砲口径をイギリス軍制式の一五インチに揃える必要が生まれ、内部をボーリングして正一五インチに広げている。

『ヴィットリオ・ヴェネト』級　一九四〇年　三八センチ五〇口径砲三連装

第二次大戦直前に建造された新型戦艦の砲塔だが、内部は比較的オーソドックスである。下部揚弾筒までの移動には傾斜を利用した人力移送が多く用いられ、砲弾は下り坂を前進する形で揚弾筒へ送り込まれる。これは揚弾筒が三列になっているためで、連装砲塔のように横から転がしこむことができないからだ。

垂直に換装室へ上げられた弾薬は、傾斜したリフト内の装塡箱に移される。上部揚弾筒の案内レールは直線で、装塡は定仰角一四度で行なわれる。この装塡箱は一門あたりに二個あり、交互に換装室との間を往復する。装塡

リットリオの砲塔断面図

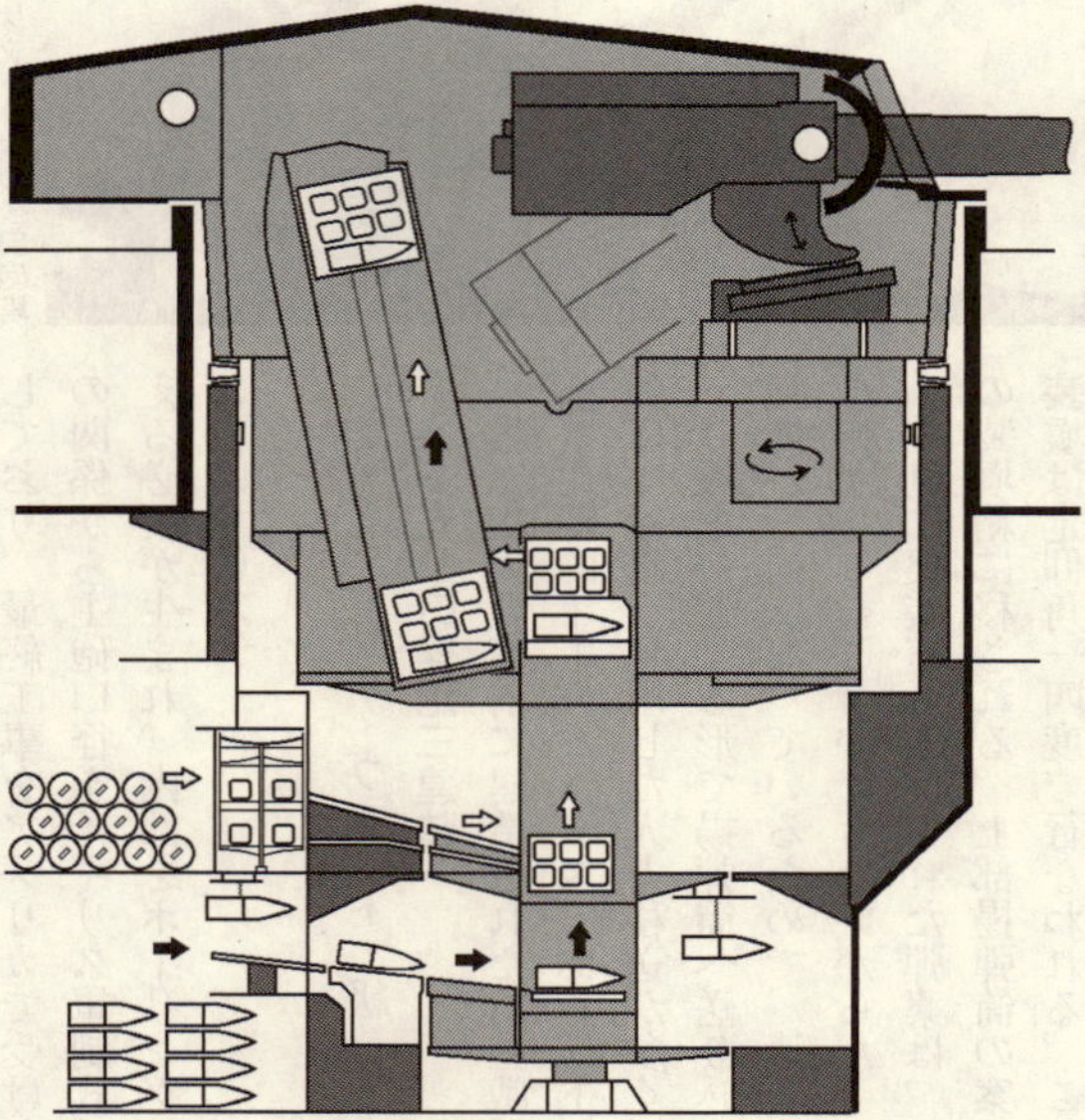

ラマーはチェーン・ラマーだが、素子の鞘は揚弾筒に沿わされた縦長のものになっている。俯仰は扇形歯車と直線ラックで、直線ラックを前後進させて砲身を俯仰させる。

本級の後期型『ローマ』はイタリアの降伏後、回航中にドイツ軍機の誘導爆弾による攻撃を受け、撃沈された。爆弾の命中で主砲塔付近に重大な損傷を受けたとされるが、詳細は不明である。

『アイオワ』級　一九四三年　四〇・六センチ五〇口径砲三連装

最後の戦艦と呼ばれるが、これに先立つ『サウス・ダコタ』級、『ノース・カロライナ』級の砲塔も、砲身が四五口径砲というだけで基本はほぼ同じである。バーベット直径、ローラー・パス径も等しく、約二メートル分の砲身が、砲室からより長く突き出していることになる。

砲弾は全量が、バーベット内二層の旋回部と固定部とに正立姿勢で収容されている。旋回部の外周には砲尾までほぼ垂直に砲弾を押し上げるリフトがあり、砲弾は上端で九〇度回転させられ、水平に寝かされて装填姿勢になる。ウェリン式の段隔螺旋式尾栓は空間寸法を節約するために下方向へ開かれ、尾栓のネジ部保護のための折り畳み式トレーが延ばされると、砲弾が砲尾へ送り込まれる。

装薬は旋回部中央付近の最下部で一発分六包を二段になったひとつのゴンドラに入れ、湾曲したトランク内を上るリフトで砲尾まで一気に押し上げる。装填位置につくと、砲弾が押

アイオワ

し込まれた後のトレーにまず上段の三包が転がり出て、砲員はこれを砲尾とラマーの頭の位置へ人力で押し分け、さらに三包が転がり出て一発分となる。ラマーはゆっくりと装薬を押し込み、トレーは折りたたまれて尾栓が閉じられる。

これらの一連の動きは、インターネットのユーチューブに実写動画があり、現実の作業を見ることができる。

非常に面白いのは、格納された砲弾をリフトへ運び込む方法で、丈夫なロープを所要のポイントに引っ掛けてから、手近な砲弾にからげ、床にある垂直軸の、回りっぱなしになっている小さなキャプスタンに巻き付けるのだ。砲塔員が巻き付けたロープを引き締めると、キャプスタンがこれを巻き取り、砲弾は床の上を滑ってポイントに引き寄せられ、リフトの中へと進んでいく。定位置へ乗ったらロープを緩めて抜き取り、リフトが上昇していく。

アイオワの砲塔断面図

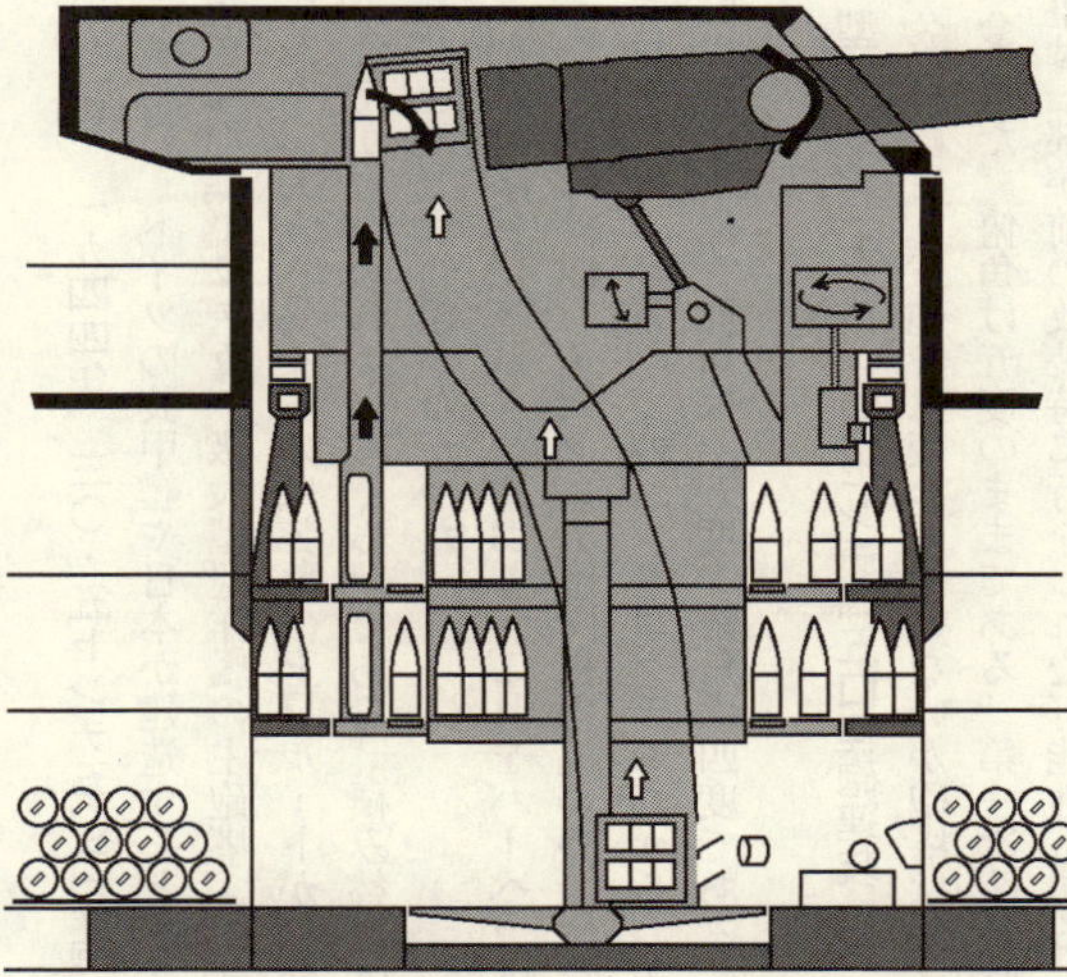

過去のアメリカ戦艦で、砲弾にアクロバットをさせたり、さかさまに収納したりと、いろいろと苦労していた結果が、非常に原始的な「ロープで絡め、引っ張って滑らせる」という手段に落ち着いたのかと思うと、人間の工夫というのは、方向性が異なるとまるで違った道筋をたどることになるのだなあ、と、感心させられる。これにはもちろん、一トン以上ある砲弾三〇〇発をどう動かしても、まるで上下位置の変わらない旋回床が維持されるという、非常な剛性を持つ構造があ

ったればこそなのだが。

『アラスカ』級　一九四四年　三〇・五センチ五〇口径砲三連装

第二次大戦中に、ドイツの装甲艦や日本が建造すると伝えられた超甲巡に対抗することを目的に建造された『アラスカ』級大型巡洋艦の主砲塔。内部は『アイオワ』級戦艦の主砲塔によく似ており、大きく異なるのは装薬の上昇ルートが二分され、上部揚薬筒と下部揚薬筒の間で積み替えが行なわれているくらいである。積み替えは二つのゴンドラを接して機械的に行なわれ、速度上は問題がなかった。

砲弾の一部は砲塔外に搭載されており、これをバーベット内へ送り込むリフトが回転中心位置にあった。砲弾は四〇・六センチ砲同様に縦姿勢で保管されており、砲弾重量は徹甲弾で五一七キログラム、通常弾で四二六キログラムだから、第一次大戦時の三〇・五センチ砲弾より格段に重い。最大仰角は四五度、俯角は四度である。

『金剛』型　一九三七年　三六センチ四五口径砲連装

第二次大改装により、砲身は変わっていないが砲塔は大きく造り替えられ、最大仰角は四三度に拡大された。俯角は五度のままである。第一次改装時の工事内容が把握できないので、以下の工事は一部が前の改装時に行なわれた可能性もある。もしくはある程度、類似の工事が行なわれた上で、さらに追加された可能性もあることをお含みおきいただきたい。

まず、砲室直下の換装室が下へ拡大され、四三度の仰角で大きく沈み込んでくる砲尾をかわす空間が確保されている。旧砲塔では、換装室の床下に水圧動力源供給用のウォーキング・パイプがあり、さらにその下に一層分の空間があったのだが、新砲塔ではこの下の空間がなくなっている。艦尾の砲塔では、この空間がそもそも小さく、本級ではギリギリになったようだが、同様の改装を受けた『伊勢』型戦艦の最後尾砲塔では、寸法が足らなくて最大仰角を大きくできず、不揃いになってしまった。

自由仰角装塡は放棄され、砲鞍に収容していたチェーン・ラマーの支腕も末端部が撤去されている。ラマーは砲室側に固定され、その素子を収容する鞘が、細長い尻尾のように斜め下へ垂れ下がっている。これの直接の理由は判然としないが、おそらくは新規に採用された九一式徹甲弾が、それまでの砲弾より三〇センチほど長いため、装塡箱が大きくなってラマー前の空間も大きく必要になり、俯仰する支腕をバーベット内に収容できなくなったことから行なわれた処置ではなかろうか。

砲身を砲鞍上で砲口寄りにずらす方法もあるだろうが、重量バランスが崩れてしまうので別途対策が必要だし、砲眼孔の大きさにまで影響が出るかもしれない。自由仰角装塡であっても、砲身を船体の揺れに対してスタビライズできないと、揺れに合わせて発射しなければならず、装塡をいくらか速くしても発射速度が向上するとは限らない。それゆえ、機構の単純化のほうが優先されることは珍しくないのだ。

実際に、砲が大きくなり、大仰角をかけられるようになると、多くの新型砲塔でも自由仰

金剛の改装後砲塔断面図

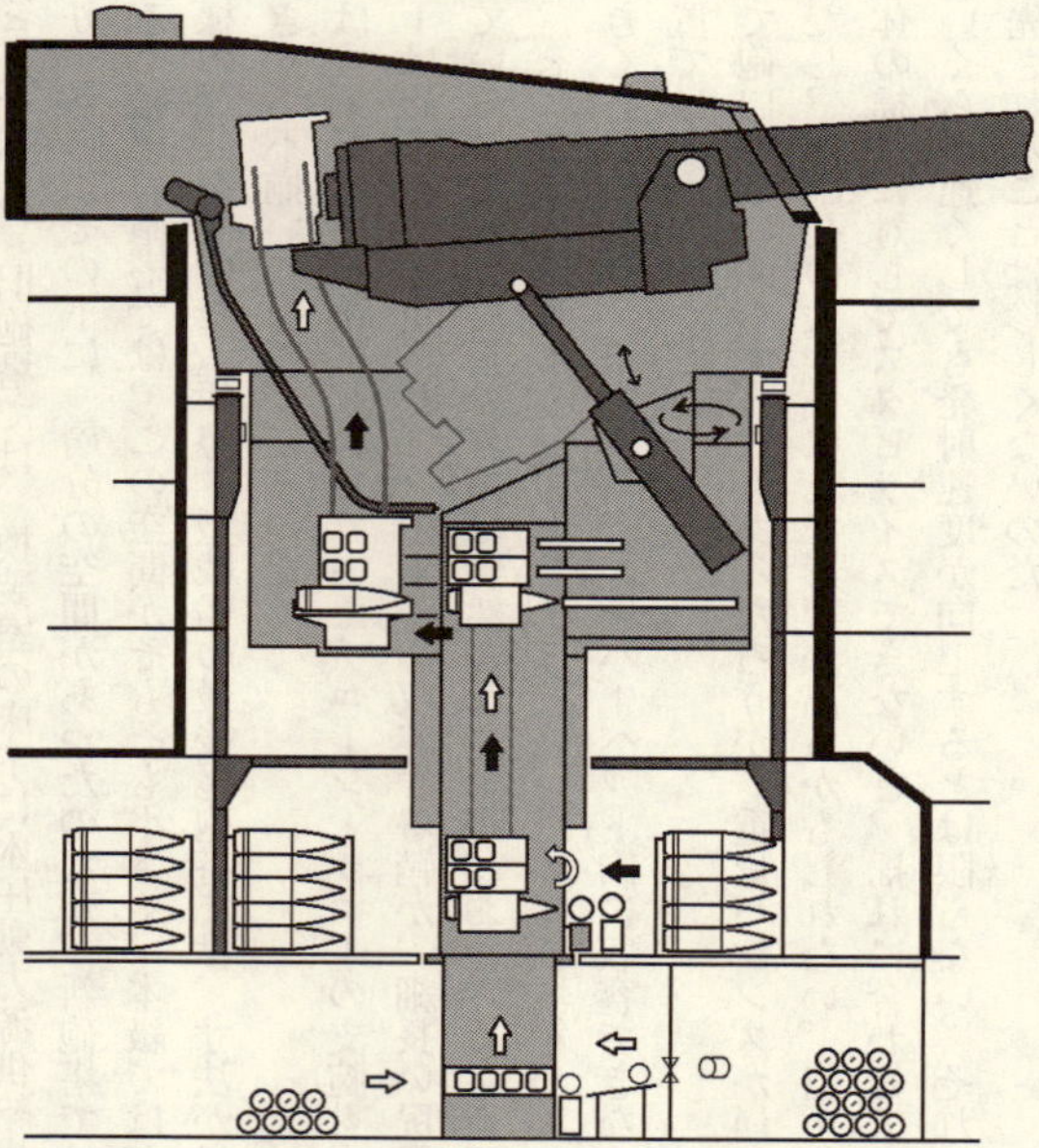

角装塡は放棄されている。そのためのスペースが砲塔やバーベットを大きくしてしまうから
だし、大仰角では装塡された砲弾や装薬がラマーの後退に付いて降りてきてしまう滑落を心
配しなければならない。このため自由仰角装塡の砲塔でも、実際の運用は仰角二〇度くらい
までの浅い角度に抑えられていることが多い。
大仰角が必要な遠距離射撃では、発射から着弾まで一分以上かかるのも当たり前なので、
観測、修正の必要性を考えれば、砲身の俯仰を調整するくらいの時間はどうにでもなるため、
あえて自由仰角装塡にこだわる理由もないだろう。浅い仰角での急射撃に対応するか否かに
なる。
この図の上部揚弾筒では、四包の装薬が二包ずつ二段に収容されているように描かれてい
るけれども、改装前は四包が一列になっていたように描かれている。装薬量は一四四キログ
ラムが一四六キログラムになったくらいで、大きく変わったという資料もなく、なぜこのよ
うな変更があったのかはわからない。これだと装塡時に装薬を押し込むラマーが二度往復し
なければならないから、装塡速度上は不利になり、実際に『金剛』型の発射速度は、かなり
遅かったといわれる。
下部揚弾筒の様子も変わっているのだが、その下端では、いったん四包一列で積まれた装
薬を、砲弾を積み込むゴンドラへ二包二列に直して積み替えているようだ。実際にそうなっ
ていたのかは確認できず、事実としてもその理由はわからない。最下層の揚薬リフトが、こ
の改装によって変更を受けたのかもわからない。

装薬を砲弾と同じフロアで同じゴンドラへ積む場合でも、火薬庫との間には防炎扉があるはずだから、一層下の火薬庫から装薬を上げるリフトを、隔離のための防炎扉代わりにしていたのかもしれない。それでもこの仕組みは、イギリスの砲塔には見られないものだ。

改装後の砲塔では、俯仰機がまったく変更され、水平に近く置かれた水圧ピストンで砲身下の腕を操作していたものが、ストロークの長い大きな水圧機で砲身の後半部を上下させるように変わっている。全俯仰範囲の大幅な拡大に対して、旧方式では対応できなくなったためだろう。また砲身と砲鞍の重量や発砲反動を受け止める砲架の強度も増やされたはずだが、詳細はわからない。

『大和』型　一九四一年　四六センチ四五口径砲三連装

世界最大の戦艦、『大和』の砲塔である。砲弾の多くはバーベット内二層に分けて収容され、さらにバーベット外にも格納されている。砲塔内の砲弾は完全に機械化された移送装置によって揚弾機へ送り出され、揚弾機では縦姿勢のまま斜めにせり上げ式の筒の中を上っていく。図では筒の中にずらりと砲弾が並んでいるが、実際に各段ごとに砲弾があり、一発分ずつ全体が上へ移動していくのである。被害があっても砲弾はめったに誘爆しないので、こうした扱いをしても危険は小さいのだ。ただ、射撃途中で弾種を変えようとしても難しい。

この方式は、イギリスの『ネルソン』級の砲塔によく似ている。

危険を軽視するわけにいかない装薬は、艦底部の火薬庫から専用のリフトで一発分六包三

大和

六〇キログラムが一列のまま砲尾まで上がってくる。リフト下部と火薬庫の間には、半円筒形の回転式防炎扉があり、安全を確保している。リフトの途中にも防炎扉があって、十分な誘爆防止が行なわれていた。これらのリフトは砲一門に一組ずつあり、左右砲は最下層の火薬庫から、中央砲は一つ上の甲板にある火薬庫からのリフトで供給される。

砲弾も二層の格納甲板から上げられるのだが、下の甲板には砲塔外の弾庫との連絡があり、防炎扉を介して使用した分が補填されるようになっている。このとき、複雑な格納法になっている弾庫の任意の場所に補充するため、旋回部と固定部の間に砲弾一発を抱えて走り回る砲弾車があり、これが砲弾を並べていくのに使われる。『大和』が搭載する砲弾には、九一式徹甲弾や三式対空弾、零式通常弾があった。

機械化された砲弾移送装置は、櫛の歯のように

大和の砲塔断面図

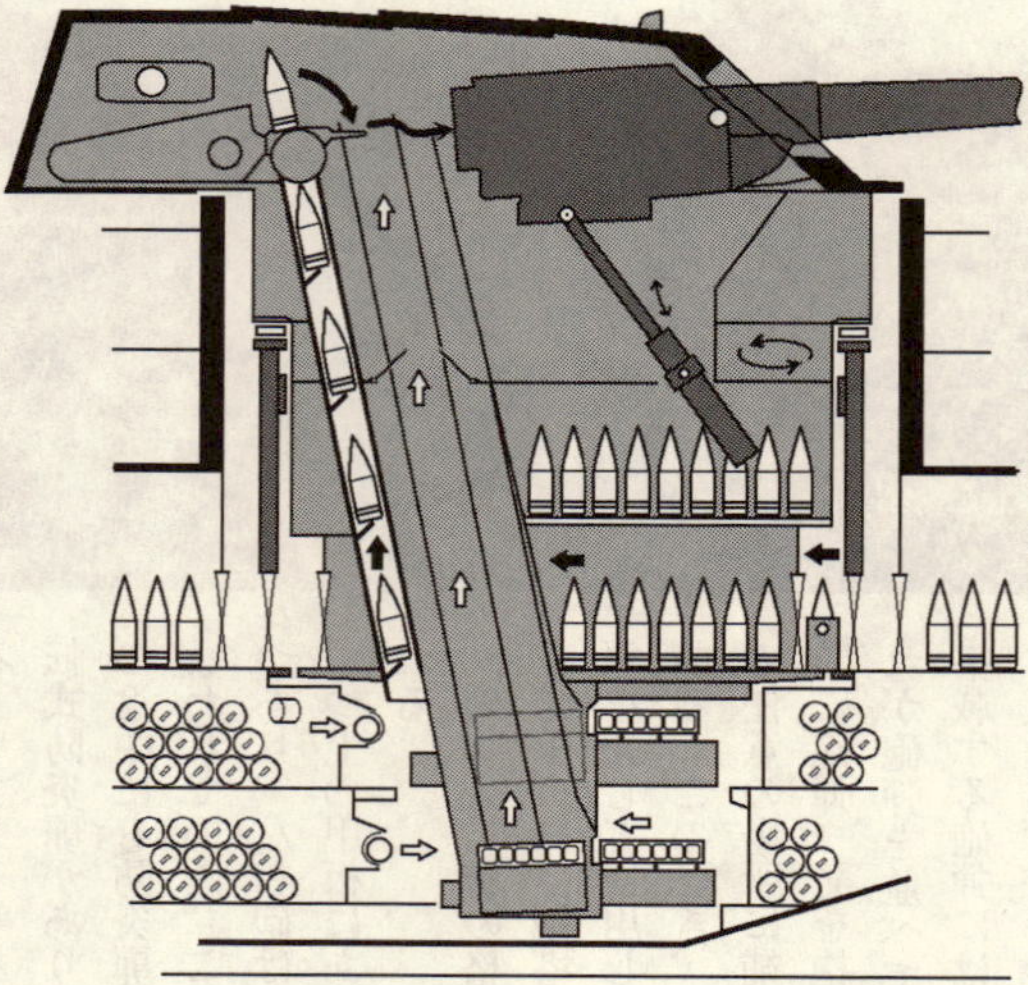

並んだアームが、立ち並ぶ砲弾の隙間に差し入れられてこれらを水平に押し出し、アームが垂直にたたまれて元の位置に復帰、次の砲弾との隙間へ差し入れられるのだ。

砲弾の格納はアメリカのアイオワ級の項で紹介した方式と似ているが、砲弾の移送を機械化したこともあって『大和』の砲塔内弾庫は旋回部にしかなく、固定部との隙間や骨格構造の空間は利用されていない。バーベット内に砲弾を収容する手法は、おそらく戦前建造のアメリカ戦艦の情報から得られたものだろう。しかし一トン半もある砲弾を人力で動かすようなことは考えられず、全機械化したと思われる。

砲弾の装填は仰角三度での固定位置だが、最大仰角が大きいこともあって砲弾の滑落を防ぐため、かなり強い力で砲身内の定位置へ送り込まれる。装填装置は単純なラマーではなく、装置自身がガイドレールに沿って特殊な動き方をしながら素早く前進し、相当なスピードで砲弾を送り出す。装薬はそんなスピードで突っ込むわけにいかないから、砲弾用とは別な装置で送り込まれる。最大仰角は四一度で俯角はなく、最小仰角が三度だったけれども、必要があれば、これは四五度から俯角五度まで拡大が可能だった。

ローラー・パスの直径は一二・三メートル、バーベット直径は一四・七メートル、砲室前盾の厚さは六五〇ミリ、側面が二五〇ミリ、後盾が一九〇ミリ、天蓋は二七〇ミリの厚みがあり、その重量だけで七九〇トンあったとされる。この結果、旋回部重量が約二五〇〇トンと駆逐艦一隻分ほどもの重量になり、これを三基装備した『大和』が、常備排水量七万トンという巨艦になったのもやむを得ないところだった。

『デ・モイン』級の全自動装填砲塔　一九四八年　二〇センチ五〇口径砲三連装

本書の最後に、こうした砲塔の集大成ともいえる、アメリカの重巡洋艦『デ・モイン』級が搭載した二〇・三センチ砲の三連装砲塔を紹介しておこう。これは第二次大戦中に建造が始まり、一九四八年に完成した満載排水量二万一〇〇〇トンを超える巨大な巡洋艦で、主砲こそ中口径だが排水量は初期のド級戦艦に匹敵する。

主砲は三連装砲塔三基に計九門装備され、発射速度は最大で一門あたり毎分一〇発に達する。すなわち九門で毎分九〇発、二秒に三発の割合で、およそ一五〇キログラムの砲弾が飛んでくるわけだ。こんなものに先手を取られたら、戦艦といえども非装甲部分を完全に破壊され、戦闘力はまったくなくなるだろう。主要装甲は持ちこたえても、浮いている鉄くず状態にされてしまうに違いない。

図は、その砲塔の側断面図だが、二枚になっているのは揚弾と揚薬のルートが重なっていて、一枚では描き切れないためで、左の図が揚弾、右の図が揚薬である。上にある小図は、装填装置付近を真上から見た図だ。揚弾は戦艦『アイオワ』級のそれとよく似ているが、本砲塔ではせり上げ式に持ち上げられた砲弾が、砲の後方ではなく、俯仰軸へ向かっていく。

砲弾は揚弾筒の最上部で、砲身の俯仰軸と同軸に設置されたスイング・アーム式のクレイドル（カゴ）に取り込まれ、砲身の仰角に合わせた角度に振り出されて、砲身後方にあって砲架と一体化された装填装置に渡される。頭からクレイドルに入った砲弾は、お尻から装填装置の回転式トレーに移されるのだ。この経路は三門の砲身それぞれに一組ずつあり、砲身の右側に沿わされている。

装薬はしっかりとした薬莢に充填され、艦の最下層にある火薬庫から、ドンデン返し式の回転ドアを介して、やはり一門ごとに設置されている専用揚薬筒で砲身の左側へ上がってくる。これもせり上げ式になっており、頂部は砲弾と同様のスイング・アームになっている。

デ・モイン

これに取り込まれた薬莢は、砲弾とまったく同じ要領で砲身と仰角を揃えられ、砲身の左側に沿って後方へ押し出され、装薬用の回転トレーに渡される。このとき、砲身の左右に上がってきた砲弾と薬莢は、砲弾が前側、薬莢がその直後に、ちょうど装塡に合致した位置へ並ぶように配置されており、微調整などは必要ない。

砲身の中央後方には装塡トレーがあって、最後尾にチェーン・ラマーの頭部がある。このトレーには砲弾と薬莢が直列に並べられるだけの長さがあり、回転式トレーが回ると、砲弾と装薬は左右から装塡トレーに移り、一直線に並ぶ。下へ開く垂直鎖栓式尾栓が開放されれば、ラマーが進んで装塡は一気に完了する。尾栓の一部が薬莢を支える位置にあるので、大仰角でも砲弾薬の滑落は起きない。ラマーが後退し、尾栓が閉じられて発射準備は完了する。

発砲で後退する砲身は、装塡装置と一体になっているので、トレーの移動などは必要なく、非常に素

デ・モインの砲塔断面図 揚薬ルート

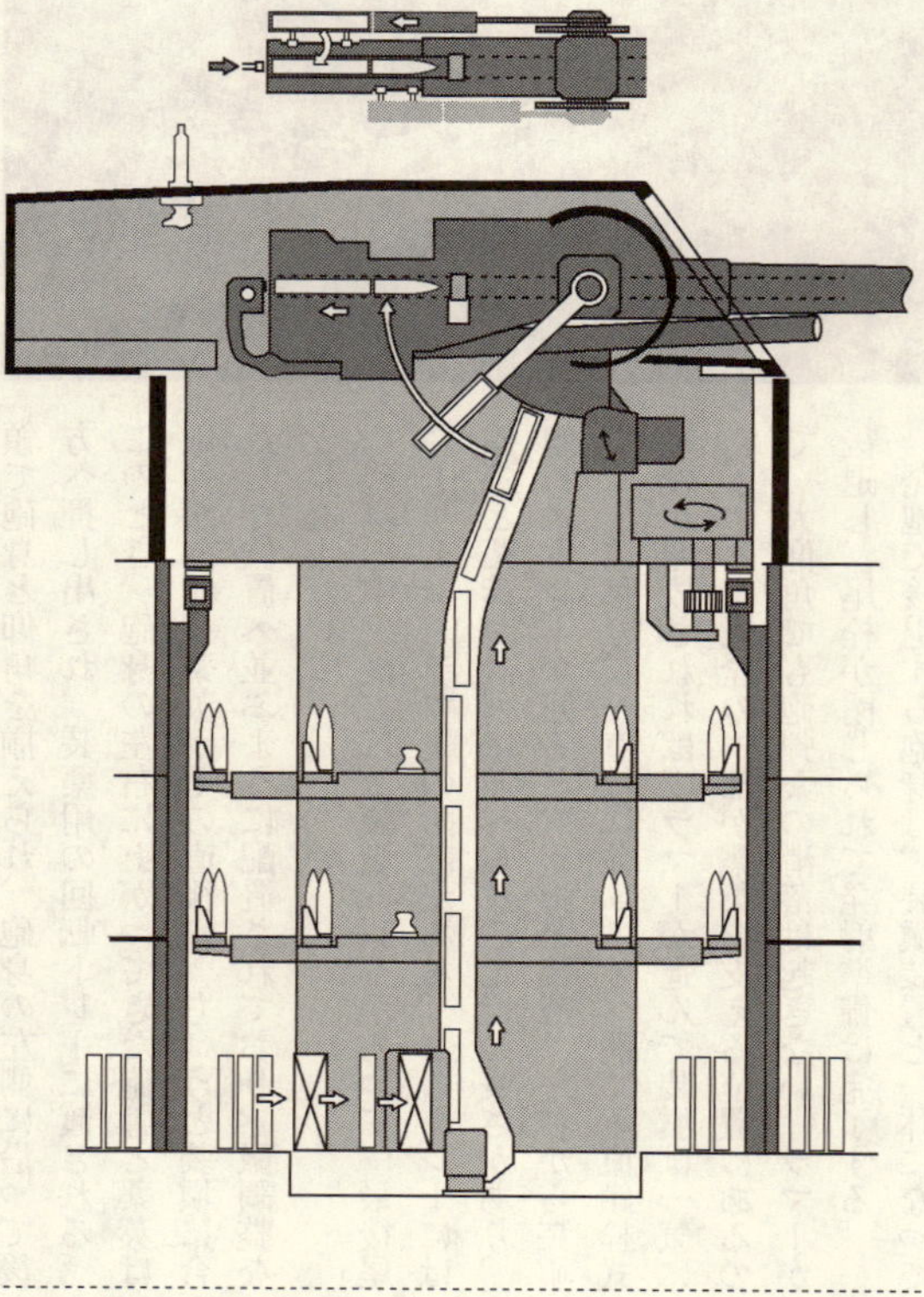

デ・モインの砲塔断面図 揚弾ルート

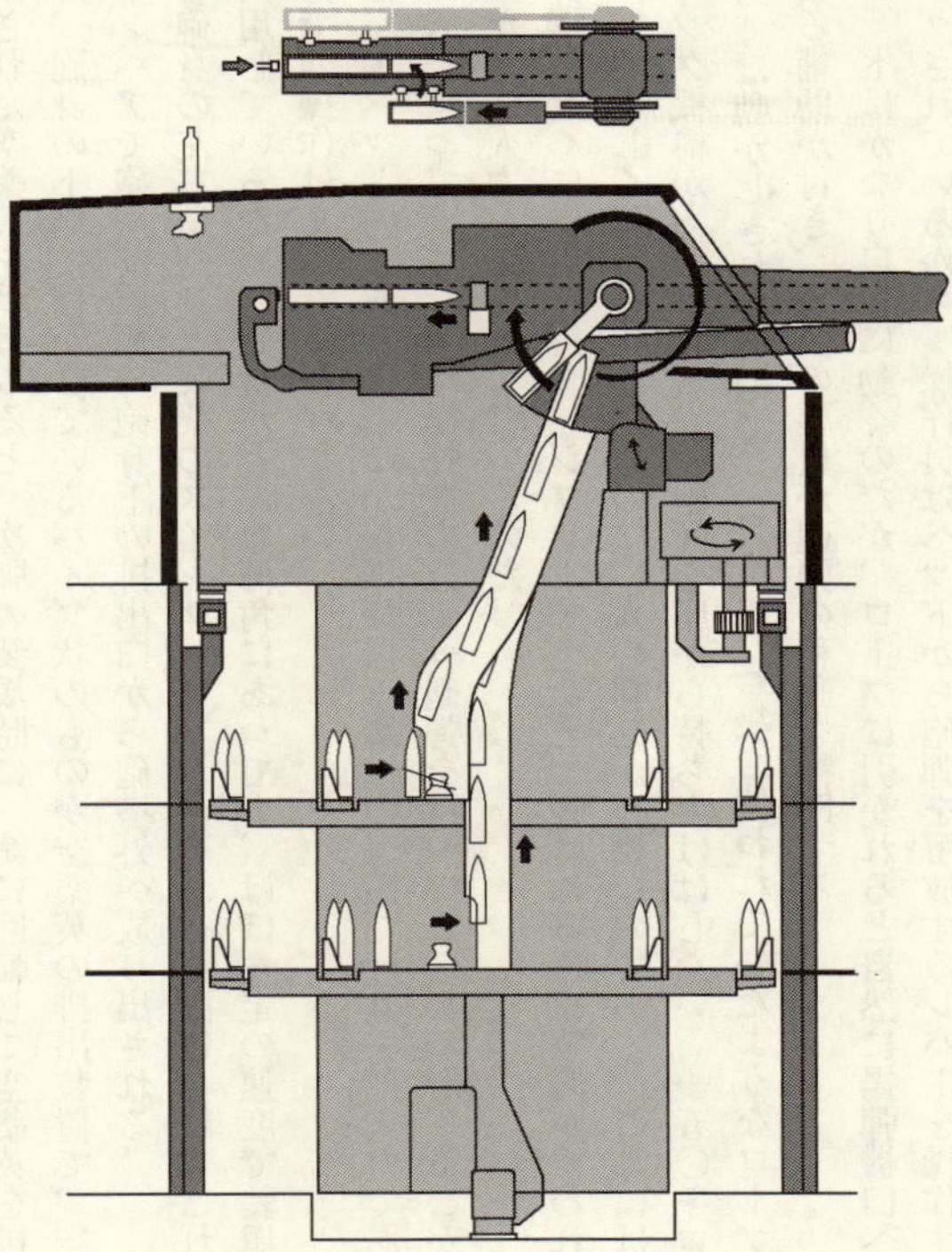

早い装填が継続できるのだ。薬莢のトレーには空薬莢を受ける別なトレーが付属しており、発砲後に弾き出された空薬莢を受け取ると、次弾の装填時に一緒に回転して空薬莢を排出装置に渡す。図で、砲身の下側に描かれているパイプ状のものが空薬莢の排出装置で、空薬莢はチェーン・コンベアで砲塔前盾側の砲身下の排出口から砲塔外へ放り出される。

本砲塔では各砲身の左右に砲弾と装薬のスイング・アームがそれぞれ設けられ、これが砲身と俯仰軸を共用しているため、砲身がどんな仰角にあっても、ほぼ一定の速度で装填が可能であり、人力での操作はまったく存在しない。

砲弾の多くはバーベット内にあり、ここから揚弾機下端への運搬だけは一部人力である。砲弾は回転式の床に乗っていて、随時揚弾機の近くへ砲弾を持ってこられるが、ここから揚弾機へ移す作業だけが人力を必要としているのだ。

これには揚弾機口近くに支点を持つ、ジプシー・ヘッドと呼ばれる運搬装置が使われるが、自在に動くその腕で正しく砲弾を抱き込むのに、人の判断が必要なのである。これには砲弾を抱きとめるロック機構があるけれども、砲弾を床から持ち上げはしない。一五〇キログラムの砲弾は人力では動かしきれないので、『アイオワ』級で使われていたようなロープとキャプスタンによる補助が付き、専門の要員が砲弾の移動を補助する。

ジプシー・ヘッドはかなり自在に動くのだが、ロープに引かれると自然に揚弾機口へ移動するようにリンクされているから、操作員はヘッドから砲弾を解放するレバーを操作するだけで、揚弾機への引き渡しが終わる。空になったヘッドを引いて、次の砲弾を掴ませれば一行程になるわけだ。この作業にはそれなりの熟練とチームワークが必要であり、疲労によって発射速度を落とす原因になるだろう。

このスイング・アームによる装塡方法は、基本的に後の一二・七センチ全自動砲に引き継がれており、中口径以下の砲では一般的なものになる。数十発の即応砲弾は砲直下のドラムに貯蔵され、任意の砲弾を砲に渡せるようになり、使用した分の補充に人力が関わるだけになった。左右にあるアームは、一二・七センチ砲程度では砲弾と薬莢が一体化されるので、同じアームを左右両側に設けられ、交互に装塡ができる。このため単装砲でも発射速度は毎分四〇ないし四五発程度にもなった。もちろん、砲塔直下の即応弾ドラムに砲弾がなくなると、こんな速度は維持できない。

この方法が、そのまま大口径砲にも適用できるかははなはだ疑問であり、とくに数百キログラムにもなる装薬を入れる薬莢が必要になることを考えれば、空薬莢の処理も含めて容易なことでないのは間違いない。それでもドイツでは、三八センチ艦載砲や四〇センチ要塞砲でも薬莢を用いているので、不可能ということはないだろう。しかし、大仰角をかけたままで一トンもの重量がある砲弾を薬莢に載せた形で装塡するのは、かなり厳しいといわざるを得ない。

この二〇・三センチ砲塔では、砲身の間に砲弾と装薬を扱うスイング・アームや排莢装置を設けているため、砲身間の間隔が大きく、装塡装置が大きいこともあって砲室やバーベットも大きい。これを三基も載せて三三ノットを発揮させせようとしたのだから、排水量が三〇・五センチ砲装備の古い巡洋戦艦をしのぐほどになったのも無理はない。とはいえ搭載砲弾数は、一門あたり一五〇発とされるのでさして多くはなく、もし全力射撃を継続できるのなら、一五分で撃ち尽くしてしまうことになる。

ちなみに『デ・モイン』と、第一次大戦時のイギリスの巡洋戦艦『インデファティガブル』とを比べれば、排水量はかなり近く、長さでは『デ・モイン』が二〇パーセントほど長い。幅はやや狭く、吃水が浅くなっている。バーベットの直径は八・二メートルもあり、これは『インデファティガブル』のそれといくらも違わないサイズだ。砲は三〇・五センチ二門に対して二〇・三センチ三門で、砲塔旋回部の重量も大差ないが、これには防御装甲の問題があるので、重量だけ比べても意味はない。もっとも装甲厚にはあまり違いがなく、規模としてはかなり近いといえるだろう。

『デ・モイン』の二〇・三センチ砲は、最大仰角が四一度と大きいこともあり、最大射程では『インデファティガブル』の砲を五〇〇〇メートル以上も上回る。砲弾重量は三八五キログラム対一五二キログラムだが、毎分の投射弾量は『インデファティガブル』の六トン強に対して、一三・六トンにも達する。

つまり、『インデファティガブル』がやっと射程に入って試射を行なっている間に、『デ・モイン』の砲弾は装甲を打ち抜けないかもしれないが、非装甲部をめちゃくちゃにして、戦闘など考えられない状態にしてしまっているわけだ。最初の一発が命中しない限り『インデファティガブル』に勝ち目はないし、『デ・モイン』が八ノットほども差のある高速を利してアウトレンジに徹すれば、何もできないだろう。もし『インデファティガブル』の二五ミリしかない甲板装甲が、一五二キログラムの砲弾の落下に耐えられなければ、内部もボロボロになってしまう。四〇年間の技術進歩は、実にこれほどの残酷ともいえる差を生んでいるのである。とはいえ『デ・モイン』だって、さらに四〇年後の対艦ミサイルの嵐を浴びたら、やはり手も足も出ずに打ち負かされるしかないのは同じなのだ。

戦艦の終焉

二度の世界大戦が行なわれる中で、航空機や潜水艦が非常な発達を遂げる一方、戦艦の存在は相対的に軽いものになっていく。そもそも第一次大戦が始まるまで絶対の権勢を振るっていた戦艦を、まったく別な兵器体系で無力化しようとしていたのが、これらの新兵器の目的であり、戦艦の建造に必要な巨費があったればこそ、対抗馬として出現した当時はおよそひ弱だった未来の見えない兵器に、大金と人命を投入する正当性があったのだ。

それらが実戦の中で鍛えられ、戦艦の能力を凌駕していく一方、戦艦の能力もまた向上していくのだが、こちらには非常な大きさになった対価の問題がつきまとう。世界はそのあまりにも高価な兵器体系に耐えられなくなり、最初の世界大戦が終わった後、人類始まって以来という、三つ以上の国が参加しての、兵器の質と量に対する制限が取り決められることになった。新しい戦艦の建造は差し止められ、依然過渡期にあり、より高度な理想形を追い求めていた兵器体系は、突然に停止を余儀なくされたのだ。

その停滞の間に、航空機や潜水艦に代表される新兵器体系は、使い道のなくなった軍事予算の投下対象になり、さらなる進歩を遂げていく。その能力の向上につれ、戦艦の価値に疑問符が付きだすのだが、まだ疑問符は疑問符のままだった。やがて二度目の大戦争が始まり、その数年間の間に、疑問符ははっきりと否定符の形に変わる。

第二次世界大戦後、新たに建造が始められて完成した戦艦は世界に一隻もなく、当然に大口径砲を運用するための砲塔も姿を消す。戦艦も、大口径砲を用いる砲塔も結局、その理想形を見ることなく終息し、様々な見解を残すだけになった。そこに理想形が提示されていないからこそ、想像力には歯止めがなく、「こんな戦艦が……」とか、「こんな巨砲が……」とかという空想は、どこまでも膨らんでいく。

おわりに

「日本戦艦の砲塔が、ほとんどないじゃないか！」と、お叱りを受けそうな構成になってしまっているが、実際に日本艦の砲塔は、ほとんどがイギリス式かフランス式で、細かな部分は改良されていたりするものの、オリジナルといえるのはほぼ『大和』型のそれだけに思える。

いろいろと調べていると、各国それぞれに珍妙なことをやっていたりもするのだが、洋書などでも著者はなんとなく出身国の軍艦の欠点には曖昧な態度を見せているような気がする。日本人も例外ではないものの、どちらかというと表面的な欠点をあげつらって貶めようとする、自虐的な人たちが多いようにも感じられる。欧米の人は、そっと触らないだけなのだが。

最終章で紹介したアメリカ海軍の『デ・モイン』級重巡洋艦は、終戦の年の計画で、三〜四年後に完成しているのだが、同時期の日本では建造中だった『伊吹』も完成できず、空母としても未成に終わった。その主砲塔については、とくに詳細を記した資料がなく、おそらくそれまでのものとほとんど変わらなかったのだろうなと考えている。

これは、あえて書かれなかったのではなく、ほとんど変化がなかったので書くことがなかったからだろうと思われるのだ。『デ・モイン』のような、ばかばかしいほどの発射速度という発想は、当時の日本には存在しなかったのか、考えられてはいても様々な要素から実現不可能として放棄されていたのか、手掛かりがない。

また、この本を執筆中に新たな疑問が表面化してきたものの、書き終わるまでには手掛かりがつかめなかった。物理的な寸法の問題なので、運用されている以上なんらかの解決はあったはずなのだが、どこにも関連する記述が見つけられていない。これについてはまた、機会があったらということになりそうだ。

砲塔の中身というのは、多くの軍艦愛好家が模型製作からこの世界に入っているために、あまり興味を持たれないのだろうと思われるが、なんだかよくわからないものがいっぱい詰まっている、玉手箱のような存在なのである。

参考文献＊Before The Ironclad／D.K.Brown／Conway Maritime Press＊Big Gun 1860-1945 (The)／Peter Hodges／Conway＊British Battleships 1860-1950／Oscar Parkes／Seeley Service＊British Battleships 1889-1904／R.A.Bart／Naval Institute Press＊British Battleships of World War One／R.A.Bart／Naval Institute Press＊British Battleships 1919-1939／R.A.Bart／Naval Institute Press＊Development of a Modern Navy 1871-1904 (The)／Theodore Ropp／Naval Institute Press＊Guns at Sea／Peter Padfield／Evelyn＊Naval Gun／Ian Hogg and John Batchelor／Blandford＊Naval Weapons of World War One／Norman Friedman／Seaforce＊Naval Weapons of World War Two／John Campbell／Conway＊Old Steam Navy vol.2 (The):The Ironclads,1842-1885／Donald L.Canney／Naval Institute Press＊Warship／Conway Maritime Press＊軍艦メカ図鑑、日本の戦艦／泉江三／グランプリ＊世界の艦船各号／海人社＊丸スペシャル各号／潮書房光人社

NF文庫書き下ろし作品

NF文庫

軍艦と砲塔

二〇一八年十一月二十一日 第一刷発行

著 者 新見志郎

発行者 皆川豪志

発行所 株式会社 潮書房光人新社

〒100-8077 東京都千代田区大手町一-七-二

電話／〇三-六二八一-九八九一(代)

印刷・製本 凸版印刷株式会社

定価はカバーに表示してあります

乱丁・落丁のものはお取りかえ致します。本文は中性紙を使用

ISBN978-4-7698-3093-1 C0195

http://www.kojinsha.co.jp

NF文庫

刊行のことば

第二次世界大戦の戦火が熄《や》んで五〇年——その間、小社は夥しい数の戦争の記録を渉猟し、発掘し、常に公正なる立場を貫いて書誌とし、大方の絶讃を博して今日に及ぶが、その源は、散華された世代への熱き思い入れであり、同時に、その記録を誌して平和の礎とし、後世に伝えんとするにある。

小社の出版物は、戦記、伝記、文学、エッセイ、写真集、その他、すでに一、〇〇〇点を越え、加えて戦後五〇年になんなんとするを契機として、「光人社NF（ノンフィクション）文庫」を創刊して、読者諸賢の熱烈要望におこたえする次第である。人生のバイブルとして、心弱きときの活性の糧《かて》として、散華の世代からの感動の肉声に、あなたもぜひ、耳を傾けて下さい。